JN234689

イラストでみる犬学

監修／林 良博

THE ILLUSTRATED ENCYCLOPEDIA OF THE DOG

講談社

監修者

林　良博（東京大学名誉教授）

編集委員一覧（五十音順）

太田　光明（麻布大学名誉教授）
酒井　仙吉（東京大学名誉教授）
工　　亜紀（さつきペット行動カウンセリング代表）
辻本　　元（東京大学大学院農学生命科学研究科教授）
新妻　昭夫（元　恵泉女学園大学人間社会学部教授）

執筆者一覧（五十音順，数字は担当頁）

安部　勝裕（安部動物病院）p.90,91
猪熊　　壽（東京大学大学院農学生命科学研究科）p.86,87
今西　孝一（国際動物専門学校）p.106〜113
卯野由美子（ひまわり動物病院）p.92,93
太田　光明（元　東京農業大学農学部）p.16〜52
加納　　塁（帝京大学医真菌研究センター）p.102,103
北垣　憲仁（都留文科大学地域交流研究センター）p.2〜11
酒井　仙吉（元　東京大学大学院農学生命科学研究科）p.12,13
酒井　　律（井本動物病院）p.84,85
工　　亜紀（さつきペット行動カウンセリング）p.54〜75
辻本　　元（東京大学大学院農学生命科学研究科）p.96,97
時田　昇臣（元　日本獣医生命科学大学応用生命科学部）p.78〜83
新妻　昭夫（元　恵泉女学園大学人間社会学部）p.2〜11
西村　亮平（東京大学大学院農学生命科学研究科）p.100,101
増田　健一（動物アレルギー検査株式会社）p.88,89
亘　　敏広（日本大学生物資源科学部）p.94,95,98,99

犬学のすすめ

　犬の数が1000万頭をこえた日本では，その増加に比例するように犬に関する書籍が増えている．しかし，その多くは「しつけ」や「しつけの基本となる行動学」に関する本，あるいは病気に関する本で，犬を学問的な立場から総合的に述べた本はほとんどない．

　日本には500万頭の牛しか飼育されていないが，立派な「牛学」の専門書が刊行されているので，書店で注文して購入することができる．しかし多くの人びとが，「犬のしつけ」や「犬の病気」だけでなく，犬そのものについての基本的な知識を得たいと思っても，また牛の2倍にあたる犬が飼育されていても，総合的に犬について述べた本を購入することができない．

　その理由は，生物学や獣医学で犬を対象としている研究者が少ないことにある．たとえ研究者がいても，彼らの専門が解剖学，生理学，病理学というように細分化されているために，総合的な「犬学」が成立していないことにある．

　とはいえ，大学や専門学校で犬を学びたい学生にかぎらず，犬とともに暮らす多くの人びとが，総合的な「犬学」を求めている．驚くべき犬の感覚はどのような仕組みで成立しているのだろうか．おなじ哺乳類として，人と類似しているのは理解できるが，どの点が異なるのだろうか．

　これらの疑問に答えるだけの内容がある本は，各専門家がいくら個別に努力してもできるものではない．そこで本書では，各分野の中核となる専門家が集まって編集委員会をつくり，徹底的に内容を検討することにした．その結果が本書である．

　本書のもう一つの特長は，イラストをふんだんに用い可視的に犬学を示そうとしたことである．百聞は一見にしかずという通り，精巧な生物体である犬を理解するにはイラストが欠かせない．しかし解剖図のような無味乾燥のイラストではなく，生きたイラストを用いたいという編集委員会の望みがかなったのが本書である．

　犬の形態や生理を示すイラストは精巧さを優先させ，犬の行動を示すイラストには心理的な深さを優先させるというふうに，その目的にそったイラストが用いられている点も本書の大きな特長の一つである．

　本書は，犬を教育の対象としている機関において，教科書の一つとして用いていただければ幸いである．また，飼い主の方々が，犬を学問的に理解するために常備していただければ本書の監修に携わった者として，これ以上の喜びはない．

　さいごに，本書の刊行にむけて叱咤激励してくださった講談社サイエンティフィク編集部に感謝を申し上げる．

平成12年3月

林　良博

目次

THE ILLUSTRATED
ENCYCLOPEDIA OF
THE DOG

- 犬学のすすめ ——————— III

- **起源・進化・分類・遺伝**
- 家畜化の起源と歴史 ——————— 2
- オオカミから犬へ ——————— 4
- 野生のイヌ科動物の分類と分布 ——— 6
- 食肉目としての特徴 ——————— 8
- ヒトとのかかわり ——————— 10
- 遺伝からみた犬 ——————— 12

- **構造と機能**
- 外形と外皮 ——————— 16
  - 外　形 ——————— 16
  - 外　皮 ——————— 18
- 運動器系 ——————— 20
  - 骨　格 ——————— 20
  - 筋　肉 ——————— 22
- 消化器系 ——————— 24
  - 消化器官 ——————— 24
  - 消化と吸収 ——————— 26
- 呼吸器系 ——————— 28
- 生殖器系 ——————— 30
  - 雌雄の生殖器官 ——————— 30
  - 妊娠と出産 ——————— 32

- 泌尿器系 ———————— 34
- 内分泌系 ———————— 36
- 循環器系 ———————— 38
- 血液 —————————— 40
- 神経系 ————————— 42
  - 中枢神経 ——————— 42
  - 自律神経 ——————— 44
- 感覚器系 ———————— 46
  - 嗅覚 ————————— 46
  - 聴覚 ————————— 48
  - 視覚 ————————— 50
  - 味覚 ————————— 52

行動学

- 正常行動 ———————— 54
- コミュニケーションと子犬の行動発達 — 58
- 問題行動 ———————— 60
- 問題行動の予防と治療 ——— 70

栄養と健康

- 栄養管理 ———————— 78
- 健康管理 ———————— 84
  - 伝染病とワクチン接種 —— 84
  - 寄生虫の予防と駆除 ——— 86

- よくみられる皮膚と耳の病気 — 88
- よくみられる眼の病気 ——— 90
- 歯の管理 ———————— 92
- 嘔吐と下痢 ——————— 94
- 命にかかわるがん ————— 96
- 老齢期に多い病気 ————— 98
- 緊急を要する事故 ————— 100
- 犬から人に感染する病気 —— 102

付録

- 犬体名称 ———————— 106
- 用途別分類 ——————— 107
- 犬種名の由来 —————— 110
- 関連諸団体（代表的な畜犬団体，盲導犬協会，各種団体，全国の大学附属動物病院併設大学）— 112
- 動物に関する法律 ————— 114

索引 ——————————— 119

●資料及び写真提供

(株)学習研究社
(株)共同通信社
(社)ジャパンケネルクラブ
(財)東京動物園協会
ネイチャー・プロダクション
(株)平凡社
(財)横浜市緑の協会 よこはま動物園ズーラシア

(五十音順)

〈アートディレクション・レイアウト〉
遠藤茂樹

〈イラストレーション〉
山内 傳，田中豊美，浅野仁志，中村 滋，有限会社クレア，
二階堂聰明

〈版下制作〉
有限会社 アドクラフト

起源・進化・分類・遺伝

- 家畜化の起源と歴史
- オオカミから犬へ
- 野生のイヌ科動物の分類と分布
- 食肉目としての特徴
- ヒトとのかかわり
- 遺伝からみた犬

家畜化の起源と歴史

　わたしたちの身のまわりには，たとえば体重80kgのセント・バーナードと体重2kgのチワワ，長毛のアフガン・ハウンドと短毛のワイマラナー，短足のブルドッグとスマートで長い脚のもち主ボルゾイ，あるいはアイリッシュ・セッターの従順さとビーグルの協調性というように，体型や気質の面でじつに変化に富んだ犬がいる．これはほんの一例にすぎず，絶滅したものをあわせると，800あるいは1,000以上ともいわれる多様な品種が，これまでわたしたち人間と生活をともにしてきたのである．しかも，これらすべての品種は分類学上たった1つの種，イエイヌ（Canis familiaris）から生まれてきたのである．

　いったいどのようなプロセスを経てバラエティーに富んだ体型，行動習性をもつ犬が誕生したのだろうか．まずは，犬の祖先と家畜化の起源をたどってみたい．

●犬の祖先はオオカミ？

　古代の遺跡からは，さまざまな動物の骨が発掘されていて，犬の祖先をさぐるうえで貴重な情報を提供してくれる．発掘された骨のなかには，まちがいなく犬のものと思われる頭骨もあり，このつくりを詳しく調べてみると，野生のオオカミのそれときわめてよく似ていることもわかっている．もちろん，オオカミから犬への移行段階の遺骸はみつかっていないなど，犬の祖先をじかに解き明かす確かな資料は，いまのところほとんどない．しかし，ディンゴやパリア犬の骨格のつくりとの比較などから，オオカミこそ犬の主要な祖先ではないかという見方が有力である．

　だが，どの程度オオカミが犬の誕生にかかわったのかという点になると意見は分かれてくる．今日の犬はオオカミ直系の子孫であるという説もあるし，オオカミは部分的に犬の誕生にかかわったにすぎず，ジャッカルやコヨーテともある程度交雑しつつ犬が生まれたと考える説もある．また，現在オーストラリアやニューギニアに分布するディンゴを祖先とする説もある．

　このように，オオカミだけでなく，ジャッカルやコヨーテなども犬の誕生にかかわった可能性がまったくないとはいえない．ただいえることは，野生動物のなかで犬にもっとも近い近縁種はオオカミで，とくにインドオオカミ（Canis lupus pallipes）が犬の主要な祖先である可能性がきわめて高いということである．

●オオカミが犬となったのはいつごろか？

　オオカミが家畜化されて犬となったのはいつごろなのだろうか．この謎を解く手がかりとなる痕跡は遺物として残りにくく，正確な年代はわかっていない．しかし，人間に飼われたオオカミは，獲物を自分で殺す機会が減るため，野生のオオカミに比べて鼻梁が短く，歯列の間隔が狭くなる傾向があること，イエイヌではこの傾向がさらに強いこと，さらに考古学上の遺跡調査の結果などをふまえると，どうやら犬の家畜化の開始は，今から1万5000年から1万2000年前ではないかと考えられている．いずれにしても，少なくとも1万年前の中石器時代には，古代人と犬との共同生活が始まっていたことは確かなようだ．

　採集狩猟生活を営んでいた人類にとって，最初に生活をともにした犬は，野生のオオカミやトラのような危険な動物の接近を知らせてくれる貴重な存在でもあった．狩りをするうえでもその走力や探知能力が大いに役だったであろう．やがてヒツジやヤギ，ウシなどを家畜化するようになると，その見張り役としてふさわしい性質をもつ犬を選択育種していったにちがいない．

　文化が複雑になるにつれ，犬にあてがわれる役割も増えていき，目的にあわせてさまざまな性質や体型の犬がつくられた．それもおよそ40億年ともいわれる生物進化の歴史に比べると，わずか1万年あまりの短期間のうちに人間がつくりだしたのである．

セント・バーナード（80kg）とチワワ（2kg）の体重差は実に40倍もある．しかし，イエイヌから分かれてきた同一の種なのである．

（写真提供：ネイチャー・プロダクション）

◆ さまざまな犬種を生みだした家畜化

● 非狩猟犬
ブルドッグ
チャウチャウ
シュナウザー
ダルメシアン 他

● 獣猟犬
ビーグル
アフガン・ハウンド
グレーハウンド
バセット・ハウンド 他

● 警備犬・作業犬
セント・バーナード
ドーベルマン
ボクサー
マスチフ 他

オオカミ

● テリア犬
スコティッシュ・テリア
ケリー・ブルー・テリア
スカイ・テリア
ブル・テリア 他

● 小型愛玩犬
マルチーズ
ヨークシャー・テリア
パグ
ポメラニアン
チワワ 他

● 鳥猟犬
アメリカン・コッカー・スパニエル
アイリッシュ・セッター
ラブラドール・レトリーバー
ゴールデン・レトリーバー 他

● スピッツ犬
柴犬
ウルフ・スピッツ
秋田犬
甲斐犬 他

● 牧畜・牧羊犬
シェットランド・シープドック
オールド・イングリッシュ・シープドック
コリー
ジャーマン・シェパード・ドッグ 他

オオカミの子どもを，数世代にわたり飼いならすことで犬の家畜化が始まった．そのころ犬は，番犬，猟犬として活躍していたと思われる．やがて文化が複雑になるにつれて，さまざまな目的にあわせた犬を人間は短期間のうちにつくりだした．

オオカミから犬へ

　犬の家畜化が始まるまえ，人間にとって野生のオオカミは，シカなど大型の草食動物をめぐる競争相手でもあった．しかも野生のオオカミは，家畜化された犬とは異なり，飼いならすのがきわめてむずかしいといわれている．

● **家畜化への方法**

　古代人が接した野生のオオカミのなかには，もともと備えている攻撃性や神経質さを示さない例外的な個体もいたかもしれない．そんなオオカミを育て，やがて二世が誕生する．性格がおだやかで，従順なオオカミのみが選ばれ，世代を重ねて飼われていく．

　一方，野性を失わないオオカミは，成長の段階でそのつど飼われなくなっていった．こうして選択された個体がつねに人間に接するなかで育てられた．そのうち人間はオオカミを訓練して，狩猟や番犬としての仕事を手伝わせるようになったのであろう．これが，オオカミを祖先として犬が誕生したとするシナリオである．

　オオカミがもっている性質のなかから，人間にとって必要とされる部分だけを強化し，それ以外は抑制しながらつくりあげられたのが，いまわたしたちの身近に暮らす犬ということになる．

　およそ1万年前，シカなど群れをなす動物を獲物としていたころ，人間は狩りの仲間，あるいは番犬にふさわしい個体を野生のオオカミのなかから選び出すようになった．

● **人間社会とよく似たオオカミの社会**

　犬は人間の複雑な生活様式にどうして適応できたのだろうか．これは，犬の祖先であるオオカミと，人間との共通点を探してみると想像しやすい．まず，オオカミは社会性の強い種で，群れ（パック）をつくって生活し，集団で獲物を倒す効率のよい戦術をあみだした．

　それだけではない．集団での狩りに欠かせない複雑なコミュニケーションを発達させ，獲物の分配と協力のシステムもつくりだした．このほかにも，群れで子どもの世話をするヘルパーとよばれる個体がいるなど，オオカミの行動や生態は人間のそれにきわめて似ているのである．

　さらに，オオカミは一夫一妻性で，環境条件に左右されないかぎり生涯連れそう伴侶を選ぶ．その家族は，ペアとなった親の子どもと前年までに産まれた1頭以上の子ども，さらには子どもを産まない大人のオオカミから成る．つまりオオカミの群れは，基本的には人間の家族とよく似た構造といえる．そして他のオオカミや外敵から家族を守る強いなわばり意識をもっている．

　このように，犬の祖先であるオオカミの習性や行動，社会構造などが，人間社会のそれによく似ているので，わた

オオカミの群れ　　　　　（写真提供：ネイチャー・プロダクション）

したち人間と犬との共同生活が可能になったのだろう．

　オオカミの子どもは生後まもないうちに，群れの仲間と顔をあわせながら，お互いの力関係や結びつきの深さを学ぶ．野生のオオカミでみられる順位の認識やリーダーへの服従は，犬にも引き継がれている．だから，人間，つまり育ての親に愛情を移しかえ，人間の家族というあらたな「群れ」の一員として成長できるのである．

● **オオカミから犬への変化**

　こうして犬の家畜化が進むにつれ，性質や体型も変化し，犬と野生のオオカミとの間には大きな違いが表われることになった．たとえば，オオカミの交尾期は1年に1度しかない．性的な成熟をむかえるのも，雌オオカミで少なくとも生後2年，雄オオカミで生後3年かかる．一方，家畜化された犬には，旺盛な繁殖力とそれを支える性成熟のはやさが求められた．その結果，犬では7ヵ月齢から性的行動がみられ，交尾期もたいてい年2回，ときには3回ある．

　また，オオカミのような厳格な相手のえり好みはほとんどないので，目的にあわせて交配させやすいのも特徴である．

　生理面だけでなく形態的な変化も表われた．オオカミの尾は，社会生活に必要な場面以外ではまっすぐ垂れているのが普通だが，犬の場合には，親の気を引きつけるよう上を向く「巻尾」がしばしばみられる．頭骨にも変化が表われた．オオカミとは異なり，つねに大型の獲物を倒す必要がなくなったため，顎の長さが短くなったのもその一例である．人間の好みを反映して，顔が丸みをおびて愛らしくなったり，小型化した犬もいる．愛玩犬のほとんどにこの傾向がみられる．

　こうして犬の家畜化は，さまざまな用途や人間の好みにあわせて多様な品種を生みだしたけれども，それは本来野生のオオカミのもつ形質のうち，当面の目的にかなうものだけをとりあげ，その他はなるべく抑える，つまり強化と抑制のくりかえしのなかで，ごく短期間のうちに進行したのである．

◆人間とオオカミの家族の構成

人間の家族構成

オオカミの家族構成

家畜化

オオカミの群れの構造は，人間の家族の構造とよく似ている．これが，オオカミを祖先とする犬が人間の社会に容易にとけこむことができた理由の一つである．

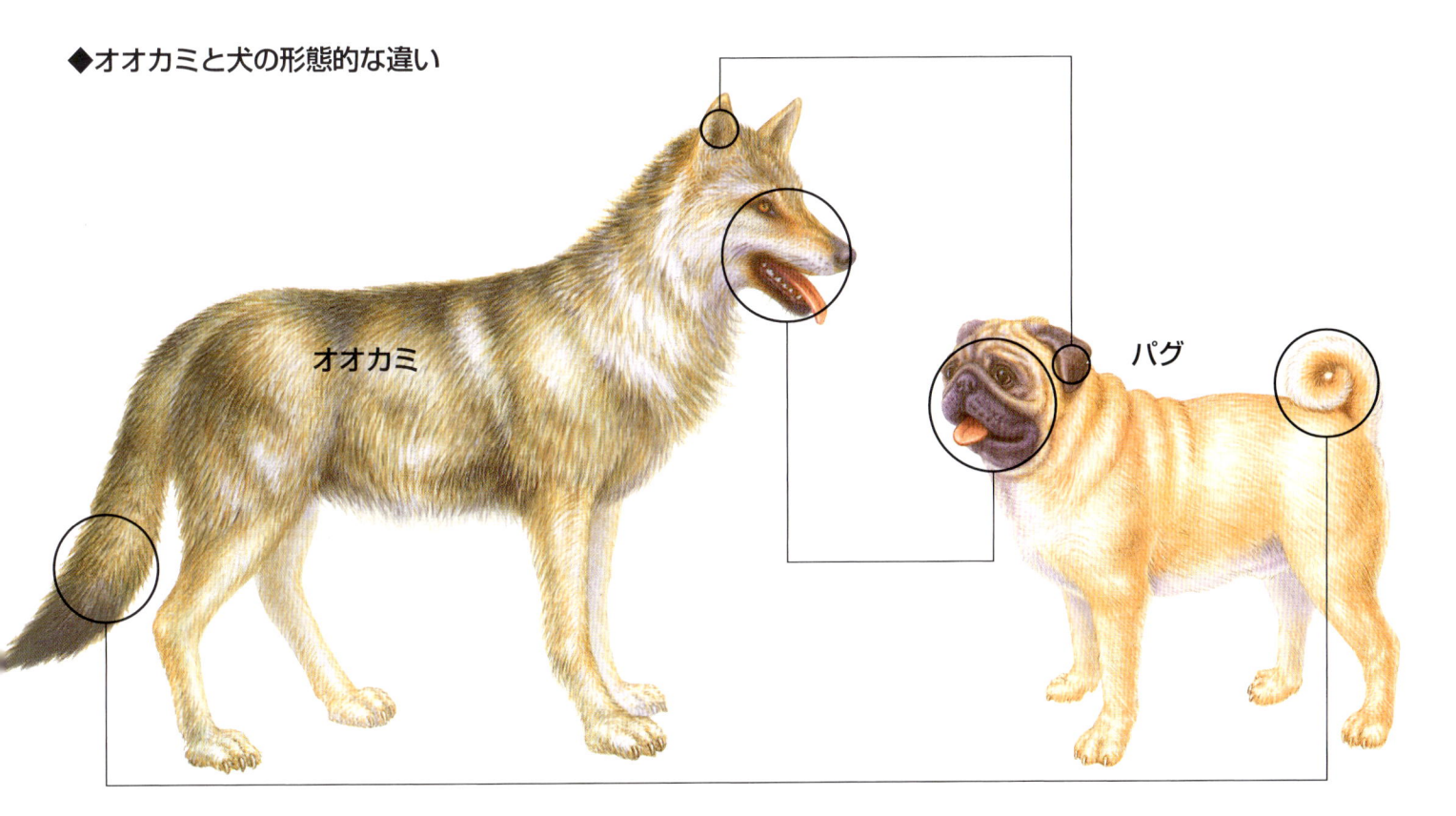

◆オオカミと犬の形態的な違い

オオカミ

パグ

家畜化の過程で，オオカミと犬とでは形態的な違いがみられるようになった．たとえば，オオカミの立ち上がった耳とは異なり，犬は普通では垂れた耳となった．また，犬の顔はオオカミに比べ，やや丸顔となる．さらに，オオカミの尾はまっすぐのびているが，犬では巻尾であることが多い．

野生のイヌ科動物の分類と分布

キンイロジャッカル (Canis aureus)
成長した子どもの一部が弟や妹の養育をするヘルパーがみられる。野生ではじめてヘルパー制がみつかったのも、このキンイロジャッカルである。いまではイヌ科動物のほとんどでこのヘルパー行動が知られている。キンイロジャッカルは北および東アフリカ、南東ヨーロッパ、南アジアからビルマまで生息する。雑食性で、きわめて幅の広い食性も特徴の一つである。

タヌキ (Nyctereutes procyonoides)
極東アジア、シベリア東部、中国、日本に分布する。ヨーロッパには移入された。雑食性で、イヌ科のなかではただこのタヌキだけが吠えない動物といわれている。ペアないし家族グループをつくることもあり、雄が子育てに参加するとの報告もある。

リカオン (Lycaon pictus)
サハラ砂漠から南アフリカまで生息し、きわめて肉食性が強い。また、ほかのイヌ科動物とは異なり、前脚の第五指がないのも特徴である。サバンナを中心として群れによる生活をしている。獲物の群れから弱者を引き離す狩りの戦術をもつ。

オオミミギツネ (Otocyon megalotis)
キツネ類は、イヌ科のなかでももっとも広く分布している。獲物の狩り行動にも特徴があり、跳躍により獲物（ウサギ、ネズミなどの齧歯類）を捕らえる。オオミミギツネは、名前のとおり、大きな耳をもち昆虫をおもに食べる。果実やまれに小鳥なども食べるが、ほとんどはシロアリ類などの昆虫を食べている。

ドール (Cuon alpinus)
西アジアから中国、インド、インドシナからジャワまでの分布。集団生活をし、共同での狩りを行う。子どもを集団で世話するなど、リカオンとよく似た生活様式がみられる。また、ドールの群れは、5～12頭からなる拡大家族であることも報告されている。

参考資料：今泉吉典監修（D.W.マクドナルド編），動物大百科（1）食肉類，p.66～97，平凡社 (1986)

〔写真提供：(財)東京動物園協会（タヌキ、リカオン、オオミミギツネ、タイリクオオカミ、コヨーテ、タテガミオオカミ）、ネイチャー・プロダクション（キンイロジャッカル）、(財)横浜市緑の協会 よこはま動物園ズーラシア（ドール、ヤブイヌ）〕

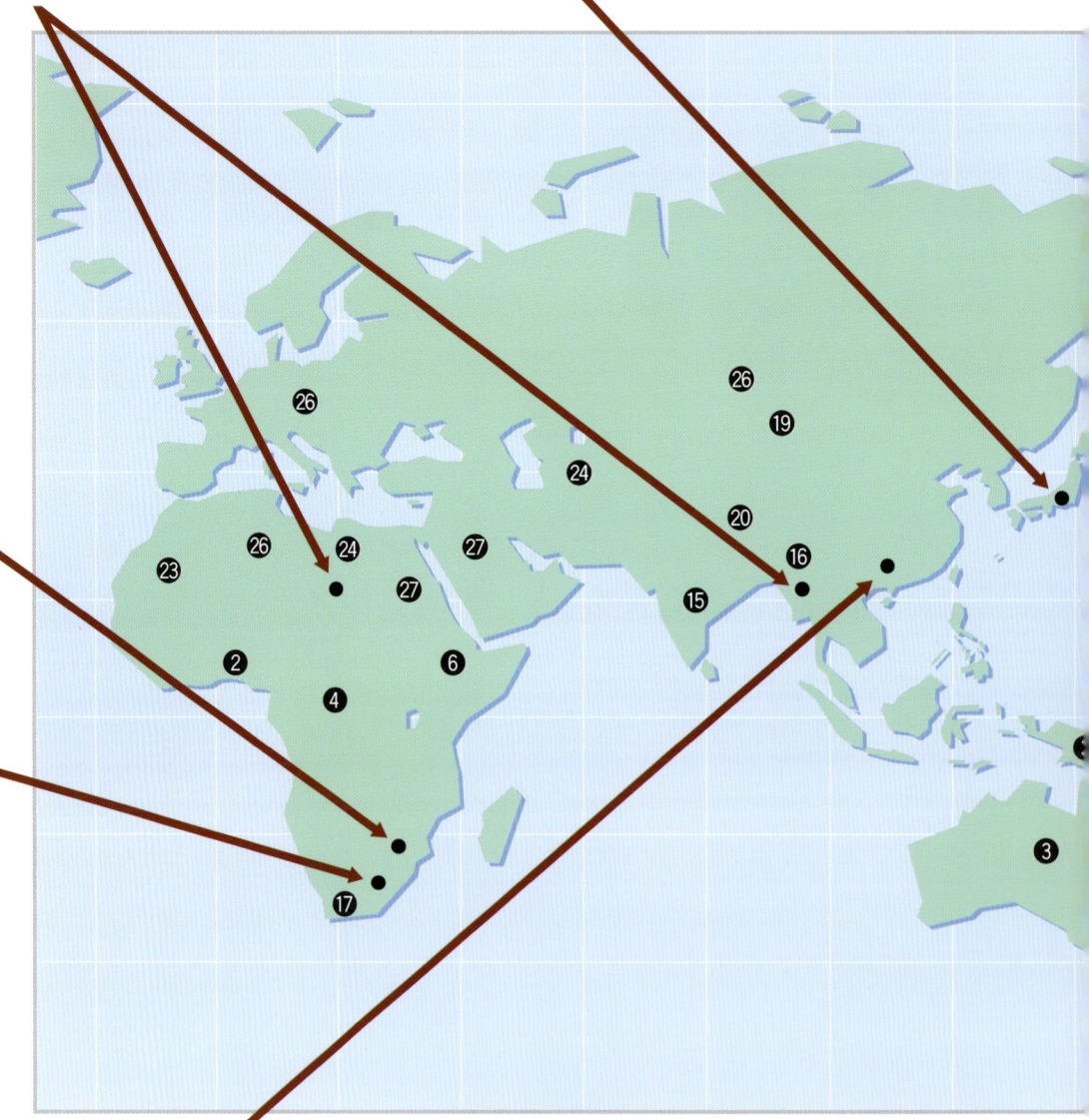

野生のイヌ科動物リスト（文字白ヌキ丸で地図上にも示してある）

和名	学名	分布
❶ホッキョクギツネ	*Alopex lagopus*	北極地方
❷ヨコスジジャッカル	*Canis adustus*	南・中部アフリカ
❸ディンゴ	*Canis dingo*	オーストラリア，ニューギニア
❹セグロジャッカル	*Canis mesomelas*	サハラ以南のアフリカ
❺アメリカアカオオカミ	*Canis rufus*	北アメリカ南東部
❻アビシニアジャッカル	*Canis simensis*	エチオピア高地
❼フォークランドオオカミ	*Dusicyon australis*	フォークランド島
❽クルペオギツネ	*Dusicyon culpaeus*	南アメリカ
❾チコハイイロギツネ	*Dusicyon griseus*	南アメリカ

野生のイヌ科動物は，現在，一般的には10属36種に分類され，開けた草原を中心にきわめて広い生息分布をもつ．また，体型一つをとってもバラエティーに富み，たとえば，体重約0.8kgのフェネックギツネから80kgのタイリクオオカミまでがこのイヌ科に含まれる．

世界に分布する野生のイヌ科動物を世界地図と表に示す．

タイリクオオカミ (Canis lupus)

かつて熱帯以外にも広く分布していたが，いまでは北アフリカ，ユーラシア，北アメリカにのみ生息している．アメリカアカオオカミ (Canis rufus)の野生種はすでに絶滅したと考えられている．

コヨーテ (Canis latrans)

単独生活者とみられてきたが，最近ではオオカミと同じような共同生活をしていることが明らかとなった．北アラスカからコスタリカまで広く分布し，いまなお分布域を拡大しつつある．普通，小型の獲物は単独での狩り，大型動物は共同での狩りを行う．

ヤブイヌ (Speothos venaticus)

パナマからギアナ，ブラジル全域に生息しているが，イヌ科動物のなかでもほとんど生態が不明な種でもある．幅広い顔，小さな耳，短い足など，ほかのイヌ科動物との形態上の共通点が少ない．10頭程度の群れを形成し，泳ぎもうまいといわれている．

タテガミオオカミ (Chrysocyon brachyurus)

南アメリカ最大のイヌ科動物である．オオカミの名はついているが，オオカミとは別の属である．細長いスリムな脚をみるかぎり，オオカミというよりキツネの体型に近い．生態についてはほとんど報告がなく，雑食性であること，そして雄と雌のペアが重複しない行動圏をもつらしいことなどがわずかに記録されているのみである．

和名	学名	分布
⑩パンパスギツネ	*Dusicyon gymnocercus*	南アメリカ南部
⑪コミミイヌ	*Dusicyon microtis*	南アメリカ北東部
⑫セチュラギツネ	*Dusicyon sechurae*	ペルー北西部
⑬カニクイイヌ	*Dusicyon thous*	南アメリカ中部
⑭スジオイヌ	*Dusicyon vetulus*	ブラジル中南部
⑮ベンガルギツネ	*Vulpes bengalensis*	インド
⑯ブランフォードギツネ	*Vulpes cana*	南西アジア
⑰ケープギツネ	*Vulpes chama*	南アフリカ
⑱ハイイロギツネ	*Vulpes cinereoargenteus*	北アメリカ，南アメリカ
⑲コサックギツネ	*Vulpes corsac*	中央アジア
⑳チベットスナギツネ	*Vulpes ferrilata*	チベット，ネパール
㉑シマハイイロギツネ	*Vulpes littoralis*	カリフォルニア沿岸諸島
㉒キットギツネ	*Vulpes macrotis*	北アメリカ南西部
㉓オグロスナギツネ	*Vulpes pallida*	北西アフリカ
㉔オジロスナギツネ	*Vulpes rueppelli*	西アジア，北アフリカ
㉕スウィフトギツネ	*Vulpes velox*	北アメリカ中・西部
㉖アカギツネ	*Vulpes vulpes*	北アフリカ，ヨーロッパ，アジア，北アメリカ
㉗フェネックギツネ	*Vulpes zerda*	北アフリカ，アラビア

参考資料：今泉吉典監修，世界哺乳類和名辞典，p.264～271，平凡社 (1988)

食肉目としての特徴

哺乳類の進化の歴史は，いまからおよそ二億年前の恐竜の時代にさかのぼる．陸上を棲み場所とし，夜の森のなかで暮らしはじめた哺乳類は，ネズミほどの大きさしかなかった．おそらく，嗅覚と触覚をたよりに，落ち葉の下や地表に暮らす昆虫など，ごく小さな獲物を捕らえるハンターだったのだろう．

やがて恐竜の姿が地球上から消え，多種多様な哺乳類が誕生する．そのなかには，犬の祖先となる小型の肉食獣も含まれていた．「ミアキス」と名づけられたこの肉食獣は，イタチやジャコウネコに似た細長くスマートな体つきで，森のなかを生活場所としていたと考えられている．

● ネコ科動物とイヌ科動物

森のなかで生活していた食肉類の祖先から，あるものは森林での暮らしを続け，あるものは森を離れ開けた草原へと進出していった．森林に残ったグループがその後，ネコ科となる．

森林内では，落ち葉を踏みしめるかすかな足音が狩りの失敗へとつながる．そこで，ネコ科動物は，物陰に身を隠し獲物を待ち伏せしたり，そっと忍び寄る狩りの方法を身につけた．顔の前面に並ぶ眼は，獲物との距離を正確に測ることができる．種によって異なる体色や斑紋は，身を隠すのに役だつ．また，森での狩りは獲物に存在を気づかれないよう単独のほうが都合がよい．

一方，暮らしの舞台を開けた草原へと移したグループがイヌ科動物である．身を隠す場所の少ない草原では，自分の存在を獲物に知られやすいため，ネコ科動物のような待ち伏せ，忍び寄りの狩りのテクニックは通用しにくい．逆に，高速での走りで獲物に接近し，捕らえる方法のほうが効果的である．そのため，体型もスリムで足も長い．

● 群れをつくるイヌ科動物

イヌ科動物が暮らしの場所として選んだ開けた環境は，単独での狩りがむずかしい空間である．獲物に存在を気づかれる可能性は高いし，大型の獲物には自衛行動として反撃される危険もあるだろう．こうした狩りにとって過酷ともいえる環境のなかで，イヌ科動物は群れ（パック）をつくり，獲物を共同で捕らえるという効果的な狩りのスタイルをあみだした．食肉類は，いまのところ240種類ほどが知られているけれども，このうち群れをつくり共同で狩りをするグループは少数派で，全体の10％程度といわれている．イタチ類やクマ類，テン類，先にあげたネコ類など大部分が単独で狩りをする．群れで狩りをするスタイルは，食肉類のなかでもイヌ科の特徴といってもいいだろう．なかでもオオカミなどの群れはこの典型といってよい．

● 集団での順位制

集団での狩りを成功させるには，群れの安定性を保ちつつ，お互いに緊密なコミュニケーションをはかることが必要になってくる．オオカミの場合，ペアとなった親とその子ども，さらに複数世代の子どもと非繁殖の大人の個体から成る群れのなかには，厳格な順位が存在し，下位のメンバーは群れのリーダーに対して服従する．

また意思や心的状態を相手に伝えるために，尾や耳の位置，体と頭の角度，顔の表情などを組み合わせて表現する視覚的な信号もバラエティーに富んでいる．個体の感情を伝達するのは，視覚的な信号だけではない．音声も重要な働きをし，相手に感情などを伝える役割をはたしている．

このように，狩りのスタイルとの関連のなかでつくりだされたオオカミの社会構造やコミュニケーションの仕組みは，家畜化された犬にも確実に引き継がれているのである．

人間は，犬を飼うようになる以前から集団で狩りをして暮らしていた．狩りの仕方や社会のしくみは，オオカミのそれと共通点が多い．わたしたちが犬のしぐさから感情や欲求を読みとれるのは，犬の祖先であるオオカミと人間が同じような進化をとげてきた動物だからともいえるだろう．

◆ 食肉類のおもなグループの進化とその類縁関係

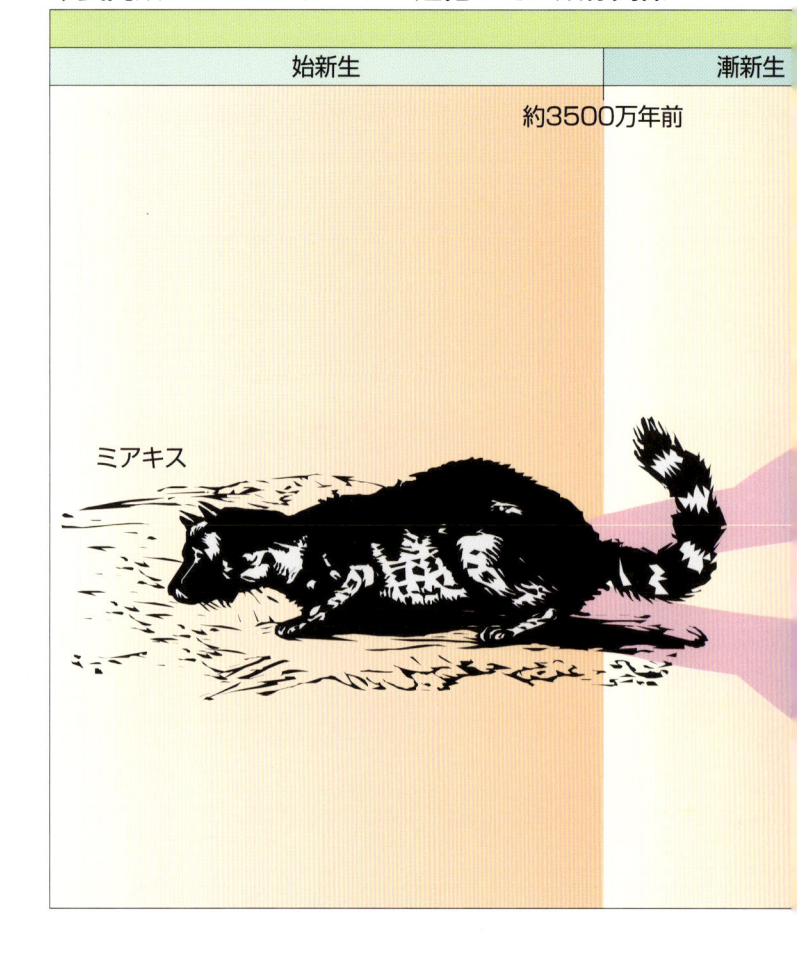

始新生	漸新生
	約3500万年前

ミアキス

◆犬と猫の祖先の狩りの特徴

開けた環境で暮らし，獲物を集団で追いかけて狩りをする．獲物の喉にかみつき，窒息させて倒す．

森林内で暮らし，単独で狩りをする．待ち伏せ，あるいは忍び寄ることで獲物に近づき，首筋に犬歯を差し込み，獲物を倒す．

◆犬と猫の祖先の形態の特徴

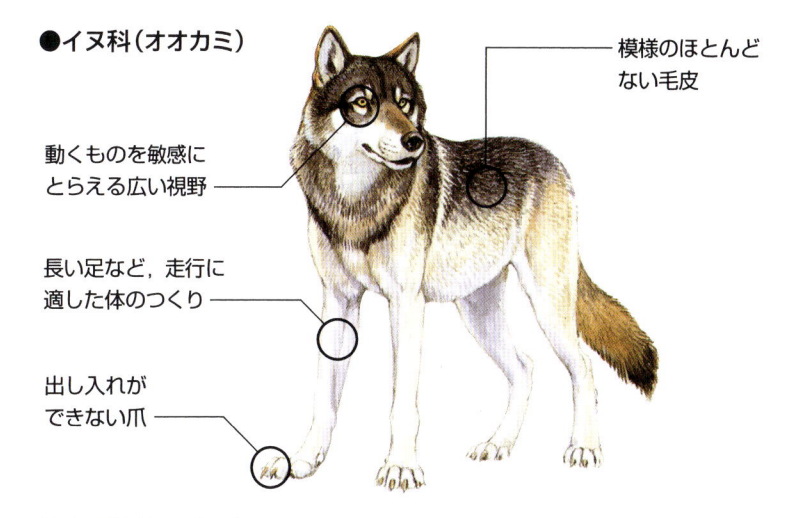

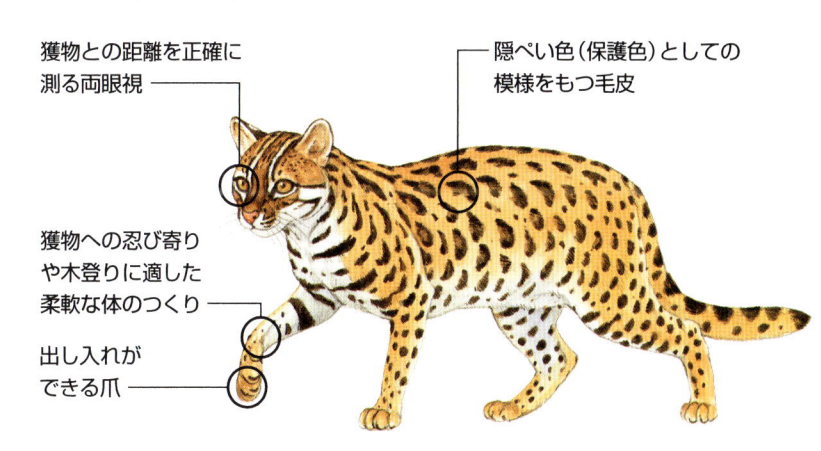

● イヌ科（オオカミ）
- 動くものを敏感にとらえる広い視野
- 長い足など，走行に適した体のつくり
- 出し入れができない爪
- 模様のほとんどない毛皮

● ネコ科（ヤマネコ）
- 獲物との距離を正確に測る両眼視
- 獲物への忍び寄りや木登りに適した柔軟な体のつくり
- 出し入れができる爪
- 隠ぺい色（保護色）としての模様をもつ毛皮

第三紀			第四紀
	中新生	鮮新生	更新生
約2300万年前		約500万年前	約200万年前

- アライグマ科
- クマ科
- イヌ科
- イタチ科
- ジャコウネコ科
- ハイエナ科
- ネコ科

食肉目としての特徴 9

ヒトとのかかわり

1万年あまりの短期間のうちに，わたしたち人間は，目的にあったさまざまな犬の品種をつくりだしてきた．こうした犬の家畜化の歴史には，人間の価値観や好みが忠実に反映していて，そこから人間と犬の関係の変化を読みとることもできる．

●歴史に登場する犬たち

たとえば，新石器時代のサハラ砂漠の壁面には，人間とともにウシを狩る巻尾の動物が描かれている．この時代あたりから，人間の狩猟のパートナーとしての犬が誕生したことがうかがえる．エジプト時代には，犬を神聖なものとみなしていたらしい．事実，この時代の墓には，人間とともに犬が埋葬されていたことがわかっている．

用途別の犬の品種の広がりがみられるのは，ギリシャ・ローマ時代になってからである．この時代には，牧羊犬，狩猟犬のほかに，あらたに闘犬が誕生した．闘犬にはマスチフに似た大型の犬が用いられたという．ルネサンス時代に入ると，交易や民族の移動が盛んとなり，さまざまな目的にあわせた品種が各地で生まれる．

また，この時代のヨーロッパの絵画には，しばしば犬が描かれるようになった．これなどは，上流階級と犬の結びつきの強さを示したものといえるだろう．フランスでは15世紀に狩猟がブームとなったが，それにあわせて狩猟犬が貴重な存在として扱われるようになった．

●ペットとしての犬の誕生

17世紀以降，イギリスではさらに品種が用途別に細かく分かれていく．焼き串回し用のターンスピッツや犯人追跡用の犬も誕生したが，実際的な必要からではなく，おもに審美的な目的でのみつくりだされた犬が，この時代になってはじめて登場する．小型愛玩犬，つまりペットとしての犬である．いまでこそ愛玩犬はめずらしい存在ではなくなったが，その歴史はわずか200年程度ということになる．

イギリスの歴史家キース・トマスによると，ペットは(1)家の中に入れる，(2)個々に名前がつけられ，(3)けっして人間の食用とはしない，という3つの特徴によりほかの動物とは区別されていたという．それまでもヨーロッパでは犬に名前をつけることがあったといわれているが，人間の名前を犬につけるようになったのは，18世紀にはいってからのことである．

19世紀になると，とくにヨーロッパでは，スパニエルなど小型の愛玩犬が貴族社会のステイタス・シンボルとしてますます大切にされるようになった．この時代にフランスで描かれた『イヌ・マニア』という絵画には，貴婦人が愛玩犬をイスにすわらせ，食餌を与えている場面が登場する．

やがて貴族階級だけでなく，産業の発達で生活に余裕がでてきた一般市民のなかにも，貴族をまねて愛玩犬を珍重する者があらわれた．ただし他の地域では犬を食用とする文化もあったのである．

●ケンネル・クラブの誕生

1874年，犬種の標準の作成や犬の品評会を開催する目的で設立されたケンネル・クラブの誕生は，人間と犬との関係に変化をもたらした．つまり品種重視の傾向である．この流れはいまも強く続いている．

右の表は，ジャパンケネルクラブの資料をもとに，登録された品種ごとの頭数の10年ごとの変化をまとめたものである．この資料から，まず小型の室内犬の割合の高さがみてとれる．

この現象は，小型の室内犬がステイタス・シンボルとはなりえないいま，おそらく都市化による住宅事情を反映した結果と考えられる．

次に年を追うごとに，この表に記載されている品種以外の割合が増加していることがわかる．これは，飼う犬が多様化していることを示している．好みの多様化といってもよいだろう．

●新しい役割をもった犬の出現

近年，介助犬，セラピー犬，盲導犬など新しい役割をになう犬が登場しはじめた．アメリカでは，飼い主の持病の発作を予知する犬も誕生したという．これらの犬の登場は，日本ではまだ定着したとはいえないが，これからの人間と犬とのあらたな関係のありようをさぐるうえで，モデルともなりうるだろう．すなわち，犬を単なる人間の精神的ななぐさめの対象やステイタス・シンボルとして飼うのではなく，犬のもつこれまでとは違う側面を積極的に評価し，それを最大限に引き出そうとする姿勢の現われといえるからである．

これは，わたしたち人間と犬との暮らしを，精神面でより豊かにしていこうとする新しい価値観へとつながる姿勢でもある．こうした新しい役割をになう犬の登場が日本で定着するには，その活躍の場を保証するような社会のしくみが欠かせないが，それとともにわたしたち人間の側の意識の変化がどうしても必要となってくるだろう．

およそ1万年のあいだ，犬は人間の行動や思考のパターンを正確に読み取り，ともに暮らしてきた．これからも，わたしたち人間の期待に応えてくれるにちがいない．しかし真の共生関係を築くには，犬の行動や社会，心理について，わたしたちがどれだけ正解に理解しているかどうかを，今あらためて問い直す必要があるだろう．

◆さまざまな犬種を生みだした家畜化

年度別登録頭数

	1975年度	1985年度	1995年度	2005年度	2015年度	2023年度
第1位	マルチーズ (83,058) 23%	シェットランド・シープドッグ (31,778) 15%	シー・ズー (55,158) 15%	ダックスフンド (138,163) 25%	プードル (78,055) 26%	プードル (79,466) 26%
第2位	ポメラニアン (22,436) 16%	マルチーズ (31,544) 15%	ゴールデン・レトリーバー (48,946) 13%	チワワ (86,343) 16%	チワワ (51,329) 17%	チワワ (52,446) 17%
第3位	ヨークシャー・テリア (15,311) 11%	ヨークシャー・テリア (25,483) 12%	ダックスフンド (26,873) 7%	プードル (57,686) 10%	ダックスフンド (27,128) 9%	ダックスフンド (26,819) 9%
第4位	プードル (8,605) 6%	ポメラニアン (24,550) 12%	ヨークシャー・テリア (24,374) 7%	ヨークシャー・テリア (25,054) 5%	ポメラニアン (16,836) 6%	ポメラニアン (19,496) 6%
第5位	チワワ (7,161) 5%	シー・ズー (17,525) 8%	ポメラニアン (23,380) 6%	パピヨン (23,230) 4%	柴 (12,470) 4%	フレンチ・ブルドッグ (11,879) 4%
その他	39%	28%	52%	40%	38%	38%
総登録頭数	143,303	209,933	365,173	554,141	301,605	305,532

( )内の下の数字は総登録数に占める割合（四捨五入）．犬種表記は「全犬種標準書」より．登録数は「犬種別犬籍登録頭数」（人気ランキングではなく，その年1年間に新規に登録された純粋犬種の登録犬種を示すものである）より．

資料提供：（社）ジャパンケネルクラブ

遺伝からみた犬

すでに前節でみてきたが，体重が80kgにもなるセント・バーナードと体重がわずか2kg程度のチワワは生物学的には同一のイエイヌ（*Canis familiaris*）から品種化されてきた．飼い主である人間が長い年月の間にその用途目的にあわせて，必要とされる特徴を示す犬を求めて交配をくりかえして品種がつくられてきた．ここでは犬に関する遺伝学的立場から説明する．

【染色体と遺伝子】

犬も他の動物と同様，決まった染色体を細胞の核内にもっており，この染色体に多くの形質を発現する遺伝子がくみこまれている．

ヒトの染色体数は46本（2n）で，このうち男か女かを決定する性染色体が2本（XXが女，XYが男）含まれる．

犬の染色体数は78本（2n）で，ヒト同様に性染色体2本がこれに含まれる．動物の染色体数を表1に示した．

犬の染色体をみると，同じかっこうをした1組（2本）の染色体が合計38組，雄ではX染色体とY染色体とよばれる対にならない2本が（写真），雌では2本のX染色体がみられる．オオカミ，ディンゴ，コヨーテ，ジャッカルなどの染色体数も78本で，犬の祖先と考えられる．

染色体はひじょうに小さいため顕微鏡を用いないとみることができない．あらかじめ特殊な色素で染色すると染色体に縞模様が表われる．この模様は遺伝子の配列と関係することが知られており，全く同一でなくても，近縁であれば似ている．ディンゴ，コヨーテ，ジャッカル，オオカミもほぼ犬と等しく犬の祖先となる資格を有している．

【祖先種と犬の交配】

たとえ染色体数が78本で同じであり，染色体の縞模様が似ていても遺伝子の質が等しくないと正常な繁殖ができない．交配しても不妊であるか，たとえ生まれてきても不妊の雑種となってしまう．

品種が異なっても犬どうしの交配であれば，繁殖性に問題のない子犬が産まれてくる．

また，祖先といわれるオオカミ，ディンゴ，コヨーテ，ジャッカルと犬との交配を行った場合も繁殖性に問題のない雑種が産まれてくる．

【西洋犬と日本犬】

犬は地球上のいたるところに生息しているが，もともとはインドあるいは西アジアで飼われはじめた．そして人間といっしょに東西へと分かれて移動していったのである．このもともとの犬がもっているヘモグロビンの遺伝子はHb^B/Hb^Bだったのだが，この遺伝子を調べた結果，おもしろいことがわかった．

ヘモグロビン（Hb）とは赤血球中に存在して酸素を運ぶ役割をもつタンパク質で，この遺伝子はHb^A，Hb^Bの2種類が知られている．このため犬がもつであろうヘモグロビンの遺伝子型はHb^A/Hb^A，Hb^A/Hb^B，Hb^B/Hb^Bの3つのタイプである．

この遺伝子型を調べてみると，西洋犬はHb^B/Hb^Bのみであるのに，日本犬では3つのタイプがすべてみられる．

このことから，もともとHb^B/Hb^Bという遺伝子型をもっていた犬が東に移動したとき，その犬の一部に$Hb^B \to Hb^A$という突然変異がおきたため，東に移動した犬にのみHb^Aがみられるのではないかと考えられている．このHb^Aをもった犬が朝鮮半島を経由して日本へ，さらに北上してシベリア北部，さらには陸続きであった北アメリカ大陸へ伝わっていったと考えられている．

◆雄犬の染色体配列

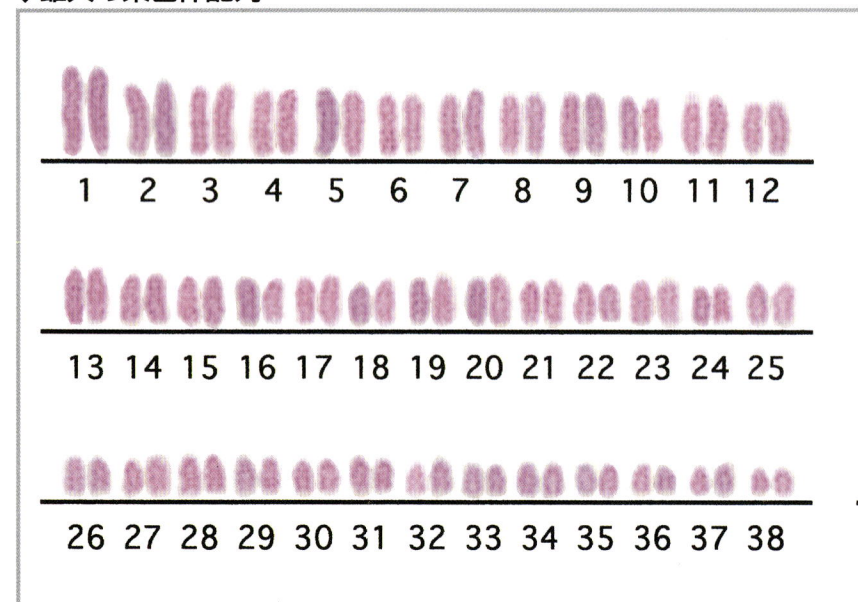

38対の常染色体と雄雌を示す1対の性染色体から構成される．写真は，X, Yの性染色体をもつ雄である．

表1．ヒトと身近な動物の染色体（2n）

ヒトと動物	染色体数
ヒト	46
犬	78
猫	38
ウマ	64
ウシ	60
ブタ	38
ヤギ	60
ニワトリ	78
ラット	42
マウス	40

〔写真提供：栗田吾郎先生（栗田動物病院）〕

【雑種と純粋種】

最近，グレーハウンドとテリアを交配してラーチャーという新しい系統がつくられ，まもなく品種として認められるようである．このラーチャーは，猟犬として理想的な資質を備えている．グレーハウンドやテリアは純粋種であり，交配して生まれてきた最初の子犬は雑種であるが，交配を続けるとこの雑種から純粋種ができる．

● 新しい品種の作出

新しい品種の作出とは，新しい資質を備えた系統をつくるため，雑種から純粋種に変化させることである．異なる品種の犬を交配すると，産まれた子犬は雑種となるがその子犬は，まれに両親の両方のすぐれた特徴を兼ね備えた子犬が産まれることがある．次にこの両親のすぐれた性質を兼ね備えた子犬を選び育て（選抜），次に似たものどうしを交配する．このようにして選抜と交配を何世代にもわたってくりかえすと新しい系統をつくることができる．

交配の途中で近親交配を取り入れるとより効率的に行うことができる．出発は雑種であったとしても，血の濃いものどうしを何世代にもわたって交配すれば，その系統のもつ特徴は普遍的なものとなるからである．これは「特徴が遺伝的に固定された」と表現されており，最後には純粋種となって，もはや雑種とはよばれなくなる．そしてその系統の特徴が，遺伝的に固定されると新しい品種となる．さきに2品種からの作出例を述べたが，祖先に3品種以上をもつ場合もある．

● 遺伝学でできること

同じ品種の犬のなかから他のものよりからだの大きいものどうしを選んで交配を続けると，からだの大きな品種ができる．逆に体の小さいものどうしを選んで交配を続けると小さくなる．この交配を20代も続けると，とても同じグループから出発したと思えないほど大型犬，あるいは小型犬に体型を変化させることができる．体型以外の資質であっても同様であり，最後には同じ品種（祖先）から出発してもそれぞれ独立した品種とみなされることになる．

毛色の遺伝は複雑である．簡単な1例をあげると，白色の毛色で眼が黒い犬（優性白色）に有色の犬を交配すると，すべての子犬の毛色が白色の場合と，半分が白色の子犬で残りが有色の子犬となる場合が生じる．白い毛色にしたいときは，この原理を使えばよいわけである．

コリー（ラフ種）の祖先は小型で毛色も白あるいは白黒だったが，改良の過程で大型化し毛色も豊富となった．大型の犬どうしを交配させ，途中で有色の犬と交配させて作出されたのが，いま眼にするラフ・コリーである．

【遺伝病】

新しい資質をその品種の特徴にしようとすると，どうしても血の濃いものどうしを交配することが避けられない．その結果，望ましい遺伝子だけでなく，望ましくない遺伝子も遺伝的に固定される場合が生じる．いわゆる遺伝病とよばれるものである．これを示す例として，ジャーマン・シェパード・ドッグでみられる股関節脱臼，コリーでみられるコリー・アイ（視神経形成障害），多くの品種でみられる聴力障害などが知られている．脳の脳室内に異常に脳脊髄液がたまり脳組織を圧迫して障害をおこす「水頭症」はマルチーズやヨークシャー・テリアなどの遺伝病として知られている．

遺伝性の病気を避けるためには，交配に用いない，あるいは子孫を残さない方法で排除するしか方法はない．しかし実際には望ましくない遺伝子を除くことは容易ではない．表2に示したように1万頭に1頭の割合で発症するまれな例でも，198頭が不良遺伝子を1個もっており，この198頭は表面上まったく正常である．10頭に1頭の割合で発症する例では，約半数の個体が不良遺伝子をもっている．この表の値からわかることは，発生する割合が高い遺伝性疾患ほど不良遺伝子を除くことがむずかしいことを示しているのである．

表2．遺伝病の遺伝子を有する割合（1万頭当たり）

発生頭数（発生率）	不良遺伝子を有する頭数（保因率）
1（0.01%）	198（1.98%）
10（0.1%）	619（6.19%）
100（1%）	1,800（18.0%）
1,000（10%）	4,323（43.2%）

◆ 被毛の色の遺伝様式

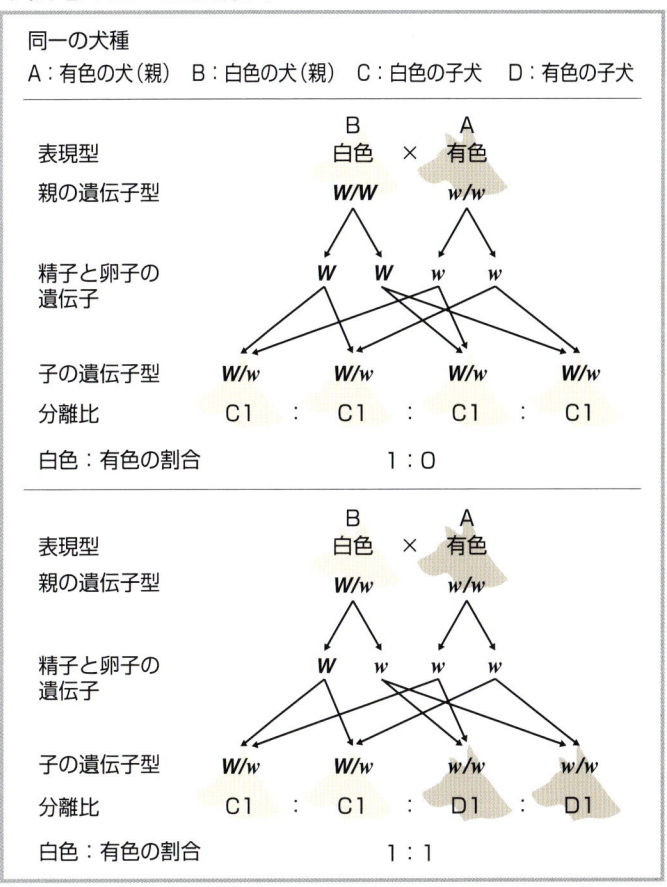

同一の犬種
A：有色の犬（親）　B：白色の犬（親）　C：白色の子犬　D：有色の子犬

	B		A	
表現型	白色	×	有色	
親の遺伝子型	W/W		w/w	
精子と卵子の遺伝子	W　W		w　w	
子の遺伝子型	W/w	W/w	W/w	W/w
分離比	C1 :	C1 :	C1 :	C1
白色：有色の割合		1：0		

	B		A	
表現型	白色	×	有色	
親の遺伝子型	W/w		w/w	
精子と卵子の遺伝子	W　w		w　w	
子の遺伝子型	W/w	W/w	w/w	w/w
分離比	C1 :	C1 :	D1 :	D1
白色：有色の割合		1：1		

白色遺伝子（W）は有色遺伝子（w）より優性なのでWが1つでもあれば白色となり，wが2個のときのみ有色になる．

構造と機能

- 外形と外皮
    - 外　形
    - 外　皮
- 運動器系
    - 骨　格
    - 筋　肉
- 消化器系
    - 消化器官
    - 消化と吸収
- 呼吸器系
- 生殖器系
    - 雌雄の生殖器官
    - 妊娠と出産
- 泌尿器系
- 内分泌系
- 循環器系
- 血　液
- 神経系
    - 中枢神経
    - 自律神経
- 感覚器系
    - 嗅　覚
    - 聴　覚
    - 視　覚
    - 味　覚

外形と外皮

外 形

　犬はさまざまな用途にあうように品種改良されてきた．そのため，もっとも多彩な変化をとげてきた動物の一つである．これらの変化のうち，頭部や耳の形，四肢および体軀の長さ，尾の形，毛質と毛色などがとくにめだつ．これら形態変化の組み合わせによって，340種以上もの純血種犬が形づくられてきた．

　雄犬と雌犬，小型犬（ウエスト・ハイランド・ホワイト・テリア，ヨークシャー・テリア，ミニチュア・シュナウザー，ポメラニアンなど），中型犬（ブルドッグ，ボーダー・コリー，柴犬など）と大型犬（セント・バーナード，ゴールデン・レトリーバー，ジャーマン・シェパード・ドッグなど），短毛種と長毛種，短頭種と長頭種などの分類のほか，耳の形，尾の形が分類化されている．しかし，これら外形と犬の性質に相関はない．大型犬だから反抗的で攻撃性が強いとはかぎらないし，逆に小型犬だから従順だとはきめつけられない．

　犬は，大きな眼と狩猟のために要求されるよく発達した感覚器を収容するために，比較的大きな頭をもっている．頭の形態は，頭蓋の形，眼の位置と大きさ，耳の形と状態などによって決定される．耳全体が立っているもの，側方に垂れ下がっているもの，基部が立ち，先が垂れ下がっているような中間状態をとるものなどがある．

　ある形質の差異は永久的な品種の特徴であり，他は一時的なものである．

　外形の特徴と健康にも強い相関はみあたらない．しかし，リウマチ性関節炎，股関節形成不全などの関節の病気は大型犬に多くみられるし，外耳炎は耳の立っていない犬種（ゴールデン・レトリーバー，アメリカン・コッカー・スパニエル，シー・ズーなど）におこりやすい．ブルドッグ，ペキニーズ，パグなど短頭種では，病原細菌が感染しておきる顔面の膿皮症（化膿性病変）になりやすい．同様に，長毛種は人による手入れをおこたるとダニなどの感染から皮膚病をおこすことにもなる．

◆外部形態（ダルメシアン，雄）

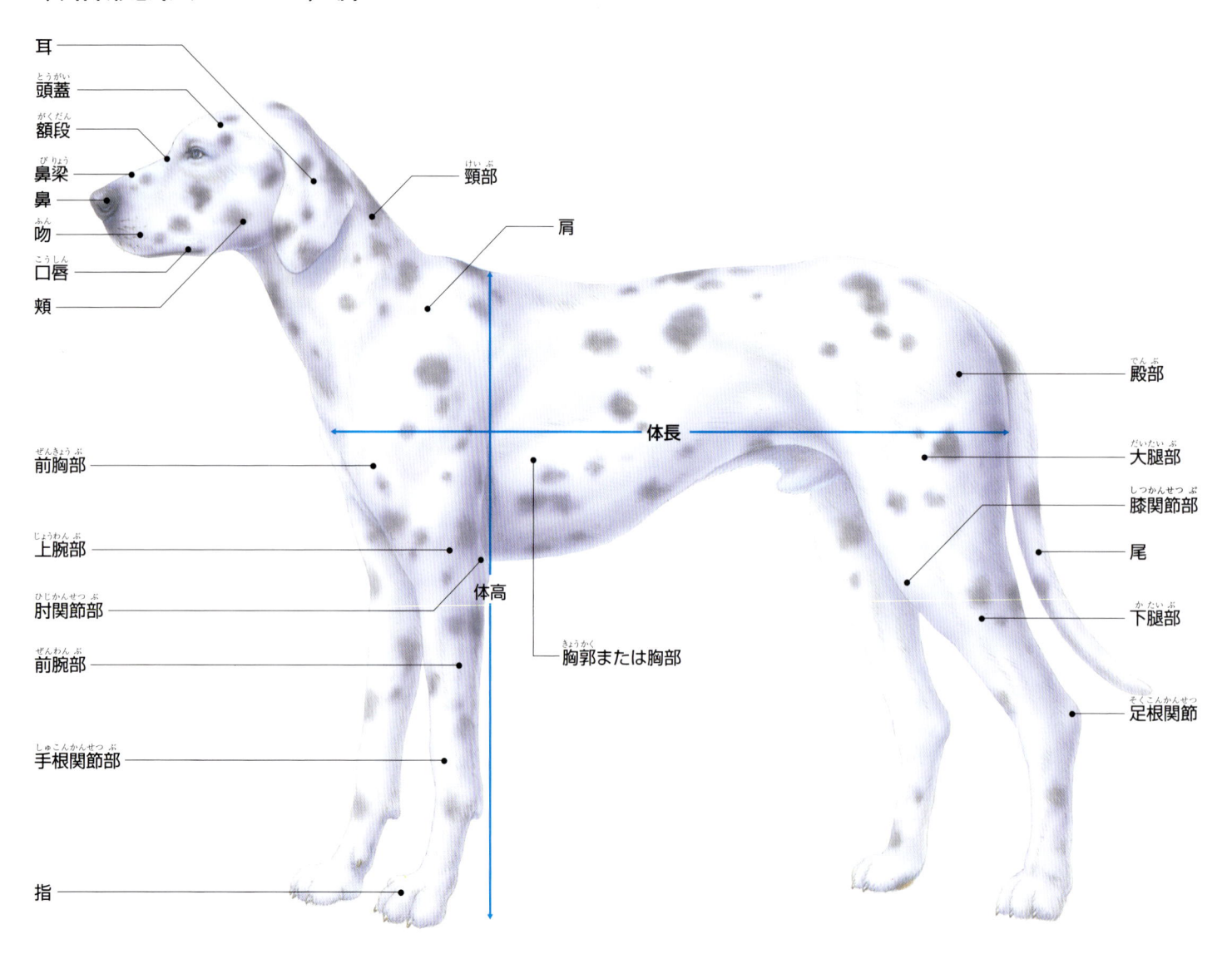

◆犬の特徴的な耳と尾の形

耳の形

プリック・イアー（直立耳）：文字どおり，立っている耳のことである．生まれつきのもの（ジャーマン・シェパード・ドッグなど）と断耳したもの（ドーベルマンなど）がある．

バット・イアー（蝙蝠耳）：直立耳の一種で，耳朶が広く先が丸い耳のことである．フレンチ・ブルドッグなどの耳形である．

セミプリック・イアー（半直立耳）：直立した耳先が，前方に少し垂れているもので，コリーなどの耳形である．

尾の形

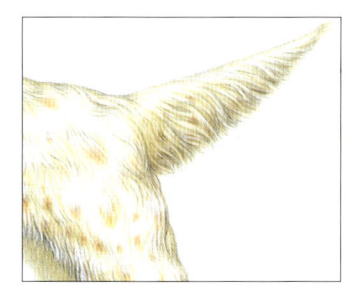

プルーム・テール：羽状の飾り毛が長く垂れ下がった尾のことである．イングリッシュ・セッターなどの尾形である．

ボタン・イアー：半直立耳の一種で，耳の先が頭蓋の前方にV字のように垂れて折れ曲がっている．エアデール・テリアなどの耳形である．

ローズ・イアー（薔薇耳）：半直立耳の一種で，耳朶を後方にねかすか，または折りたたみ，内耳がバラの花弁のようにみえる．ブルドッグなどの耳形である．

ドロップ・イアー（垂れ耳）：文字どおり付け根から垂れている耳のことである．マルチーズやシー・ズーなどの耳形である．

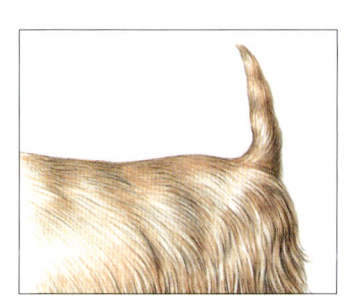

ゲイ・テール：背上高く前方に上げるが，背負いはしない尾のことである．スコティッシュ・テリアなどの尾形である．

尾の形

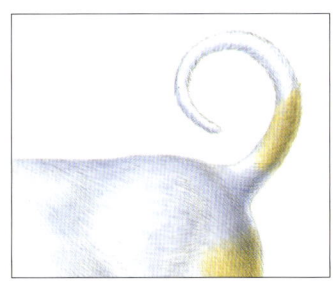

リング・テール：尾根部から高く上げ，きれいにアーチを描く尾のことである．アフガン・ハウンドなどの尾形である．

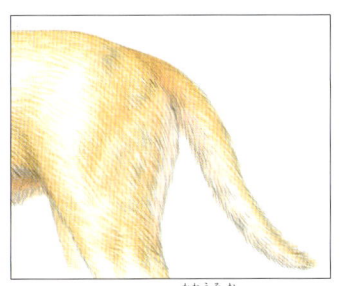

オッター・テール（川獺尾）：根元が太く，内側に比較的豊かな被毛がある．ラブラドール・レトリーバーなどの尾形である．

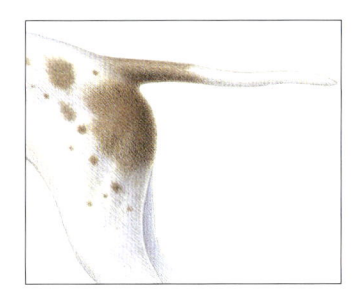

ウィップ・テール：まっすぐで長く，先細で先端がとがり，地面と平行に後方に保持する．イングリッシュ・ポインターなどの尾形である．

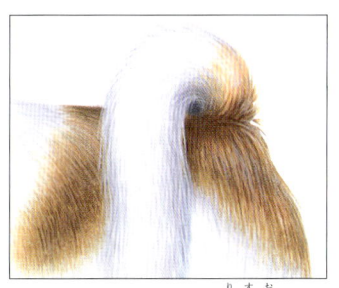

スクワーラル・テール（栗鼠尾）：被毛が多く，尾根部から前方にアーチするように曲げた尾のことである．パピヨンなどの尾形である．

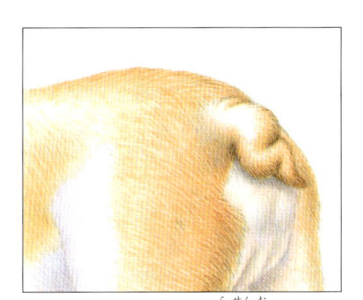

スクリュウ・テール（螺旋尾）：自然の短尾で曲がりくねったワインの栓抜きのような尾のことである．ブルドッグなどの尾形である．

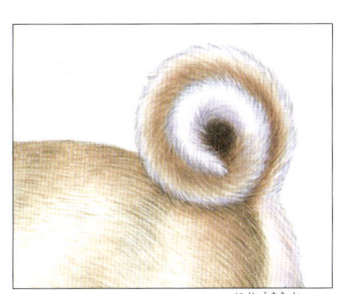

ダブル・カールド・テール（二重巻尾）：巻尾の一つで，尻または背上に二重に巻いている．パグなどの尾形である．

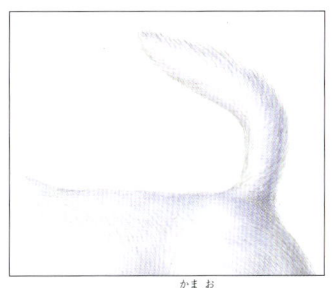

シックル・テール（鎌尾）：尾根部から上方に高く保持し，途中から鎌状に半円形に曲がっている．柴犬，紀州犬などの尾形である．

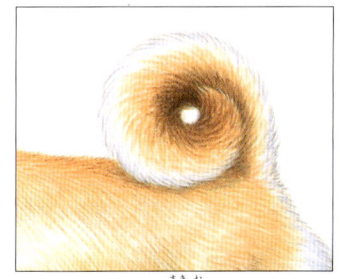

カールド・テール（巻尾）：尻または背上に巻いている．一重（フィニッシュ・スピッツ），二重や尾先を大腿部に垂らすものなどいろいろな種類がある．

芟藪豊作 監修，最新犬種スタンダード図鑑，p.26，27，学習研究社（1994）より

外 皮

【被毛】

　犬のからだのうち，口や他の開口部のまわり，手足の表面を除いて毛がからだ全体をおおっている．この被毛は本来皮膚の保護，保温，防水などの役割がある．毛には，まっすぐでかなり硬い保護毛（上毛），微細な波状の縮毛（下毛）と限られたところに分布する強固な触毛（いわゆるヒゲ）の3型がある．

　保護毛の規則的な配列は，雨をすばやくはじき，水が縮毛を通って皮膚に達するのを防ぐ，つまり体温を維持するのに不可欠なものである．縮毛は細く波状を呈し，保護毛より短く数が多い．冬にもっとも密になる．成犬の多くの種では，何本かの毛が1つの毛包から生えていて，中央の毛がもっとも長く保護毛に分類される．周囲の毛は短くて軟らかく，縮毛として分類される．たとえば，プードルでは縮毛が，マルチーズでは保護毛がよく発達している．

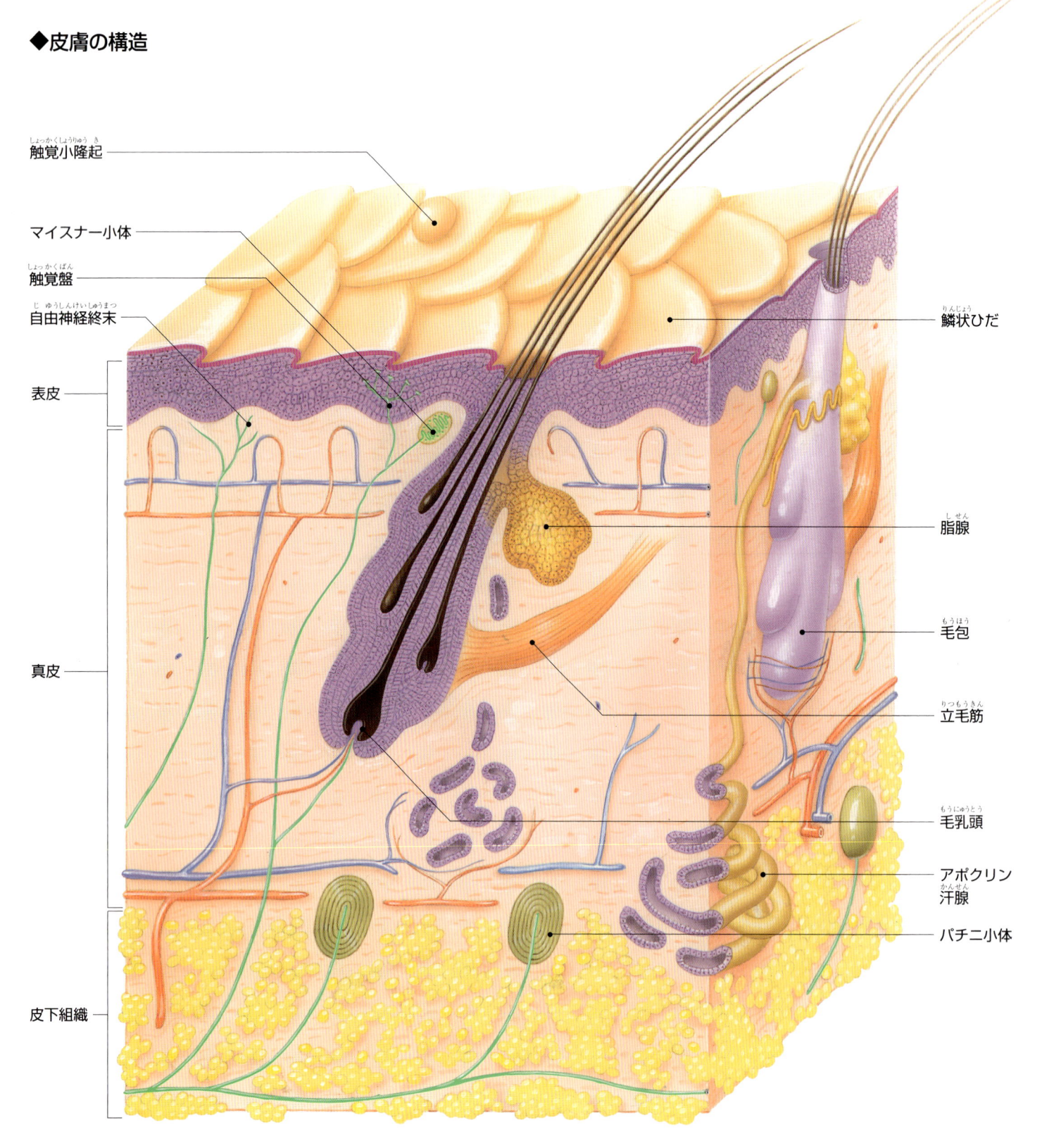

◆皮膚の構造

触覚小隆起
マイスナー小体
触覚盤
自由神経終末
表皮
真皮
皮下組織

鱗状ひだ
脂腺
毛包
立毛筋
毛乳頭
アポクリン汗腺
パチニ小体

触毛は太く，長い．ほとんどが顔，おもに上唇や目の周囲に見られるが，ほかにも下唇，顎などに散在する．触毛包は深く皮下組織あるいは表層筋にまで達し，おのおのは静脈洞によって囲まれており，その壁内には機械的刺激に反応する神経終末がある．触毛は感覚器として重要であり，このゆれは静脈洞内の血液の波動によって増幅され，脊髄から大脳皮質に伝えられる．近年，実験動物の分野でも注目されているメキシカン・ヘヤレス・ドッグのようにほとんど毛のない犬種でも，この触毛だけは残されている．

【脱毛】

犬の保護毛は春から秋にかけて脱毛する．春の脱毛はより顕著で，数週間続く．脱毛が止まり，被毛が最上の状態に戻るには冬までかかる．保護毛がよく発達しているマルチーズなどの犬種では，脱毛から毎日の念入りなグルーミングが欠かせない．一方，縮毛が多いプードルは換毛がなく，顔の周囲の手入れだけですむ．

【皮膚】

皮膚は，外界のさまざまな刺激からからだを守る最前線にあり，そのことを可能にする巧妙な仕組みが組み込まれている．皮膚は外層の表皮と内層の真皮の2層からなり，その下には疎性結合組織（皮下組織）がある．表皮はたえず更新され，ふけ，あるいは微細な小片としてはがれ落ちる．この表皮の脱落は表層へと移動する深層の細胞分裂によって補充されるので，表皮の厚さはほぼ一様に保たれている．しかし，環境変化，あるいは体調などさまざまな要因によって，表皮の形状は変化する．

真皮はフェルト状の結合組織線維からなり，皮革の原料になる．弾力性に富み，皮膚に柔軟性を与えている一方，外傷を受けて皮膚が開くのは，真皮の弾性線維のためでもある．真皮には，毛包，汗腺，脂腺，各種の神経終末が侵入し，また血液の供給もある．体温調節に必要な温度センサー（自由神経終末）と汗腺，痛みあるいは外界の様子（触圧覚）を感じる各種の受容器（メルケル盤，ルフィニ小体，マイスナー小体，毛包受容器，パチニ小体，自由神経終末など）は真皮にある．四肢で歩き，かつヒトに比べより地表に近い場所を生活空間にしている犬の触圧覚の発達は著しく，無数の刺激物から身を守っている．しかし，痛覚の発達はヒトほどでなく，痛みには強い．

皮下組織は疎性結合組織とその間にある脂肪からなっており，犬ではとくにこれが豊富で，このため皮膚を大きくつかむことができる．

【皮膚腺】

皮膚腺には脂腺（皮脂腺）と汗腺がある．皮脂腺は皮膚や毛皮に油脂を供給し，防水性を与えている．またにおいつけとしての役割があり，異性を誘惑する物質（フェロモン）が含まれているとの説もある．実際，犬が雨などにぬれたとき，気になる犬の体臭は皮脂腺の分泌物に由来する．また，脂溶性物質やある種の重金属は，毛包やこの皮脂腺を通して体内に取り込まれる．皮膚塗布剤などはこの皮膚の性質を利用したものである．汗腺にはアポクリン汗腺とエクリン汗腺がある．犬のアポクリン汗腺は体表全体に存在し，タンパク性の汗を毛包中に排出している．この汗の蒸散は塩分や体温調節に機能している．しかし，犬の体熱はおもに浅速呼吸（あえぎ）と蒸散によって放散されている．犬の大きな口の粘膜と舌表面からの蒸散はきわめて効果的に体温を調節している．エクリン汗腺はより水様性の汗を皮膚に直接分泌している．犬では肉球にエクリン汗腺がみられるが，猫ほど体温調節に役だっていない．

◆被毛のはえかわり

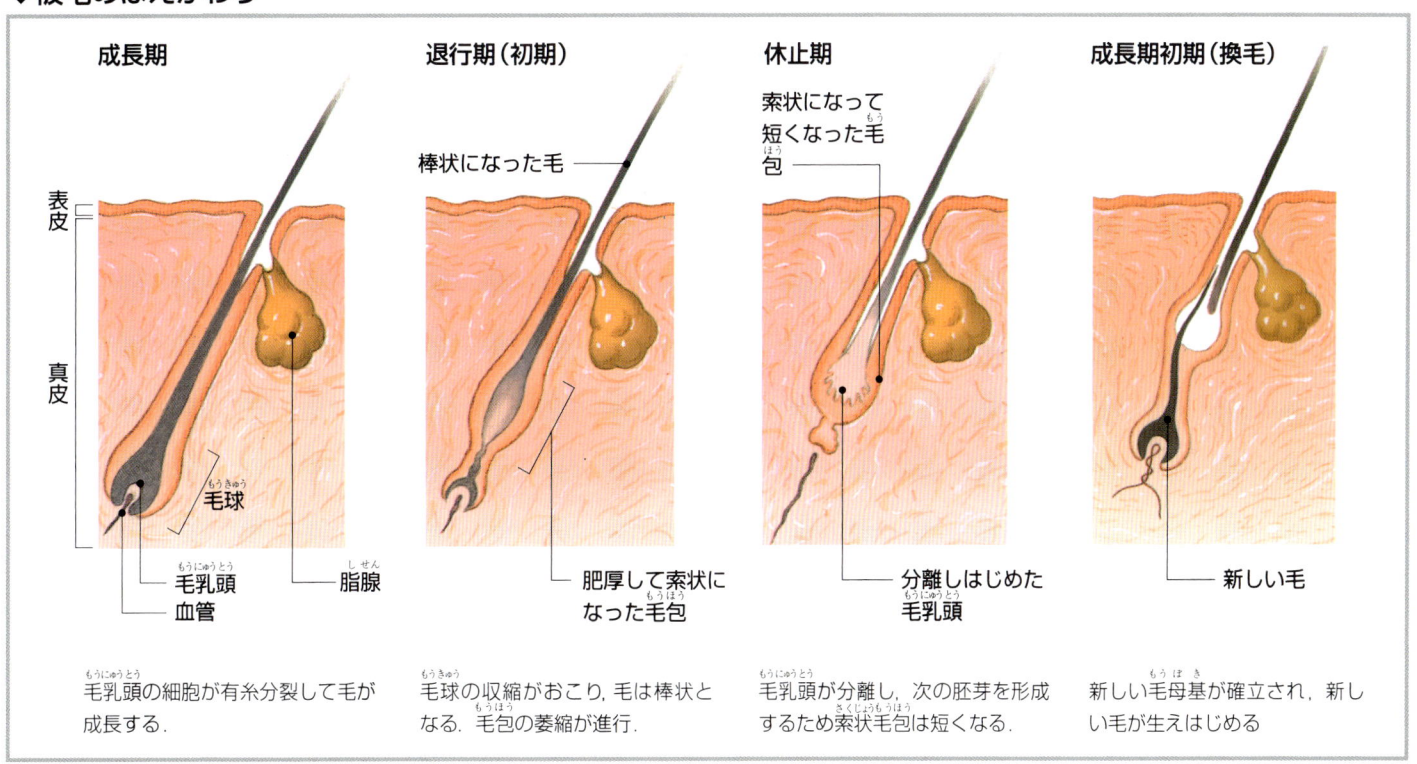

成長期	退行期（初期）	休止期	成長期初期（換毛）
毛乳頭の細胞が有糸分裂して毛が成長する．	毛球の収縮がおこり，毛は棒状となる．毛包の萎縮が進行．	毛乳頭が分離し，次の胚芽を形成するため索状毛包は短くなる．	新しい毛母基が確立され，新しい毛が生えはじめる

表皮／真皮／毛球／毛乳頭／血管／脂腺／棒状になった毛／肥厚して索状になった毛包／索状になって短くなった毛包／分離しはじめた毛乳頭／新しい毛

運動器系

骨　格

　運動器系は骨格，関節および筋肉の3系統からなる．3系統は，それぞれ体幹，頭部，前肢，後肢など各部分に分けることができる．犬のからだ，しぐさあるいは運動能力の特徴などはこの運動器系に求められる．

【体幹の骨格 - 脊柱】

　脊柱は頭蓋骨から尾端へと続き，多数の椎骨からなる．脊柱は体軸をつくり，たわみや伸び，あるいはねじれなど柔軟な動きによって姿勢の保持に寄与している．脊髄は脊柱管のなかを通る．椎骨には頸椎(首：C)，胸椎(背中：T)，腰椎(腰：L)，仙椎(尻：S)および尾椎(尾：Cd)からなり，犬ではそれぞれ7個(C7)，13個(T13)，7個(L7)，3個(S3)および6〜23個(Cd 6〜Cd23)である．

　椎骨は，2種類の関節（軟骨と滑膜包）と靱帯によって連結している．また隣接する椎骨の間にはクッションとして椎間円板がある．このクッションの厚さは犬で脊柱全長の約16％（ヒトでは約25％）であり，その割合は胴体の柔軟さの目安になる．椎間円板は加齢にともなって変性し，ヒトや犬の脊柱疾患の患部になりやすい部位である．

　犬の後部胸椎関節と腰椎関節の部分はこのクッションの割合が多く，そのため驚くほど柔軟であり，体をまるめて眠ることができるのである．

【前肢と後肢】

　四肢で立つ動物の前肢（上腕骨，前腕骨格，手根骨格）

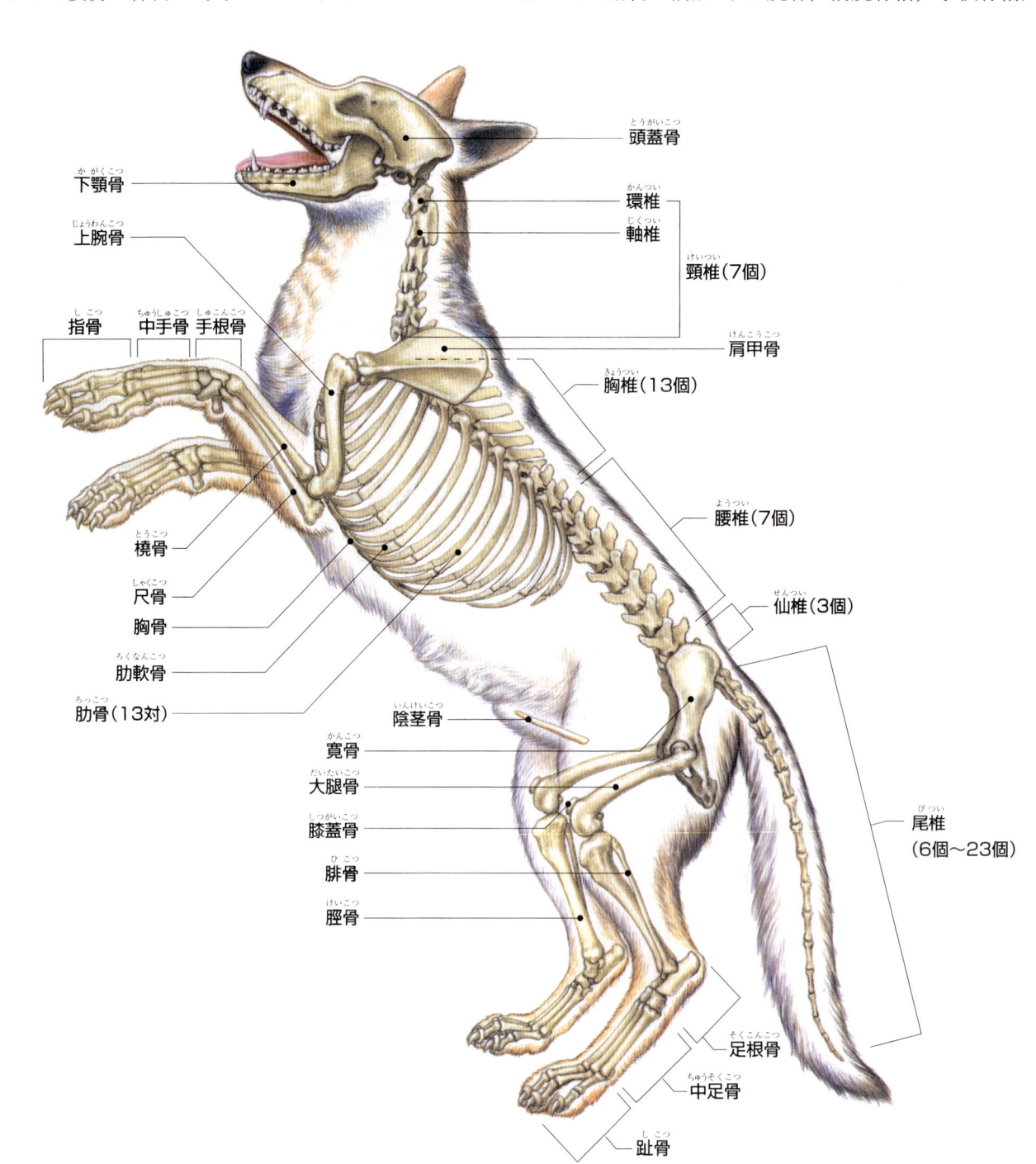

◆骨格（雄）

- 下顎骨
- 上腕骨
- 指骨
- 中手骨
- 手根骨
- 橈骨
- 尺骨
- 胸骨
- 肋軟骨
- 肋骨(13対)
- 陰茎骨
- 寛骨
- 大腿骨
- 膝蓋骨
- 腓骨
- 脛骨
- 頭蓋骨
- 環椎
- 軸椎
- 頸椎(7個)
- 肩甲骨
- 胸椎(13個)
- 腰椎(7個)
- 仙椎(3個)
- 尾椎(6個〜23個)
- 足根骨
- 中足骨
- 趾骨

と後肢（大腿骨，膝蓋骨，下腿骨格，足根骨格）はきわめて類似した骨格をもつ．これらのうち，手根（足根）骨格を形づくる指（趾）骨はヒトとは大きく異なる．ヒトの足底行型に対し，犬の趾行型やウマの蹄行型は疾走するための変化とみられる．つまり，犬はからだを指（趾）で支え，ウマは蹄でおおわれた指（趾）先だけでささえている．

【特殊化した骨】

内臓骨とよばれる骨は他の骨格から離れた軟器官内に生じるもので，犬では陰茎骨（雄）と陰核骨（雌）がある．陰茎海綿体の先のほうが骨化しており，同様な変化は猫でも見られる．

【股関節】

ウマなど大動物の場合，股関節は球関節であるにもかかわらず，寛骨臼の靭帯によって制約され可動範囲は広くない．ところが，犬では周囲の靭帯がないので運動範囲が広く可動性にすぐれている．このしくみにより，犬は排尿するときにうしろ足をピンと上げたり，うしろ足で頭をかくこともできる．しかし，反面，股関節脱臼や股関節の異形成に悩まされることになる．純血種のゴールデン・レトリーバー，秋田犬などの大型犬のなかには，先天性（遺伝性）のものがある．

【肉球と爪】

肉球（フットパッド）は犬が歩くときのクッションで，被毛のない，角化した表皮におおわれている．真皮と明瞭な区分はなく，弾力に富む皮下組織（膠原線維，弾性線維および脂肪組織が混在）からなる．指（趾）球，掌球，足底球のうち，趾行型の犬や猫では指（趾）球と掌球が地面に着く．

四肢先端には，いわゆる爪がある．ヒトは爪（nail），犬は鉤爪（claw），ウマは蹄（hoof）とよび，一見著しく異なってみえるが，基本的には同じものである．いずれも内部組織を保護する役目をもつが，動物では引っかいたり，穴を掘ったり，あるいは武器としても使われ，靭帯によって内側にひっこめ，深指屈筋によって突き出される．

◆前肢の構造と肉球

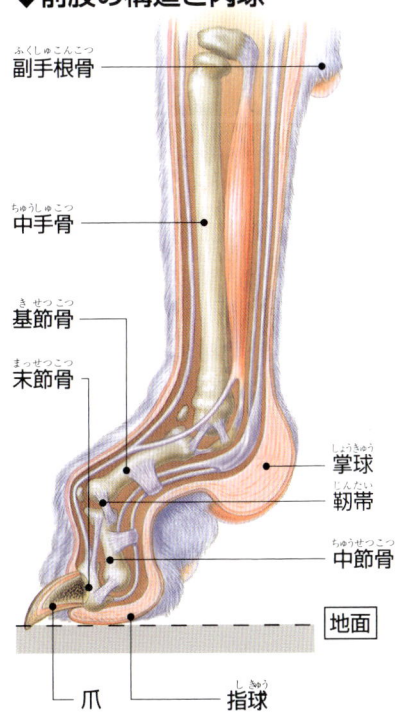

副手根骨
中手骨
基節骨
末節骨
掌球
靭帯
中節骨
爪
指球
地面

▶肉球と爪

鉤爪の内部には真皮と末節骨の突起が入り込み，この真皮には血管と感覚神経が分布している．鉤爪を指球の接地面の高さで切断整形すると，ほどよい長さになり，かつ真皮を傷つけない．

▶ヒトの下肢との比較

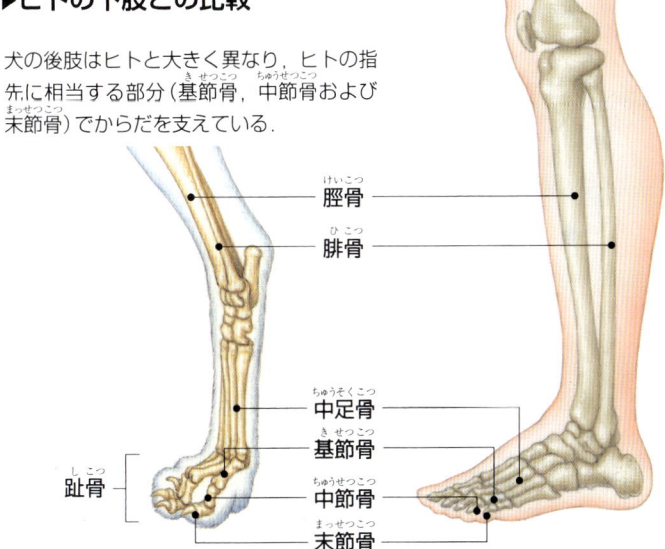

犬の後肢はヒトと大きく異なり，ヒトの指先に相当する部分（基節骨，中節骨および末節骨）でからだを支えている．

脛骨
腓骨
中足骨
基節骨
趾骨
中節骨
末節骨

◆正常の大腿骨と脱臼した大腿骨

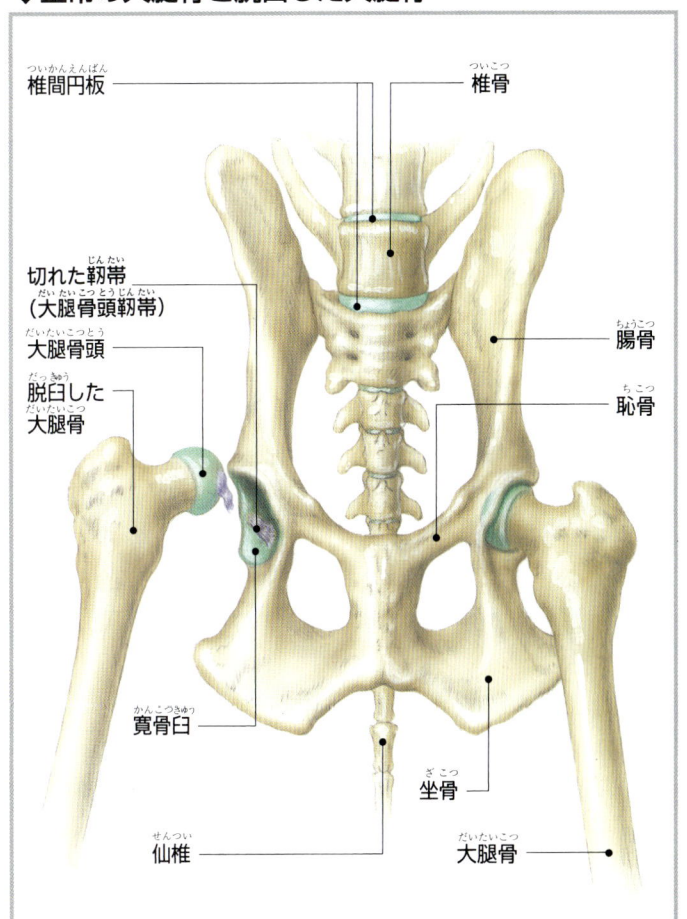

椎間円板
椎骨
切れた靭帯（大腿骨頭靭帯）
大腿骨頭
脱臼した大腿骨
腸骨
恥骨
寛骨臼
坐骨
仙椎
大腿骨

犬の股関節は他の家畜に比べて，可動範囲が広く，回転性に富んでいる．大腿骨頭はほぼ完全な半球状であり，寛骨臼内に深くはまり込んでいる．そこには運動を制限する周囲の靭帯はない．しかし反面，この靭帯がないため，股関節脱臼がしばしばみられる．腸骨，坐骨，恥骨をあわせて寛骨という．

筋肉

【体幹の筋】

体幹の皮筋は皮膚を進展させ，ぴくぴくと動かし，たとえば蚊やハエを無意識に排除することができる．走るのが得意な犬にとって，とくに発達しているのが脊柱の筋である．

左右の内および外腹斜筋と腹横筋の腱膜が合した線維状の縫線が白線である．白線は剣状突起と恥骨の間にあり，第三腰椎の位置で臍を含む．犬や猫の腹部手術では，この白線を切開する場合が多い．白線で開腹すると，筋，血管，神経などへの損傷が著しく減り，他の部位でみられる切開による筋肉の収縮，出血，痛みなどが少ない．

【筋肉の微細構造】

骨格に付着している筋肉（骨格筋）の役目は，四肢を動かし，運動することである．この骨格筋は筋線維（筋細胞）とよばれる細長い細胞が多数集まって束状になって構成されており，その両端は腱を介して骨格に接続している．筋線維は直径が約10～100μm，長さが数mmから長いものでは数十cmになる大型の細胞である．筋線維（錘外筋線維）内には，筋原線維（直径1～2μm）が密に並んでいる．この筋原線維の収縮によって，骨格筋の収縮がもたらされる．また，筋線維内には，少数の錘内筋線維とよばれる線維群がある．これは筋の長さを一定に保つために重要な働きをするものである．

筋原線維を光学顕微鏡で観察すると，明るく見える部分（明帯）と暗く見える部分（暗帯）がきれいな縞模様（横紋）を形づくっているのがわかる．明帯の中央には，Z板（ジー板）という区切りがある．Z板とZ板の間を筋節とよび，筋収縮の基本単位である．この縞模様を電子顕微鏡でさらに拡大すると，太いフィラメント（ミオシンフィラメント）と細いフィラメント（アクチンフィラメント）が規則正しく配列している．アクチンフィラメントの一端はZ板に付着しており，他端はミオシンフィラメントと部分的に重なりながら遊離している．ミオシンフィラメントがアクチンフィラメントを引っ張り込むことによって，筋肉が収縮する．

筋肉の収縮には多量のエネルギーを必要とする．アクチンとミオシンとの反応（結合と解離）により連結橋が1回動くたびに1分子のATP（アデノシン三リン酸）が分解され，約11,000カロリーのエネルギーが供給される．ATPは筋肉や肝臓に蓄えられたグリコーゲンあるいはブドウ糖から得られるが，筋肉では特別にエネルギーの再利用（ATPの再合成）系がある．百メートル走などにわかにエネルギーを必要とするときには，この再利用系からATPが供給される．次いで，酸素なしでグリコーゲンあるいはブドウ糖の分解（解糖）が行われるが，このとき作られるATPはブドウ糖1分子からわずかに2分子である．マラソンなど持続して運動するときには，ATPはミトコンドリアで酸素を使って作られる（酸化過程）．ミトコンドリアは1分子のブドウ糖から36分子のATPを作ることができる．しかし，運動の強度が強くなってくると，筋肉への血流量（酸素供給量）には限度があるので，解糖によるエネルギー供給が再び始まる．

【運動能力】

多くの犬種のなかで，グレーハウンドのスピードは抜きんでている．世界最速のチーターは300mを約15.4秒で走る（時速約72km）．グレーハウンドは同じ距離を走るのに約16秒かかり，時速は約67kmである．長距離の耐久力では，フォックス・ハウンドが最速で，時速50kmのスピードで数km走る．総じて犬はウマと並んで，抜群の運動能力を有している．

骨格筋線維には，白筋線維と赤筋線維とがある．白筋線維は大型で，血管の分布とミトコンドリアに乏しく，短時間（速い）の力が要求される運動にかかわる．対照的に赤筋線維は小型で，血管とミトコンドリアを豊富にもち，疲労しにくく持続的な収縮に関与する．1つの筋にはこの2種類の筋線維が混在するが，その割合は筋によって異なる．犬の運動能力が高いのは，白筋と赤筋の最適な混合と，赤筋のミトコンドリア密度が高いことによる．

◆典型的な骨格筋の微細構造

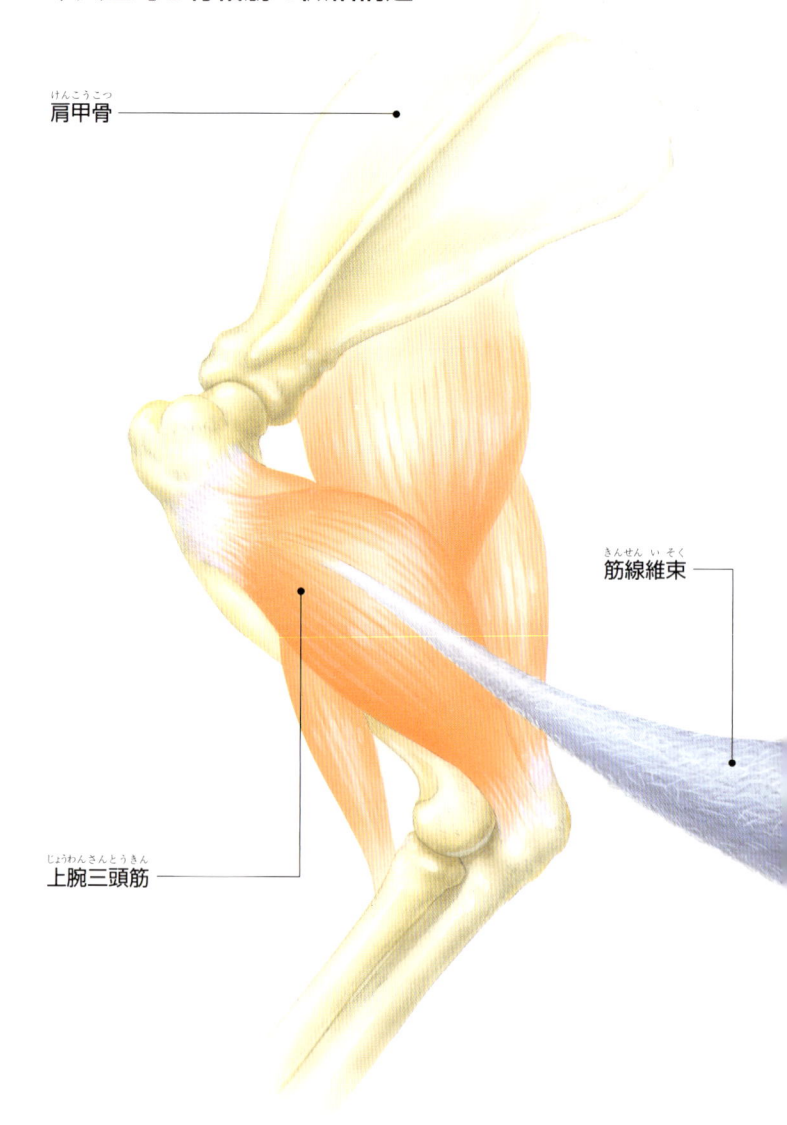

肩甲骨

筋線維束

上腕三頭筋

◆主な筋肉系

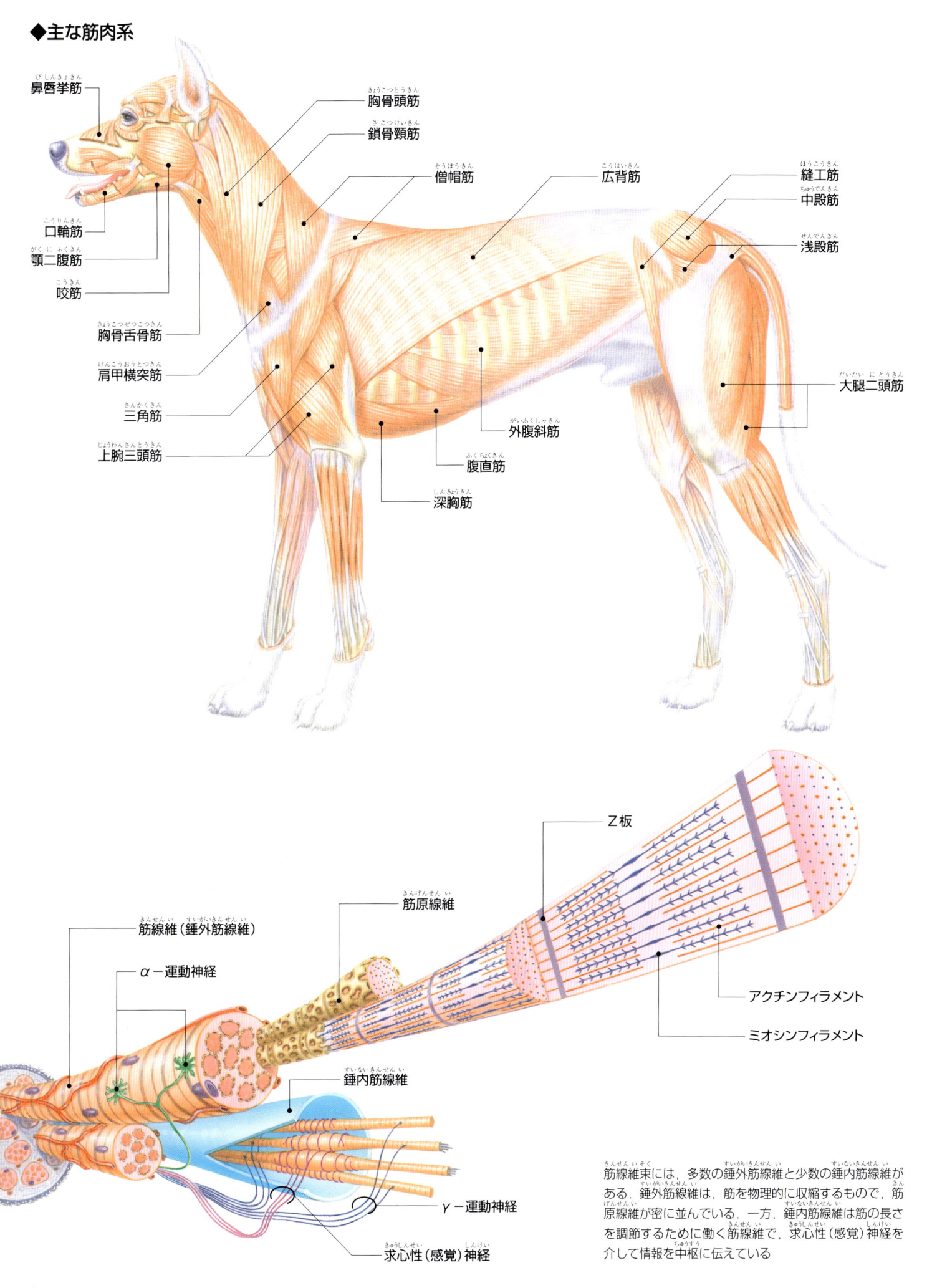

- 鼻唇挙筋（びしんきょきん）
- 口輪筋（こうりんきん）
- 顎二腹筋（がくにふくきん）
- 咬筋（こうきん）
- 胸骨舌骨筋（きょうこつぜっこつきん）
- 肩甲横突筋（けんこうおうとつきん）
- 三角筋（さんかくきん）
- 上腕三頭筋（じょうわんさんとうきん）
- 胸骨頭筋（きょうこつとうきん）
- 鎖骨頸筋（さこつけいきん）
- 僧帽筋（そうぼうきん）
- 広背筋（こうはいきん）
- 縫工筋（ほうこうきん）
- 中殿筋（ちゅうでんきん）
- 浅殿筋（せんでんきん）
- 大腿二頭筋（だいたいにとうきん）
- 外腹斜筋（がいふくしゃきん）
- 腹直筋（ふくちょくきん）
- 深胸筋（しんきょうきん）

- 筋線維（錘外筋線維）（きんせんい／すいがいきんせんい）
- α－運動神経
- 筋原線維（きんげんせんい）
- Z板
- アクチンフィラメント
- ミオシンフィラメント
- 錘内筋線維（すいないきんせんい）
- γ－運動神経
- 求心性（感覚）神経（きゅうしんせい／しんけい）

筋線維束には，多数の錘外筋線維と少数の錘内筋線維がある．錘外筋線維は，筋を物理的に収縮するもので，筋原線維が密に並んでいる．一方，錘内筋線維は筋の長さを調節するために働く筋線維で，求心性（感覚）神経を介して情報を中枢に伝えている

運動器系 23

消化器系

消化器官

　消化器系は，食物中の栄養素を吸収可能な形に分解し（消化），それを体内に取り込む（吸収）働きをもつ．消化のプロセスは，機械的消化と化学的消化からなる．前者は筋肉の働きで食物を粉砕・輸送・混和するものであり，後者は酵素によって栄養素を加水分解する作用である．

　食物は口腔において咀嚼され，唾液と混和されたのち，嚥下運動によって胃に送られる．胃では胃液が，十二指腸では膵液と胆汁が，小腸では腸液が分泌され，これらに含まれる酵素によって吸収可能な形に分解される．炭水化物はブドウ糖などの単糖類，タンパク質はアミノ酸，脂肪は脂肪酸とモノグリセリドに分解される．そしてこれらの消化産物や無機イオン，ビタミンおよび水分は，小腸および大腸で吸収される．吸収されなかったものは直腸から，糞便として排泄される．

【咀嚼と歯】

　咀嚼装置には歯と歯肉，顎関節，顎間関節，咀嚼筋が含まれる．このうち，歯は，動物種を問わずもっとも重要な咀嚼器官である．たとえば，ヒトは食物をよくかむことが消化のプロセスで欠かせない．しかし犬の場合は，食物を咀嚼せずにむしろ飲み込んでしまうのである．

　子犬は歯なしで生まれる．母乳を吸うのに，歯はいらない．乳歯は生後3～5週で見えはじめ，全乳歯は生後2ヵ月までには機能的になる．そして6～7ヵ月後には永久歯が現われる．

　切歯は食物を口に入れる前に切り裂く働きがあるが，犬ではものをかじったり毛づくろいをするのに使われる．

　犬歯は犬でとくによく発達していて，ものをしっかりくわえるのに使われるが，攻撃にも不可欠である．

　前臼歯はやや狭い間隔で，でこぼこした列を形づくっている．このでこぼこが食物をがっちりとかむのに都合がよく，犬は一度つかんだものを容易に離さない．この前臼歯と

◆消化器系

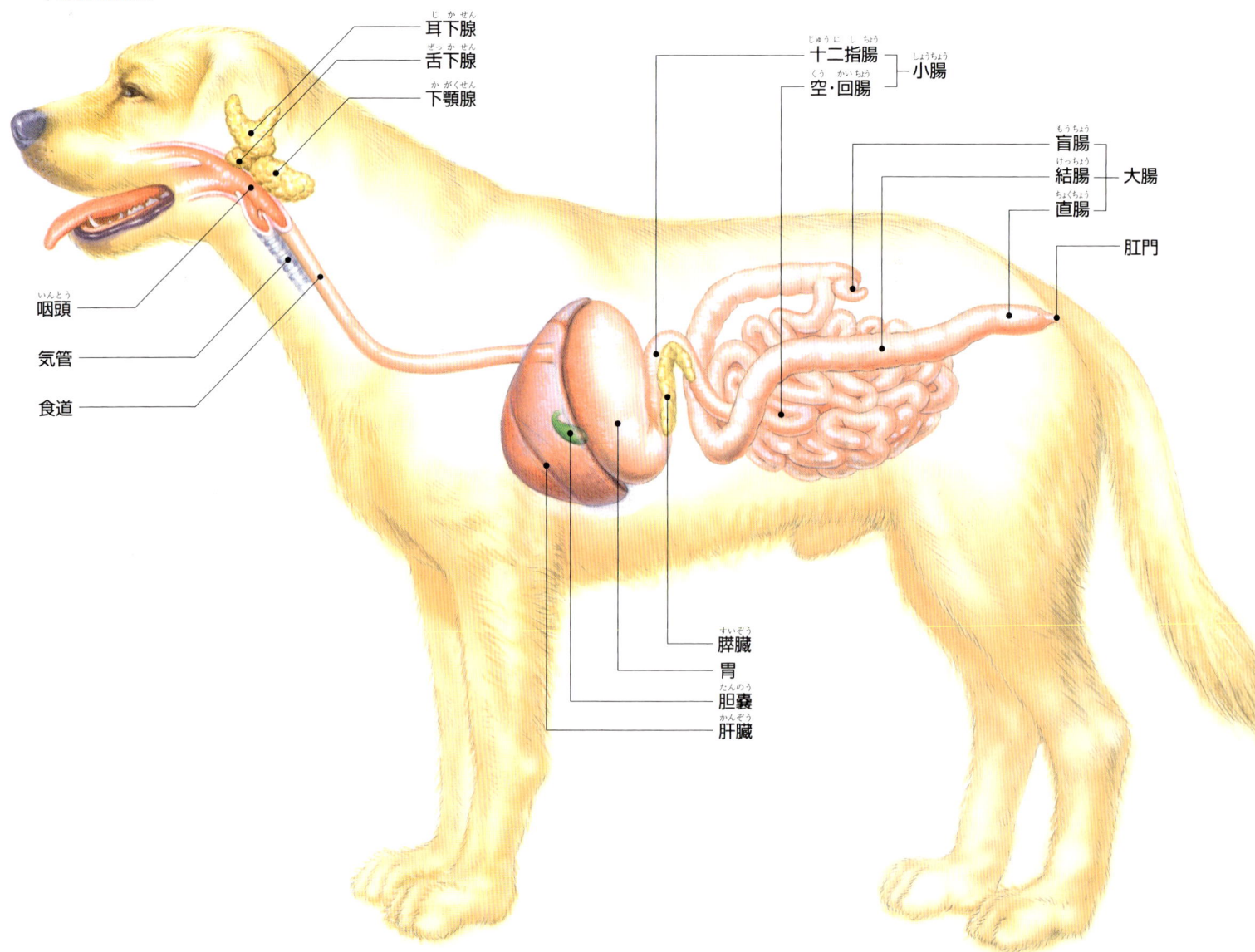

後臼歯は，食物をかみくだくために発達したものであるが，粗剛な食物を摂取する動物に比べて犬では様子が異なる．

加齢にともない切歯の磨滅が進み，切歯は犬の年齢のだいたいの指標になるようである．"よだれをたらす子供は虫歯が少ない"といわれるが，犬の豊富なよだれ（唾液）は虫歯（ウ蝕症）を防ぐのにまことに都合がよく，虫歯は少ない．

唾液は耳下腺，下顎腺，舌下腺の3つの腺から分泌されるが，消化酵素のアミラーゼ以外に，殺菌作用を有する物質（たとえば nerve growth factor：神経成長因子とよばれ，本来の生理作用は神経の成長促進）を含んでいる．ケガをしたとき，つば（唾）をつければ治るとの言い習わしもまんざらうそではなさそうである．

犬の唾液は，その蒸発により体温を下げることができる．犬の耳下腺は強い副交感神経性の刺激があると，ヒトの耳下腺の分泌速度の10倍（腺1g当たり）の速さで唾液を分泌する．分泌された唾液は，浅速呼吸（あえぎ）により舌の表面から蒸散される．この方法による体温の調節は，ヒトでの汗の蒸発による調節と同じくらい有効である．

◆犬の歯並びと内部構造

犬の歯式

		全数
乳歯	$I\frac{3}{3} C\frac{1}{1} P\frac{3}{3}$	28
永久歯	$I\frac{3}{3} C\frac{1}{1} P\frac{4}{4} M\frac{2}{3}$	42

いろいろな動物の歯の数

					全数
犬	$I\frac{3}{3}$	$C\frac{1}{1}$	$P\frac{4}{4}$	$M\frac{2}{3}$	42
ウマ	$I\frac{3}{3}$	$C\frac{1}{1}$	$P\frac{3\sim4}{3}$	$M\frac{3}{3}(♂)$	40
	$I\frac{3}{3}$	$C\frac{0}{0}$	$P\frac{3\sim4}{3}$	$M\frac{3}{3}(♀)$	36
ウサギ	$I\frac{2}{1}$	$C\frac{0}{0}$	$P\frac{3}{2}$	$M\frac{3}{3}$	28
ヒト	$I\frac{2}{2}$	$C\frac{1}{1}$	$P\frac{2}{2}$	$M\frac{3}{3}$	32

歯は左右対称に生えるから歯式は片側で示される
I：切歯，C：犬歯，P：前臼歯，M：後臼歯

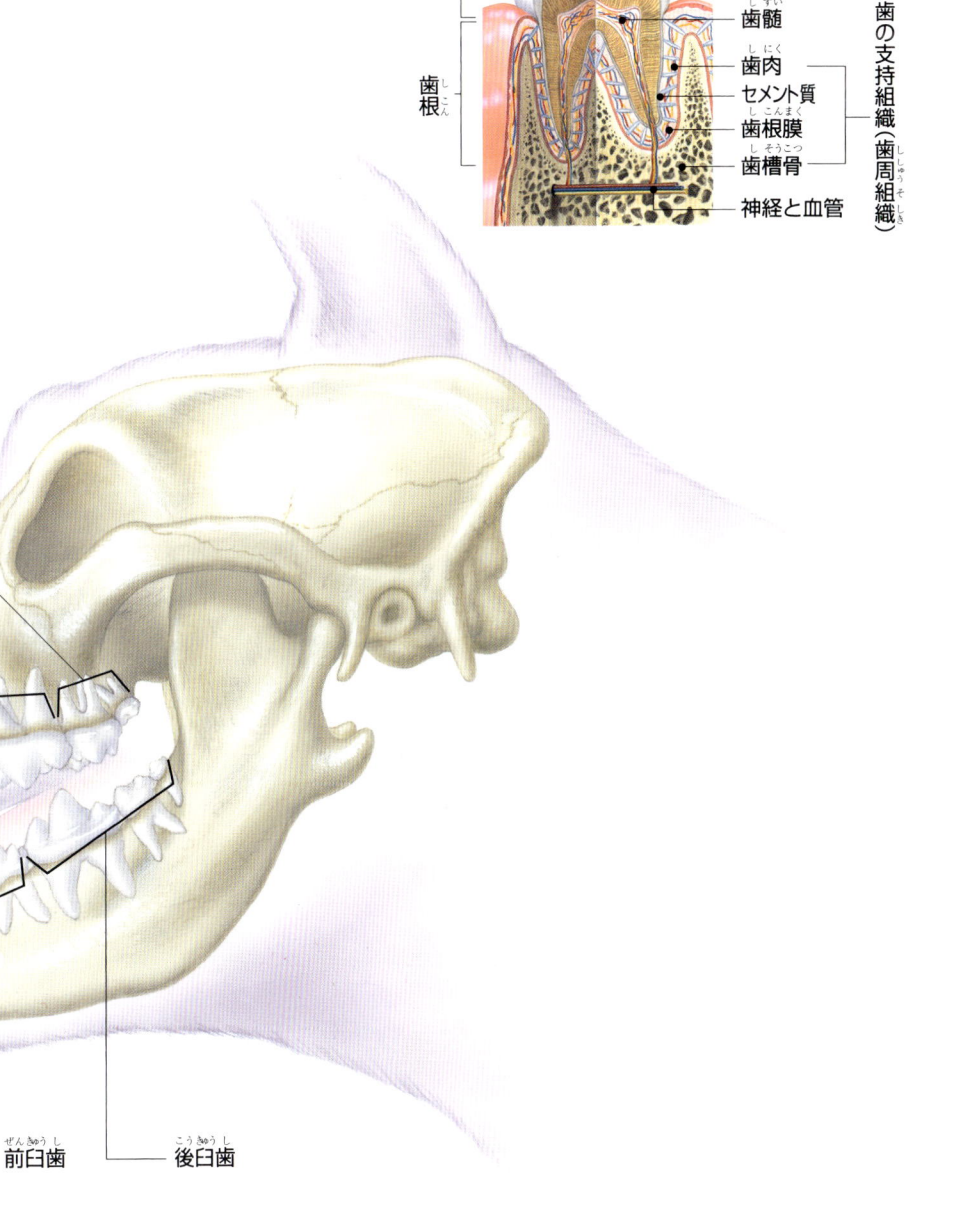

消化と吸収

　機械的消化で細かくされた栄養素は，化学的消化によって単純な分子になる．この化学的消化は口腔を含む消化管内で行う管腔相消化と消化管粘膜で行う粘膜相消化がある．この管腔相での消化は栄養素の不完全な加水分解で終わるが，比較的小さな分子（短鎖重合体）になっている．加水分解による消化は，小腸の表面上皮と化学的に結合した酵素によって完了する．消化管内の短鎖重合体はより小さな分子（単量体）に分解され，吸収可能な大きさになる．この粘膜相消化が終わるとただちに吸収が始まる．

【吸収】
　小腸粘膜には多数のしわがあり，その上に無数の絨毛が突出している．絨毛を形成している上皮細胞を腸細胞とよび，腸細胞にはさらに微絨毛がある．この構造はすべての

◆小腸の微細構造

▶消化管の内部

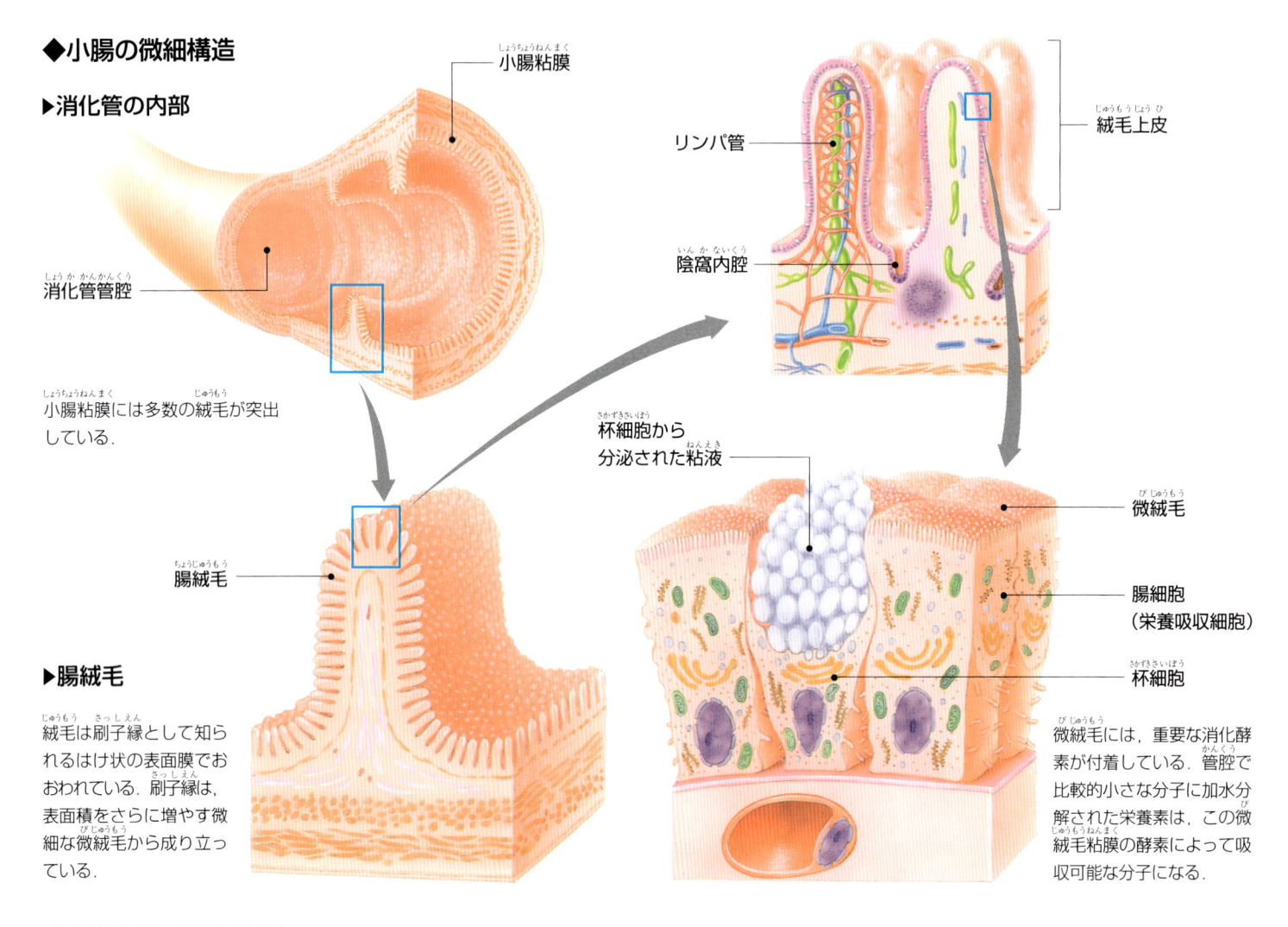

小腸粘膜には多数の絨毛が突出している．

▶腸絨毛

絨毛は刷子縁として知られるはけ状の表面膜でおおわれている．刷子縁は，表面積をさらに増やす微細な微絨毛から成り立っている．

微絨毛には，重要な消化酵素が付着している．管腔で比較的小さな分子に加水分解された栄養素は，この微絨毛粘膜の酵素によって吸収可能な分子になる．

◆各種動物の消化器系

▶ミンク　　▶ウマ　　▶ウシ

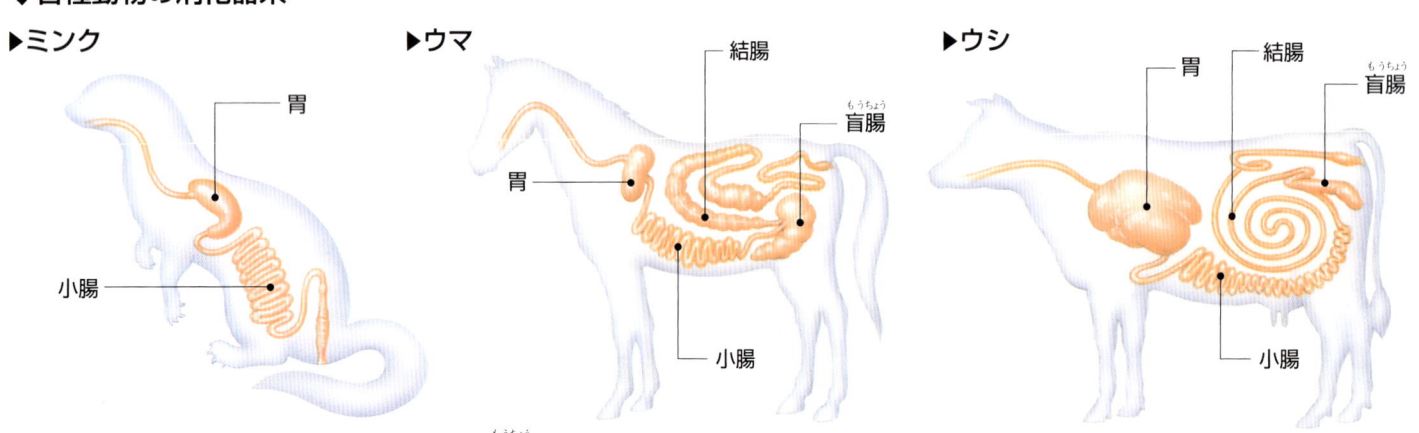

肉食獣（ミンク）には盲腸がなく，消化管も短い．草食獣（ウマ，ウシなど）は繊維質を消化するため，ウマでは大きな盲腸（約1m），ウシでは反芻胃をもち，消化管も長い．犬はこれらの動物種の中間になり，それほど大きくない盲腸（5～20cm）をもち，消化管も長くない．

動物種で見られ，同じ大きさの平らな表面と比較したとき，およそ600倍まで小腸の表面積を増やしている．このしくみによって，栄養素は小腸に長く滞留し，粘膜に結合した酵素に十分にさらされ，拡散することなく吸収される．水と一部の塩類（大腸で吸収）を除き，消化の最終産物は小腸で吸収される．

発育盛りの動物で高い食物摂取を示すときには，腸管における吸収のために必要とされる総エネルギー量は，休息時に必要とされる総エネルギーの量の50％にものぼる．吸収された栄養素を豊富に含んだ小腸からの静脈血はすべて門脈を通り，肝臓に送られる．

脂肪の分解産物である脂肪酸とモノグリセリドは水溶性でないことから，そのままでは吸収されない．脂肪酸とモノグリセリドは胆汁酸の作用でミセルとなって微絨毛表面に達し，拡散によって腸細胞内に移行する．その後，腸細胞内で脂肪に再合成され，白い乳状脂粒（カイロミクロン）を形成してリンパ管に移動する．

【新生子の消化】

口から入ったタンパク質は加水分解によって分解される．このタンパク質の加水分解は，多くの場合，栄養学的あるいは消化の側面からだけでなく，毒性学的あるいはアレルギーの側面からも有益である．すなわち毒性のある，あるいはアレルギー抗原となるようなタンパク質は，それらが体内に取り込まれる前に加水分解により破壊される．

犬や猫の新生子では，多くの抗体（γ-グロブリン）を初乳の摂取によって後天的に獲得しており，生まれた直後の消化管は抗体タンパクをそのまま吸収するために，成体とは異なった状態になっている．胃酸および膵臓からの酵素分泌がなく，絨毛は抗体タンパクをそのまま吸収する特別な腸細胞でおおわれていて，ここから多くの抗体を獲得するのである．しかし，この特異な仕組みも24時間後にはほとんどなくなってしまう．

【下痢の生理学】

腸細胞の複製は陰窩で起こる．陰窩腸細胞は活発に有糸分裂を行い，急速に増殖する．からだの中でもっとも活発な細胞であり，もっともタンパク合成を必要とするところである．陰窩の腸細胞がふえるにつれて，前の細胞を押しやるように移動し，吸収細胞へ分化していく．細胞が絨毛の先端に達すると，消化管の内容物にさらされて消失してしまう．絨毛の先端で消失する細胞の割合と，陰窩で増殖する細胞の割合が絨毛の長さを決める．食欲あるいは摂食量が多くなると，陰窩細胞は活発に増殖し，絨毛を長くすることになる．

腸管の機能的な容量は，動物が必要とする栄養素の量と一致するように調整されている．しかし，ある種の病原体に感染すると絨毛から細胞が脱落し，未熟な腸細胞が多くなり，吸収面積が減少する．この結果，栄養素の消化と吸収を悪化させ下痢をおこす．また強いストレスを与えると，陰窩細胞の増殖を刺激する胃腸系ホルモンの分泌が阻害され，同時にナトリウムイオンの濃度勾配を維持するエネルギーが不足して吸収不良性の下痢をおこす．犬ではこのストレス性の下痢が意外に多い．

◆化学的消化

栄養素＼消化液	唾液 (pH6.7)	胃液 HCl(塩酸) (pH2.0)	膵液 (pH8.4)	腸液 (pH8.0)	最終分解産物
デンプン	アミラーゼ → 麦芽糖		アミラーゼ → 麦芽糖	マルターゼ →	ブドウ糖
ショ糖				スクラーゼ →	ブドウ糖　果糖
乳糖				ラクターゼ →	ブドウ糖　ガラクトース
タンパク質		ペプシン → ペプトン	トリプシン／キモトリプシン → ポリペプチド	エレプシン（アミノペプチダーゼ）→	アミノ酸　アミノ酸
脂肪			乳化され分解されやすくなる →	リパーゼ →	グリセリン　脂肪酸
核酸			ヌクレアーゼ → ヌクレオチド	ヌクレオチダーゼ → ヌクレオシダーゼ →	塩基と糖

呼吸器系

生体が生命を維持するために必要な酸素（O_2）を生体内あるいは組織内に取り入れ，それを利用して代謝を行い，代謝の結果生じた炭酸ガス（CO_2）を生体外あるいは組織外に排出する機能を呼吸とよぶ．空気中のO_2は吸気として肺内に達し，そこで肺内を流れる血液中に拡散し，循環血液によって組織に運ばれ，毛細血管から周囲の間質液に拡散する．組織においてエネルギー代謝の結果生じたCO_2は，O_2の取り込みとは逆に組織→循環血液→肺へと移動して，呼気中に排出される．肺でのガス交換を外呼吸（または肺呼吸），組織でのガス交換を内呼吸（または組織呼吸）とよぶ．

【呼吸器系の構造と機能】

外呼吸器系は肺系と胸郭系に分けられるが，肺系は気道と肺胞，胸郭系は胸郭よりなる．

気道は外気と肺胞との間のガスの通路である．空気は鼻孔→鼻腔→咽頭→喉頭→気管，およびその分枝である気管支→細気管支→終末細気管支→呼吸細気管支から肺胞管を通って肺胞嚢に至る．吸気は気道を通る間に暖められ，水蒸気で飽和され肺胞に達する．大型の犬では約3億個の肺胞があり，それらの総表面積はおよそ130m²にもおよぶ．

肺胞はガスを含む球状の小胞であり，その内壁は1層の肺胞上皮細胞でおおわれ，基底膜を介して毛細血管内皮細胞と接する．1つの肺胞を多数の毛細血管が取り囲んでおり，これらの毛細血管中の血液と肺胞気との間でガス交換が行われる．胸郭は胸骨，脊柱，肋骨，肋間筋などからなる胸壁と横隔膜からなる．胸郭の内腔を胸腔とよぶ．胸壁の筋は胸腔を拡大・縮小させ，呼吸運動を行う．

【ガス交換】

肺におけるガス交換は，肺胞気と肺胞毛細血管の静脈血とのO_2とCO_2のガス分圧の差によって行われている．

O_2は赤血球に含まれるヘモグロビンと可逆的に結合し運ばれる．一方，CO_2はおもに重炭酸イオンとして血漿中に溶解し，一部はヘモグロビンとも結合している．組織ではO_2分圧が低く，CO_2分圧は高い．O_2は血液から組織へ，CO_2は組織から血液へ拡散により移動する．

ガス交換は代謝によって変化し，激しい運動時には30倍まで増加する．動物が運動する際には，酸素消費量は最大域（最大酸素消費量）まで達する．一般的に，最大酸素消費量は体の大きさに比例して大きくなるが，ウマと犬は異なる．ウマの最大酸素消費量は同等の体重をもつウシより高く，犬は同じ大きさのヤギよりも高い．このような動物種は，そうでない動物種に比べて骨格筋のミトコンドリア密度が高くより高い運動能力をもつことが知られている．

動物が呼吸器疾患をもつと，呼吸のためのエネルギー代価が増すので，結果的に運動あるいは体重増加にあてられるエネルギーが低下する．呼吸器疾患をもつ犬やウマでは，より運動能力を減じることになる．

【浅速呼吸（あえぎ）】

呼吸器系は体温調節，内因性および外因性物質の代謝，吸入されるダスト（ほこり），ガス，細菌など感染源に対する生体防御の点でも重要である．

犬の呼吸中枢は，体温変化にも反応する．浅速呼吸はガス交換をともなわない呼吸で，体温が上昇すると浅速呼吸

◆呼吸器系

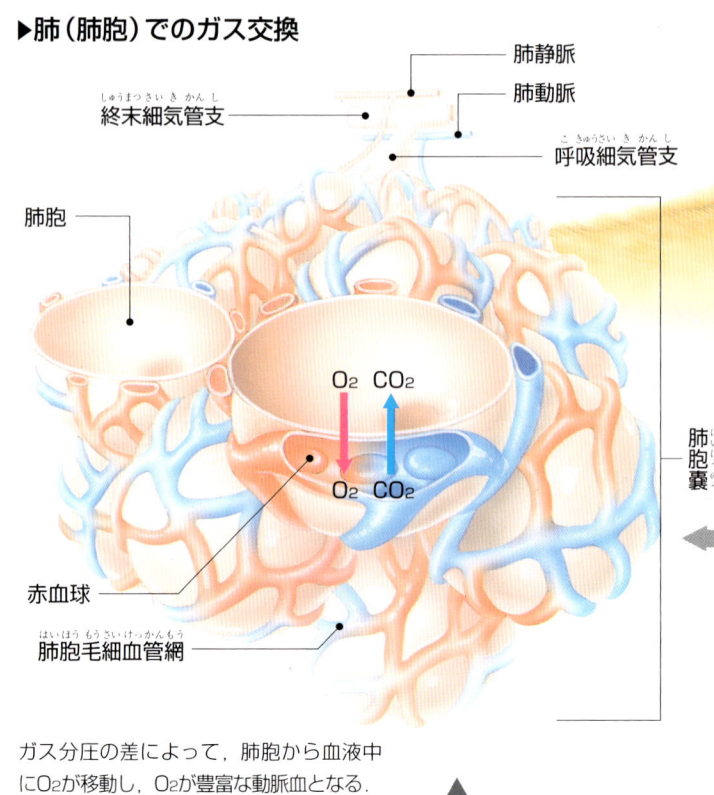

▶肺（肺胞）でのガス交換

肺静脈
肺動脈
終末細気管支
呼吸細気管支
肺胞
肺胞嚢
O_2 CO_2
O_2 CO_2
赤血球
肺胞毛細血管網

ガス分圧の差によって，肺胞から血液中にO_2が移動し，O_2が豊富な動脈血となる．一方，CO_2は静脈血から肺胞に移動し，大気中に放出される．

▶組織（ここでは筋肉）でのガス交換

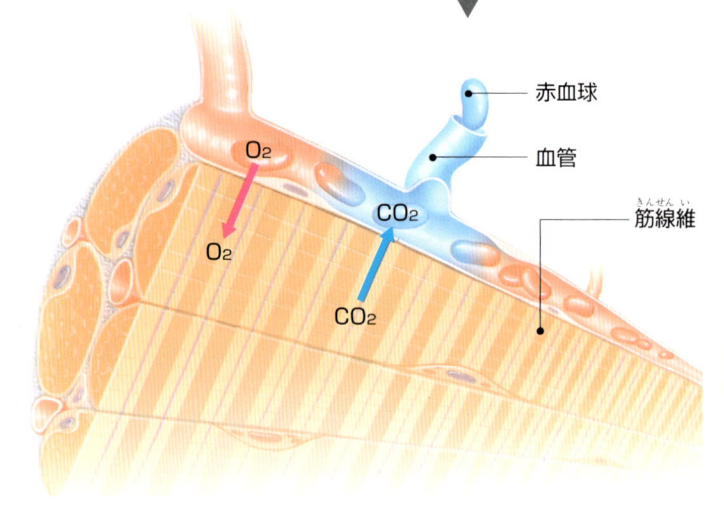

O_2
O_2
CO_2
CO_2
赤血球
血管
筋線維

赤血球内のヘモグロビンによって運搬されたO_2は，肺でのガス交換と同様に分圧の差によって組織の細胞にわたされる．またCO_2は組織から血液中に移動する．

肺
気管
気管支

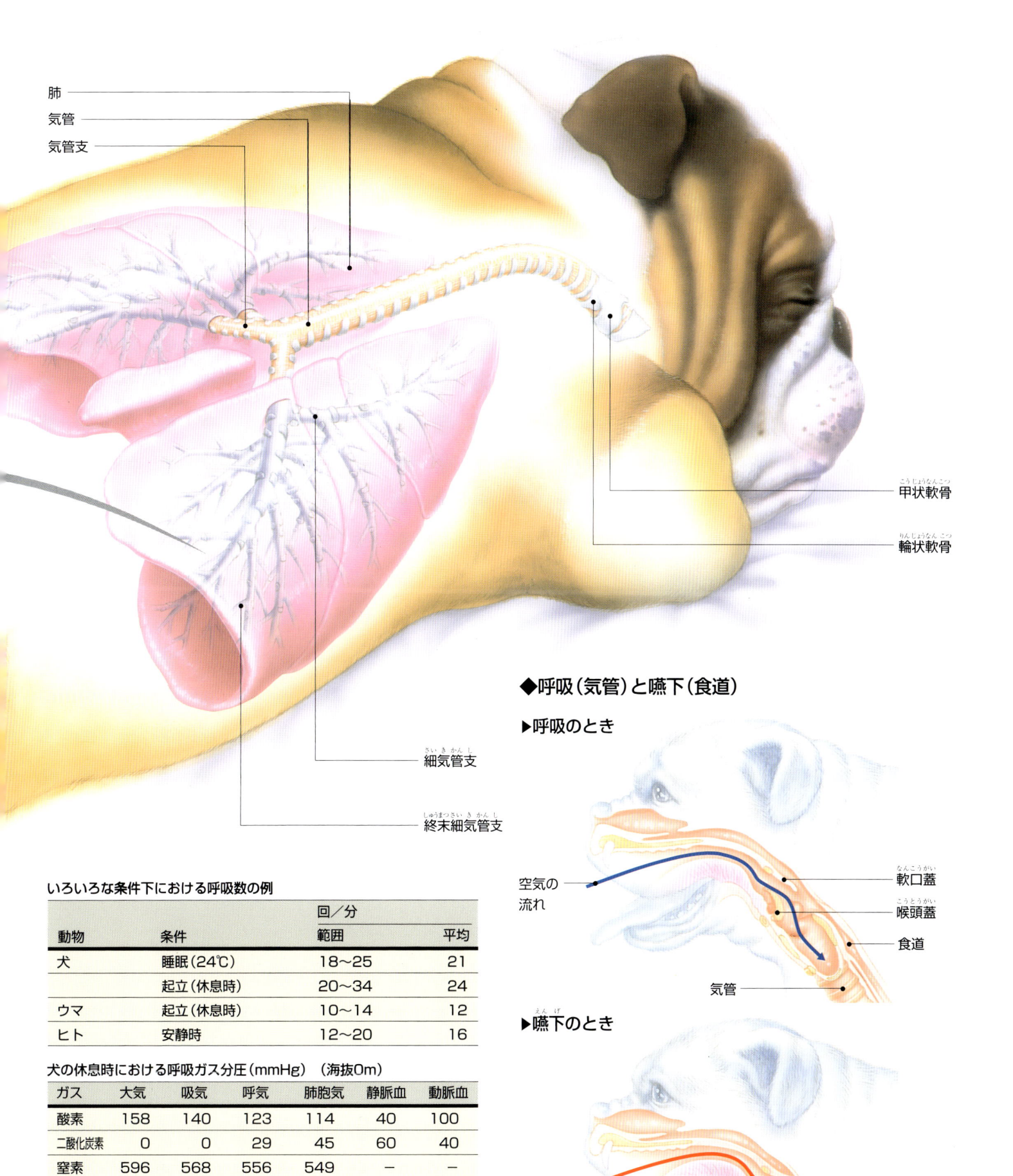

甲状軟骨
輪状軟骨

細気管支
終末細気管支

いろいろな条件下における呼吸数の例

動物	条件	回／分 範囲	平均
犬	睡眠（24℃）	18〜25	21
	起立（休息時）	20〜34	24
ウマ	起立（休息時）	10〜14	12
ヒト	安静時	12〜20	16

犬の休息時における呼吸ガス分圧（mmHg）（海抜0m）

ガス	大気	吸気	呼気	肺胞気	静脈血	動脈血
酸素	158	140	123	114	40	100
二酸化炭素	0	0	29	45	60	40
窒素	596	568	556	549	−	−
水蒸気	6	52	52	52	−	−
計	760	760	760	760	−	−

を行って換気量を増加させ，組織粘膜から水を蒸発させてからだを冷やす．安静時の犬の呼吸数は1分間に20数回である．しかし激しく運動し体温が上昇すると，浅速呼吸は300回／分にも達する．

◆呼吸（気管）と嚥下（食道）

▶呼吸のとき

空気の流れ
軟口蓋
喉頭蓋
食道
気管

▶嚥下のとき

食物の流れ

空気が食道内，あるいは食物が気管内に誤って入らないように，軟口蓋と咽頭蓋が巧みに働いている．

生殖器系

雌雄の生殖器官

【雄の生殖系】

雄性生殖器のおもなものは，陰茎，陰嚢，精巣，精巣網，精巣輸出管，精巣上体（副睾丸），精管である．副生殖器として，多くの家畜では精管膨大部，前立腺，精嚢，尿道球腺などがある．しかし犬の副生殖腺は精管膨大部と前立腺のみである．

精巣は，多数の精細管が束になって並んだものである．精細管の間を埋める間質にある間質細胞（ライディッヒ細胞）からテストステロン（代表的な雄性ホルモン）が生成・分泌される．精細管には，分裂増殖して精子を形成する性細胞（精細胞）と，精細胞に栄養を与えるセルトリ細胞がある．テストステロンはセルトリ細胞を刺激して精子形成を促す．

精子形成は精祖細胞の有糸分裂で始まる．最初の分裂によってできた精祖細胞の1つはそれ以上分化せず親細胞として残る．残りの細胞はさらに分裂する．この性細胞を産生する過程は雌と雄で大きく異なっている．雄では性細胞の供給が持続的に行われるが，雌では生殖活動とともにその数を減じる．また精子形成では性細胞は有糸分裂によって数を増すが，卵子形成では既存の性細胞しか発達しない．

陰茎の勃起は自律神経によって支配される．犬の陰茎はそう入後に最大になるが，陰茎骨がこのそう入を容易にしている．精子と副生殖腺の分泌液は射精時に混合される．

【雌の生殖系】

雌の生殖器は，卵巣，卵巣から放出された卵子を捕捉し子宮へ運ぶ卵管，受精卵が滞留し胎児の発育を営む子宮，交尾器であると同時に産道としての膣からなっている．

卵巣が周期的活動をするようになるのが性成熟である．哺乳動物の雌は一般に排卵に近いときだけ雄を許容する．

犬は生後6～12ヵ月で成犬の大きさになるが，その後，季節とは無関係に2～3ヵ月で性成熟する．小型犬は成体重に速く達するので，大型犬に比べて早く性成熟に達する．

【乳腺】

哺乳類の子は吸乳するときには歯を必要としないので，頭部がうまく娩出できるように出生時には上顎と下顎が未

◆雄の生殖器

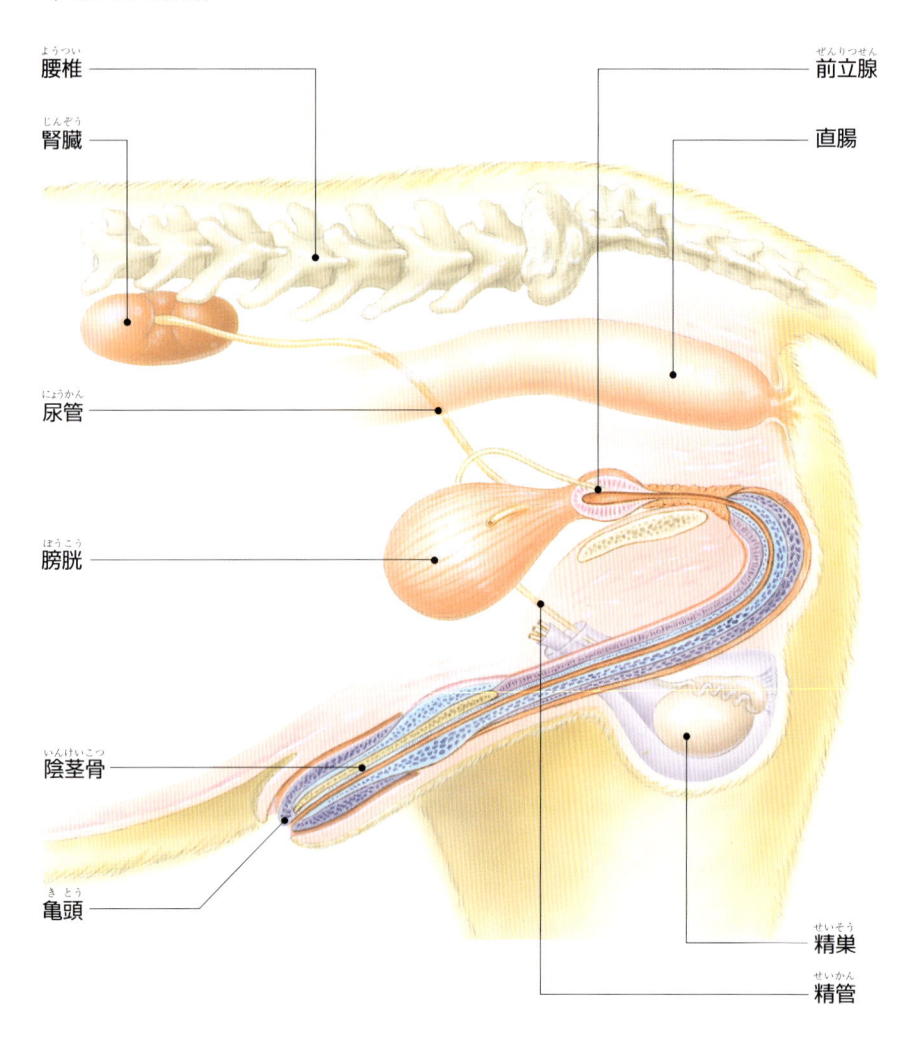

◆肛門嚢

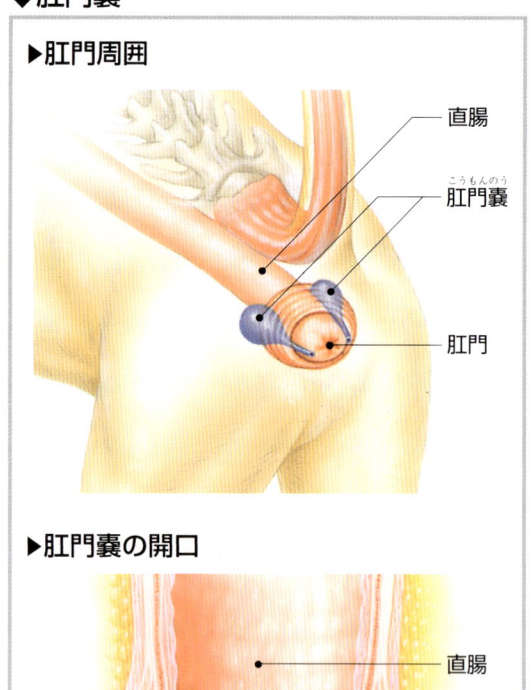

▶肛門周囲

▶肛門嚢の開口

犬の肛門には肛門嚢とよばれる1対の分泌腺がある．嚢内では臭い分泌液が生産され，皮膚との移行部付近に各々1本の導管をもって開口する．テリトリーのマーカーとして必要な分泌液を排出する．

熟な状態で生まれてくる．

乳汁を分泌する細胞は，上皮細胞の増殖によって発達し，乳腺胞とよばれる中空の構造を形成する．吸乳に先だち，乳汁は乳腺胞中に蓄積される．ある種の動物（ウシ，ヤギなど）では乳槽とよばれ，乳汁をたくわえるための大きな容積を有する．乳汁は乳管を通って，乳頭から排出される．ウシ，ヤギおよびヒツジの場合，乳管は寄り集まって最終的には1つの乳腺になり，1つの乳管が乳頭を通して開口する．一方，犬や猫では10あるいはそれ以上が乳頭に開口し，各開口部はそれぞれ異なった腺とつながっている．

乳腺は典型的な対構造をしており，何対の乳腺があるかは動物種によって異なる．ヤギ，ウマ，ヒツジは1対，ウシは2対，ブタは7～9対，犬では5対である．乳腺の位置もまた異なり，霊長類では胸部に，犬およびブタでは胸部から腹部にかけて，またウシ，ウマ，ヤギあるいはヒツジでは鼠径部にみられる．このような動物種による違いは，生まれた子をいかに効率よく育てるか，生物の適応の一つであろう．

乳腺の発達は性成熟とともに開始するが，妊娠が成立するまでは比較的未発達のままとどまっている．

分娩前につくられる乳汁は初乳とよばれ，妊娠が終了すると泌乳される．初乳は免疫グロブリンだけでなく，豊富な栄養源であり，とくにビタミンAに富んでいる．ビタミンAは胎盤を通過しにくく，ビタミンA欠乏は初乳を摂取することによって補われる．カゼインやアルブミンなどのタンパク質や脂質の含量も初乳中には比較的高い．

犬やブタなど多胎動物の新生子は，出生後速やかに乳房のそばに寄り添って，吸乳を始める．これらの新生子は未熟な状態で生まれてくる傾向があり，低血糖になりやすいため，早く吸乳しはじめなければ死ぬことさえある．吸入の間隔は，1時間あるいはそれ以下の間隔で吸乳する．ヤギ，ウマおよびヒツジでは，それよりやや長く2時間以下である．

吸乳間隔に関する例外はウサギである．その間隔は24時間であり，子ウサギは吸乳したあと，あたかも乳をつめこまれたような状態になるが異常ではない．

乳汁成分（%）の比較

	脂肪	タンパク質	乳糖	灰分
犬	9.5	9.3	3.1	1.2
ウシ(ホルスタイン)	3.5	3.1	4.9	0.7
ウマ	1.6	2.4	6.1	0.5

◆雌の生殖器

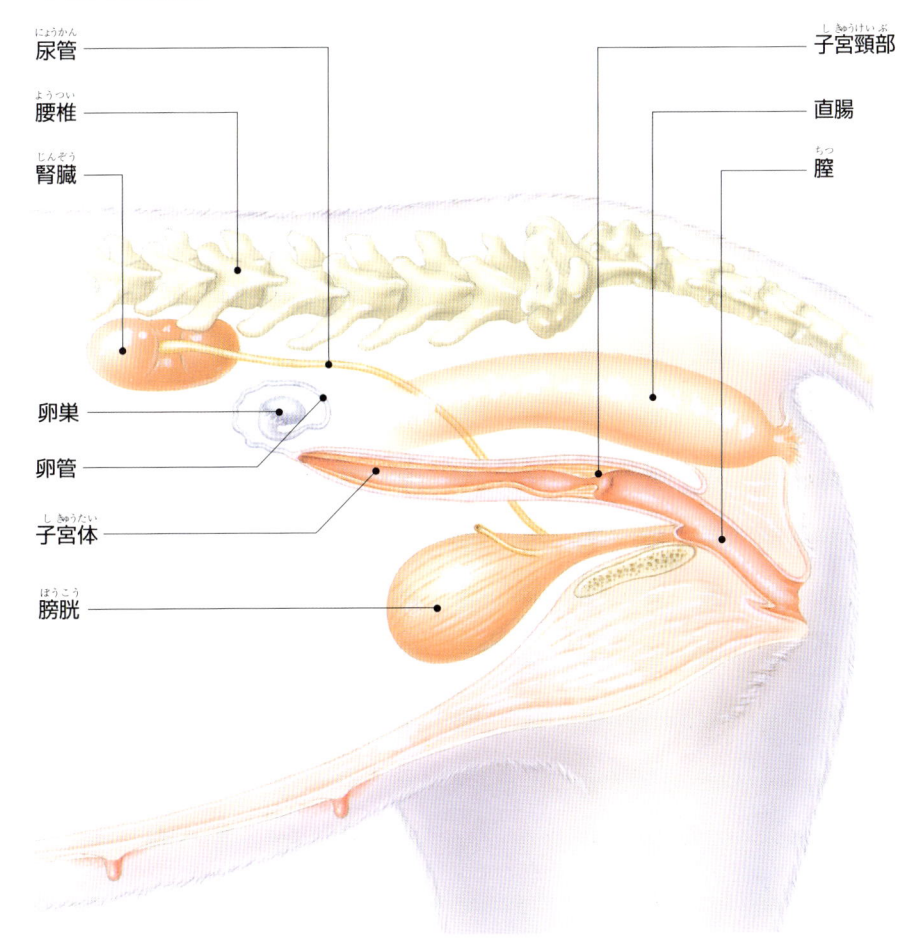

尿管
腰椎
腎臓
卵巣
卵管
子宮体
膀胱
子宮頸部
直腸
膣

卵巣はビーグル犬ぐらいの大きさの犬で，約15×10×6mmの大きさで，かたく偏平な楕円形である．発情期の卵巣は不規則な形となり，大きな卵胞や黄体が発達する．

◆乳房と乳腺

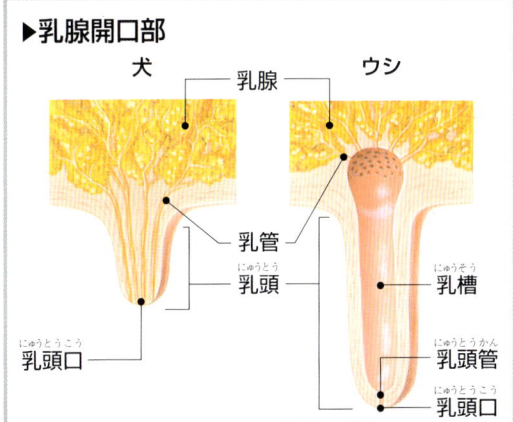

▶乳腺開口部

犬　ウシ
乳腺
乳管
乳頭
乳槽
乳頭管
乳頭口

犬では10あるいはそれ以上の乳管が乳頭に開口し，各開口部はそれぞれ異なった腺とつながっている．これに対してウシやヤギなどでは，乳汁をたくわえるための大きな容積（乳槽）をもち，1つの乳頭管が乳頭に開口する．

▶各種動物の乳腺の分布と乳管の数

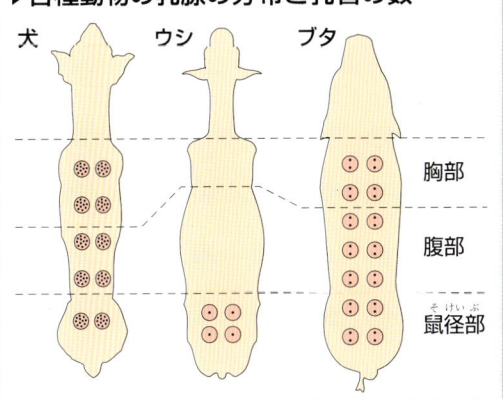

犬　ウシ　ブタ

胸部
腹部
鼠径部

生まれた子を効率よく育てるのに都合のよい乳腺の発達を示している．産子数の多い動物は乳腺の数も多い．

妊娠と出産

犬の発情期は間隔が長く約7.5ヵ月である．発情期の開始は季節と無関係であるが，冬の終わりから春にかけてややふえる．

発情前期は発情は示すが，雄を許容しない期間（7～10日）である．雄を許容する期間は，7～9日である．発情休止期（黄体相）はたいへん長く75～80日にもなる．また，卵巣が活動しない期間も長く75～175日にもわたる．雌犬の発情は年2回おとずれる．

雌は通常，受精24時間前から雄を性的に受容することができ，交尾は排卵の数時間前に起こる．すなわち精子は受精可能な状態で，卵管膨大部で卵子を待つことになる．いったん受精がおこると，胚は子宮に移動する前に，卵管内において桑実胚，あるいは胚盤胞にまで発育する．犬など多胎動物では子宮のなかの胚の着床部位をうまく決めないといけない．胚に刺激されて子宮筋が収縮し，すでに着床した胚の付近には他の胚が着床するのを防ぐ．胚の分布は一見平等に行われているようにみえるが，子宮角の先端や子宮の中央に着床した胚は発育がよい．

雌の発情前期と発情期はともに卵胞期にあたり，下垂体前葉のFSH（卵胞刺激ホルモン）分泌が増すにつれて，卵巣で数個の卵胞が成熟しはじめる．卵胞の発育とともに卵胞から分泌されるエストロゲンが増加し，これによって子宮粘膜の肥厚が始まる．血漿エストロゲン濃度が急激に増加し，これが視床下部に作用してLH（黄体形成ホルモン）の一過性の放出を促して排卵がおこる．排卵後の卵胞には黄体が形成され，プロゲステロンが分泌される．このプロゲステロンによって妊娠が維持されることになる．

妊娠すると黄体相は短くなる．妊娠のときには分娩に先だって（妊娠第63～64日），黄体が退行するからである．黄体が退行してから子宮が元の状態に戻るには，妊娠後では60日，非妊娠では30日かかる．

このような間隔は光周期や栄養に影響されることはほとんどないが，品種により異なる．卵胞期と黄体期を合わせた長さは，ジャーマン・シェパード・ドッグで150日，ボクサーとボストン・テリアで240日である．

動物では，生殖機能の老化はない．ヒトは生殖年齢を越えて長寿であるが，動物は閉経期を越えて生きのびることはない．ただし発情周期の間隔が加齢によって，通常の7.5ヵ月から12～15ヵ月に延長する．

分娩は胎児の成熟が引き金になっているようである．胎児が成熟すると，胎児から副腎皮質ホルモンが分泌され，子宮のプロスタグランジン（$PGF_{2\alpha}$）の産生と分泌をうながす．この$PGF_{2\alpha}$の放出により，分娩24～36時間前に黄体の退行が始まる．$PGF_{2\alpha}$は同時に子宮筋を収縮させ，子宮頸管を弛緩させる．子宮頸管の変化は視床下部に伝えられ，下垂体後葉からオキシトシンの放出がおこる．そしてオキシトシンと$PGF_{2\alpha}$の相乗作用により，子宮の収縮がいっきにおこり，分娩にいたるのである．

発情周期中における各期間の平均的な長さ

	動物種		
	犬	ブタ	ウマ
発情周期	7～8ヵ月 品種差あり	21日	21日
発情期	発情前9日 発情期7～9日	45時間	5～6日
排卵期	発情初日または2日	発情開始後36～40時間	発情最終日
受精卵が子宮に入る時（受胎後）	5～6日	3～4日	3～4日
着床期（受胎後）	15日	14～20日	30～35日
妊娠期間	64日	113日	345日

◆子宮の形状

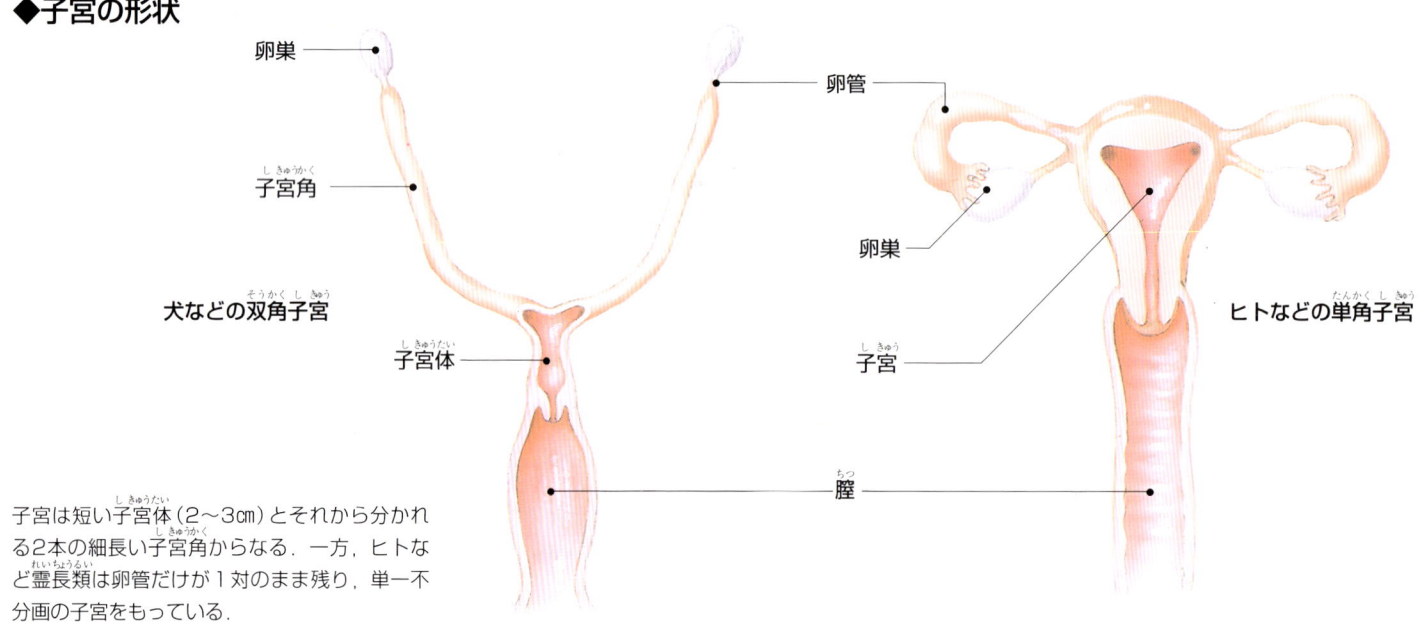

犬などの双角子宮／ヒトなどの単角子宮

卵巣／卵管／子宮角／子宮体／子宮／膣

子宮は短い子宮体（2～3cm）とそれから分かれる2本の細長い子宮角からなる．一方，ヒトなど霊長類は卵管だけが1対のまま残り，単一不分画の子宮をもっている．

◆受精から着床まで

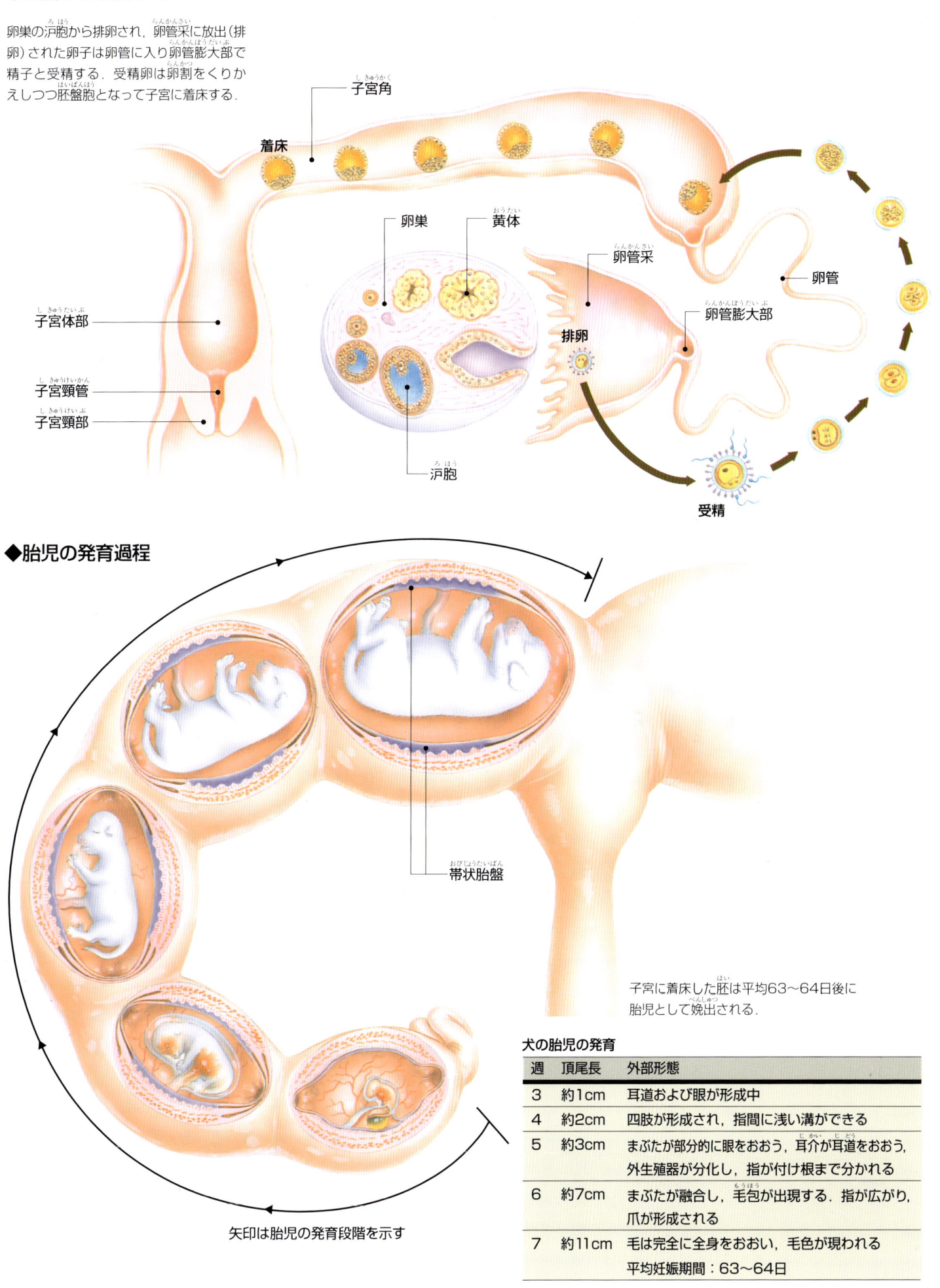

卵巣の沪胞から排卵され，卵管采に放出（排卵）された卵子は卵管に入り卵管膨大部で精子と受精する．受精卵は卵割をくりかえしつつ胚盤胞となって子宮に着床する．

- 子宮角
- 着床
- 卵巣
- 黄体
- 卵管采
- 卵管
- 子宮体部
- 卵管膨大部
- 子宮頸管
- 排卵
- 子宮頸部
- 沪胞
- 受精

◆胎児の発育過程

帯状胎盤

子宮に着床した胚は平均63〜64日後に胎児として娩出される．

矢印は胎児の発育段階を示す

犬の胎児の発育

週	頂尾長	外部形態
3	約1cm	耳道および眼が形成中
4	約2cm	四肢が形成され，指間に浅い溝ができる
5	約3cm	まぶたが部分的に眼をおおう，耳介が耳道をおおう，外生殖器が分化し，指が付け根まで分かれる
6	約7cm	まぶたが融合し，毛色が出現する．指が広がり，爪が形成される
7	約11cm	毛は完全に全身をおおい，毛色が現われる 平均妊娠期間：63〜64日

泌尿器系

尿生成と排泄にかかわる器官には，腎臓，輸尿管，膀胱，尿道がある．腎臓は尿を生成し，細胞外液中の水や電解質，種々の物質の濃度を調節する働きをもつ．具体的には，(1)水分の排泄を調節し，体液量を一定に保つ，(2)電解質の排泄を調節し，体液の浸透圧を一定に保つ，(3)水素イオン(H^+)の排泄を調節し，体液のpHを一定に保つ，(4)不要な物質を除去し，有用な物質を体内に保持する働きがある．

【腎臓の構造】

腎臓は硬い赤褐色の器官で，外観は哺乳動物の間でかなり変動する．ソラマメ状のもっともなじみ深い形は犬，猫および小型の反芻動物にみられる．大きさは体液量（水分量）に比例し，一般的に体重が重いほど大きい．腎臓はネフロン（腎単位）とよばれる尿生成の機能単位からなる．犬の腎臓では，ネフロンの数は数十万から数百万と概算されている．ネフロンの数は哺乳動物の間で大きな変動はなく，ヒトの場合も1個の腎臓に約100万個のネフロンがある．ネフロンは腎小体とそれに続く尿細管からなる．腎小体は毛細血管が毛まり状に集まった糸球体と，それを囲むボーマン囊からなる．

【濾過と再吸収】

糸球体濾過量（GFR）は，臨床の場でたびたび測定される腎機能の指標である．GFRは体重1kgについて，1分間当たりに濾過される量を表わし，mlで示される．3.7ml／分／kgのGFRをもった体重10kgの犬は，1分当たり約37mlの糸球体濾過液を産生すると考えられ，1日で血液量のほぼ18倍の53.3 l の糸球体濾過液を産生する．

産生された大量の濾過液は，そのまま排出されずに残りのネフロンによって再吸収される．毎日53.3 l の糸球体濾過液を産生している10kgの犬では，濾過液中に血漿成分と同じ濃度のブドウ糖や電解質を含んでいる．尿細管の再吸収がなければ，ナトリウム，塩素，カリウム，重炭酸イオンおよびブドウ糖だけで1日に総量500g以上が尿中に失われる．これを補うためには，尿中に失われるのと同じ速度で，毎日500g以上のブドウ糖や電解質を摂取し，50 l 以上の水を飲む必要が生じる．尿細管は，近位尿細管，ヘンレの係蹄，遠位尿細管，および集合管に区別される．尿細管で再吸収される物質には水，ナトリウムイオン，塩素イオン，重炭酸イオン，ブドウ糖，アミノ酸などからだにとって有用な物質が多い．健康であればブドウ糖もアミノ酸も近位尿細管で100％再吸収される．一方，からだにとって不要な物質や外来物質，たとえば尿酸，尿素，硫酸塩などはあまり再吸収されず，アンモニア，クレアチン，パラアミノ馬尿酸などはまったく再吸収されず，むしろ尿細管から分泌される．

毎日53.3 l の糸球体濾過液を産生している犬は，濾過液に含まれている水の99％以上を再吸収し，わずかに0.2〜0.25 l の尿しか排泄しない．

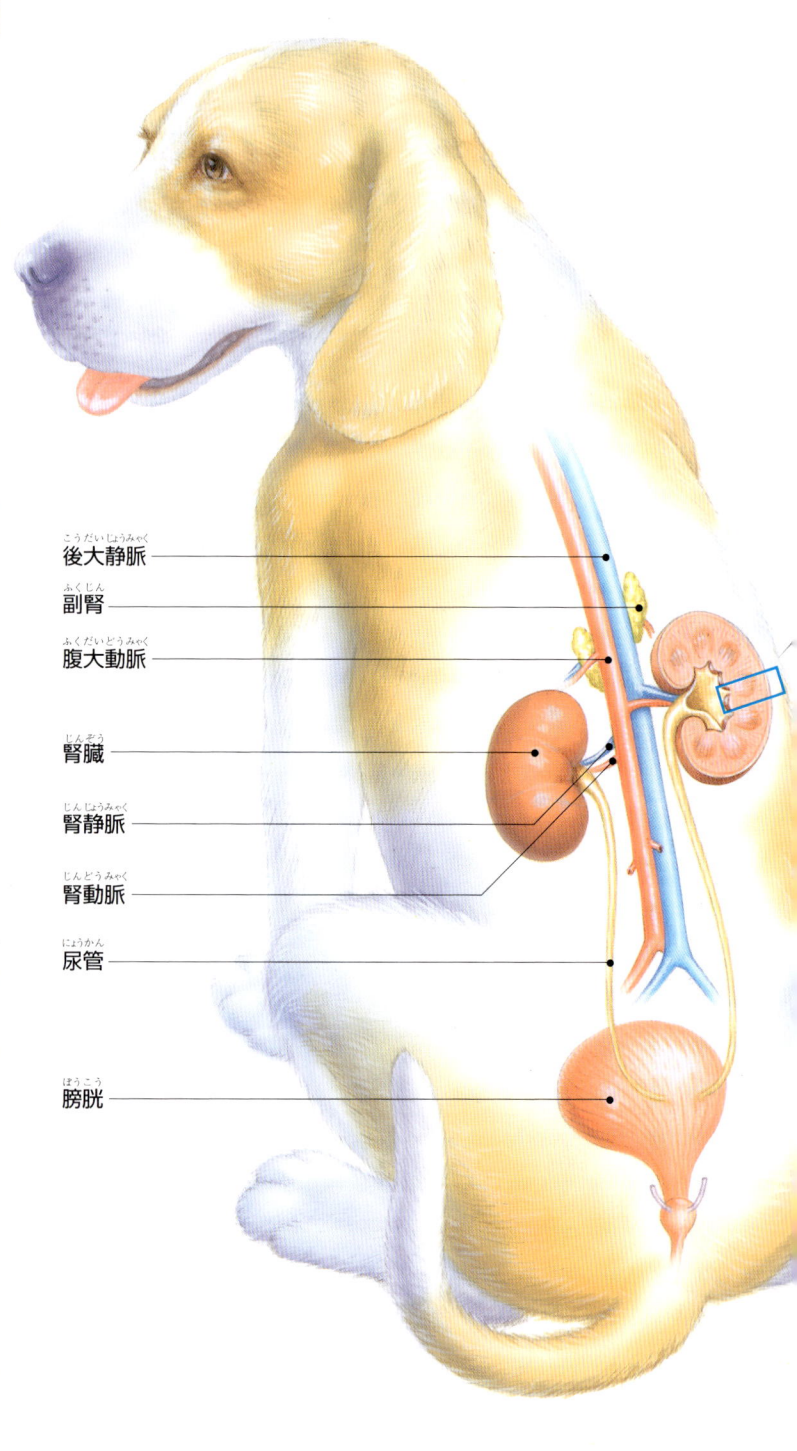

【尿量】

犬の1日当たりの尿量（ml／kg・体重／日）は概して多く，どの動物種より高い数字を示している．毎日の尿排泄量は食物，仕事，外気温，水分消費，季節その他の因子によって変化する．

犬では，食餌によって糸球体濾過量（GFR）が著しく変化する．高い炭水化物を含む普通乾燥食で飼育した犬は中性あるいはアルカリ性の尿を排泄する．この犬に生牛肉を与えると，GFRは食後2〜3時間で50〜100％上昇すること

◆泌尿器系

後大静脈
副腎
腹大動脈
腎臓
腎静脈
腎動脈
尿管
膀胱

▶腎臓のネフロン

- 皮質
- 髄質
- 糸球体
- ボーマン嚢
- 腎小体
- 集合管
- 腎乳頭

▶糸球体の構造

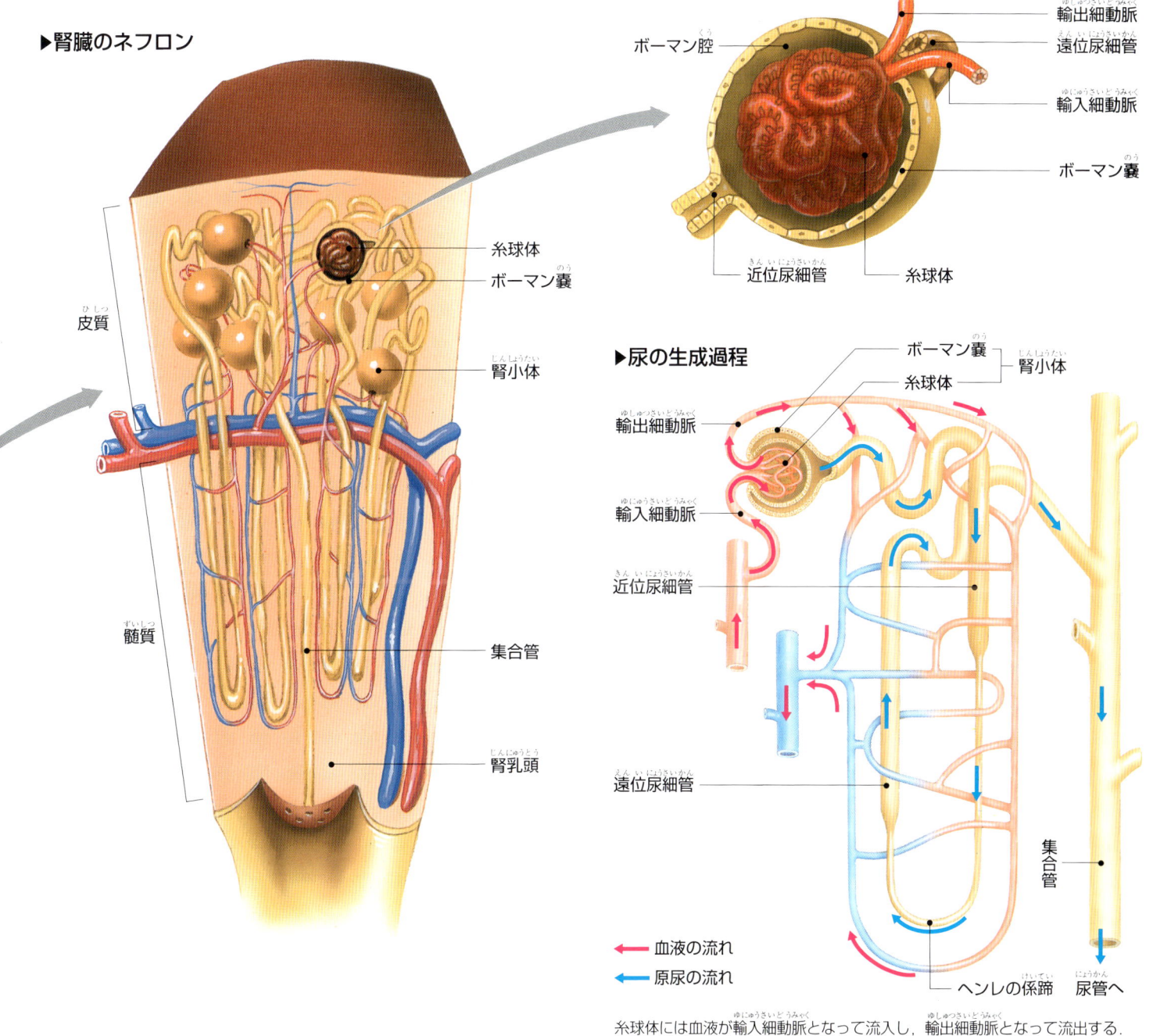

- ボーマン腔
- 輸出細動脈
- 遠位尿細管
- 輸入細動脈
- ボーマン嚢
- 近位尿細管
- 糸球体

▶尿の生成過程

- ボーマン嚢
- 腎小体
- 糸球体
- 輸出細動脈
- 輸入細動脈
- 近位尿細管
- 遠位尿細管
- 集合管
- ヘンレの係蹄
- 尿管へ

← 血液の流れ
← 原尿の流れ

糸球体には血液が輸入細動脈となって流入し，輸出細動脈となって流出する．その後，再び分枝して尿細管をとりまく毛細血管網を形成する．ボーマン嚢は糸球体を包んでから，尿細管へと連なる．腎臓に流入した血液は，まず糸球体で血漿が濾過され，濾過尿（糸球体濾過液）として尿細管に入る．尿細管では毛細血管網との間で種々の物質の再吸収と分泌が行われ，尿が生成される．

がある．肉食によるからだの酸性への傾きを早急に解消するために，濾過量を増やしていることが考えられる．またマーキングのための排尿も雄犬の特徴である．

【腎機能の測定】

　腎臓の排泄能力を表わす指標としてクリアランスがある．クリアランスとは，ある物質が1分間に尿中に排泄される量が，何mlの血漿に由来するかを示す値である．たとえば尿素の尿中濃度が2,100mg／100ml，血漿中濃度が30mg／100mlで，尿量が1.0ml／分であれば，尿素クリアランスは2,100×1.0／30＝70ml／分である．ブドウ糖は100％再吸収されて，尿中には出てこない（0ml／分）ことから，そのク

各種動物の尿量と比重

動物	量(ml／kg体重／日)	比重平均と変動範囲
犬	20～100	1.025(1.016～1.060)
ウマ	3～18	1.040(1.025～1.060)
ブタ	5～30	1.012(1.010～1.050)
ヒト	8.6～28.6	1.020(1.002～1.040)

リアランスは0ml／分である．一方，濾過され，尿細管において再吸収と分泌の両方が行われる物質（クレアチン）のクリアランスは150ml／分になる．これらクリアランスはヒトと大きな差はない．

内分泌系

体内の各種器官の機能を協調的に調節する機構には，神経系のほかに内分泌系がある．神経系が迅速な調節を行うのに対して，内分泌系はゆっくりであるが長期にわたる調節を行う．この調節系では，ホルモンとよばれる化学物質が利用される．ホルモンは，内分泌腺の細胞から直接血液中に分泌され，血液循環を介してそのホルモンに対する受容体を有する特定の細胞（標的細胞）に作用する．

これらの内分泌腺には，下垂体，松果体，甲状腺，上皮小体（副甲状腺），膵臓，副腎，卵巣，精巣などがある．その他，消化管，腎臓，さらに脳内視床下部にもホルモンを産生・分泌する細胞がある．ホルモンは特定の内分泌器官で産生され，血管系によって遠く離れた標的器官にごく低濃度で作用する物質と定義されてきたが，プロスタグランジンやソマトメジンのような，いろいろな生体組織で産生される物質もホルモンとみなされるようになってきた．ホルモンのおもな働きは，成長，生殖，代謝および内部環境の調節などである．

ホルモンの分泌量および血液濃度は，ほぼ一定の範囲に保たれている．多くのホルモン分泌は，上位ホルモンから下位ホルモンへと階層性に支配されている．たとえば視床下部ホルモンは下垂体前葉ホルモンを調節し，下垂体前葉ホルモンは下位の多くの内分泌腺ホルモンを調節する．さらにホルモンの分泌量は，負のフィードバック機構によっても調節される．上位ホルモンの分泌は下位ホルモン濃度が低くなれば増加し，高くなれば減少する．

【下垂体】

下垂体は脳内視床下部の直下に位置し，視床下部から神経性調節を受けるとともに，下垂体門脈（静脈）血を介しても調節を受ける．中型犬での下垂体は約$1×0.75×0.5$cmの楕円形で，暗色である．下垂体は一元的器官にみえるが，非常に異なる起源と機能をもつ部分からなる．

【松果体】

松果体は脳内にあって，メラトニンを産生・分泌する腺組織である．メラトニンは季節繁殖を行う哺乳動物（ヤギなど），齧歯類，鳥類などでは重要な働きをもつが，犬における作用は今なお不明である．

【甲状腺】

甲状腺は気管の上，喉頭の直後にあり，犬では分離した2葉からなる．甲状腺は，代謝調節におけるもっとも重要な内分泌器官である．腺組織には，濾胞とよばれる球状構造をつくる濾胞細胞がある．濾胞細胞で産生・分泌された甲状腺ホルモンは濾胞内に貯えられている．

【上皮小体】

犬では4個の上皮小体は甲状腺本体に陥没しているか，内部に埋没している．上皮小体ホルモン（パラソルモン）

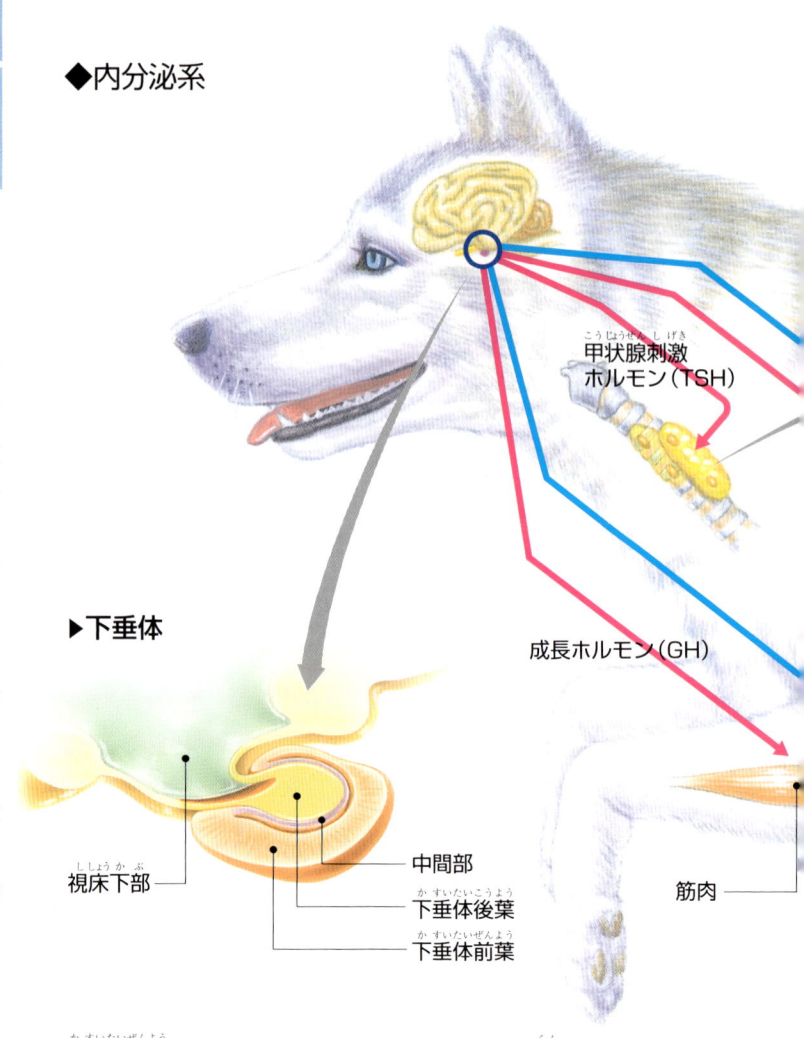

◆内分泌系

▶下垂体

下垂体前葉は，成長ホルモン（GH），性腺刺激ホルモン（卵胞刺激ホルモンFSH，黄体形成ホルモンLH），副腎皮質刺激ホルモン（ACTH），甲状腺刺激ホルモン（TSH）およびプロラクチン（PRL）を産生・分泌する．中間部はメラニン細胞刺激ホルモン（MSH）を産生・分泌する．これらすべての産生と分泌は上位（視床下部）ホルモンの支配を受ける（放出または抑制因子）．下垂体後葉にたくわえられ，そののち血液中に放出されるホルモンはオキシトシンとバゾプレッシンである．オキシトシンは子宮の平滑筋と乳房の筋上皮細胞の収縮を刺激する．バゾプレッシンは血管狭窄を刺激し，腎臓での水の再吸収を促進する．これらは視床下部にある神経分泌細胞で産生され，下垂体後葉の毛細血管床に軸索輸送される．

はカルシウム代謝にかかわる重要な働きをもつ．

【副腎】

1対の副腎は胸腰接合部付近の背中側にあり，腎臓のそばに位置する．副腎は外方の皮質と内方の髄質からなる．

【膵臓】

膵臓の主体は重要な消化酵素を分泌する腺房で構成されている．これらの酵素は膵臓の外分泌部を構成しており，膵管系を経由して腸管内腔に放出される．膵臓内には腺房とは構造的に全く異なった小さい島状の細胞集団（直径0.3mm）が散在している．この腺組織は，ランゲルハンス島とよばれている．ランゲルハンス島は膵臓内に100～200万個存在し，その重量は膵臓全体の1～2％である．ランゲルハンス島の細胞は，A，B，Dの3種類の細胞に大別され

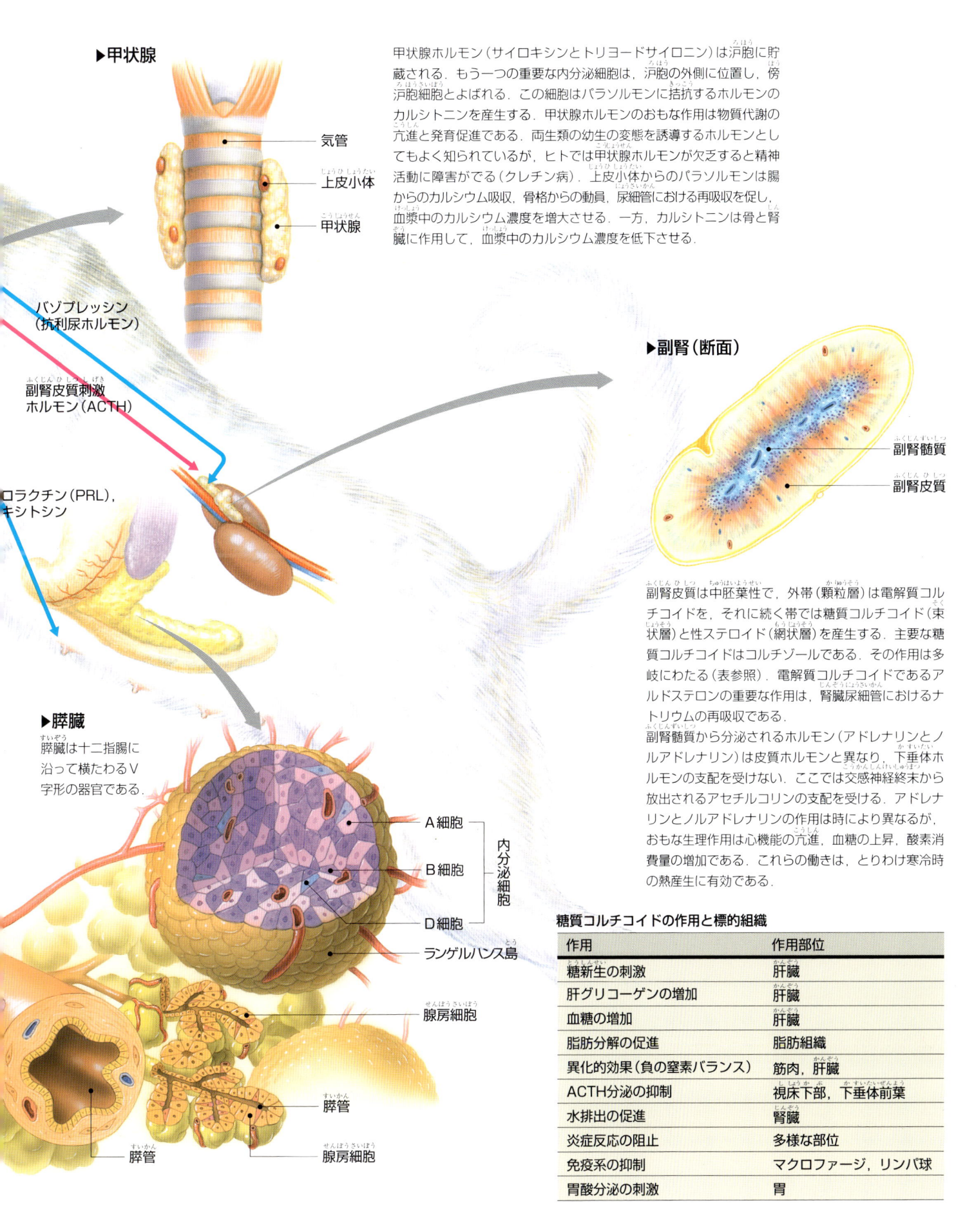

▶甲状腺

- 気管
- 上皮小体
- 甲状腺

バゾプレッシン（抗利尿ホルモン）

副腎皮質刺激ホルモン（ACTH）

プロラクチン（PRL），オキシトシン

甲状腺ホルモン（サイロキシンとトリヨードサイロニン）は濾胞に貯蔵される．もう一つの重要な内分泌細胞は，濾胞の外側に位置し，傍濾胞細胞とよばれる．この細胞はパラソルモンに拮抗するホルモンのカルシトニンを産生する．甲状腺ホルモンのおもな作用は物質代謝の亢進と発育促進である．両生類の幼生の変態を誘導するホルモンとしてもよく知られているが，ヒトでは甲状腺ホルモンが欠乏すると精神活動に障害がでる（クレチン病）．上皮小体からのパラソルモンは腸からのカルシウム吸収，骨格からの動員，尿細管における再吸収を促し，血漿中のカルシウム濃度を増大させる．一方，カルシトニンは骨と腎臓に作用して，血漿中のカルシウム濃度を低下させる．

▶副腎（断面）

- 副腎髄質
- 副腎皮質

副腎皮質は中胚葉性で，外帯（顆粒層）は電解質コルチコイドを，それに続く帯では糖質コルチコイド（束状層）と性ステロイド（網状層）を産生する．主要な糖質コルチコイドはコルチゾールである．その作用は多岐にわたる（表参照）．電解質コルチコイドであるアルドステロンの重要な作用は，腎臓尿細管におけるナトリウムの再吸収である．

副腎髄質から分泌されるホルモン（アドレナリンとノルアドレナリン）は皮質ホルモンと異なり，下垂体ホルモンの支配を受けない．ここでは交感神経終末から放出されるアセチルコリンの支配を受ける．アドレナリンとノルアドレナリンの作用は時により異なるが，おもな生理作用は心機能の亢進，血糖の上昇，酸素消費量の増加である．これらの働きは，とりわけ寒冷時の熱産生に有効である．

▶膵臓

膵臓は十二指腸に沿って横たわるV字形の器官である．

- A細胞
- B細胞
- D細胞
- ランゲルハンス島
- 腺房細胞
- 膵管
- 膵管
- 腺房細胞

内分泌細胞

糖質コルチコイドの作用と標的組織

作用	作用部位
糖新生の刺激	肝臓
肝グリコーゲンの増加	肝臓
血糖の増加	肝臓
脂肪分解の促進	脂肪組織
異化的効果（負の窒素バランス）	筋肉，肝臓
ACTH分泌の抑制	視床下部，下垂体前葉
水排出の促進	腎臓
炎症反応の阻止	多様な部位
免疫系の抑制	マクロファージ，リンパ球
胃酸分泌の刺激	胃

る．A細胞はグルカゴンを，B細胞はインスリンを，D細胞はソマトスタチン（インスリンとグルカゴンの分泌抑制）を分泌する．B細胞はランゲルハンス島の約2／3を占める．

インスリンは血糖を下げる唯一のホルモンであり，このホルモンの分泌低下や組織のインスリンに対する反応が低下すると糖尿病になる．前者をインスリン依存性（I型）糖尿病，後者をインスリン非依存性（II型）糖尿病とよぶ．

循環器系

◆心臓の内部構造（左側が頭部）

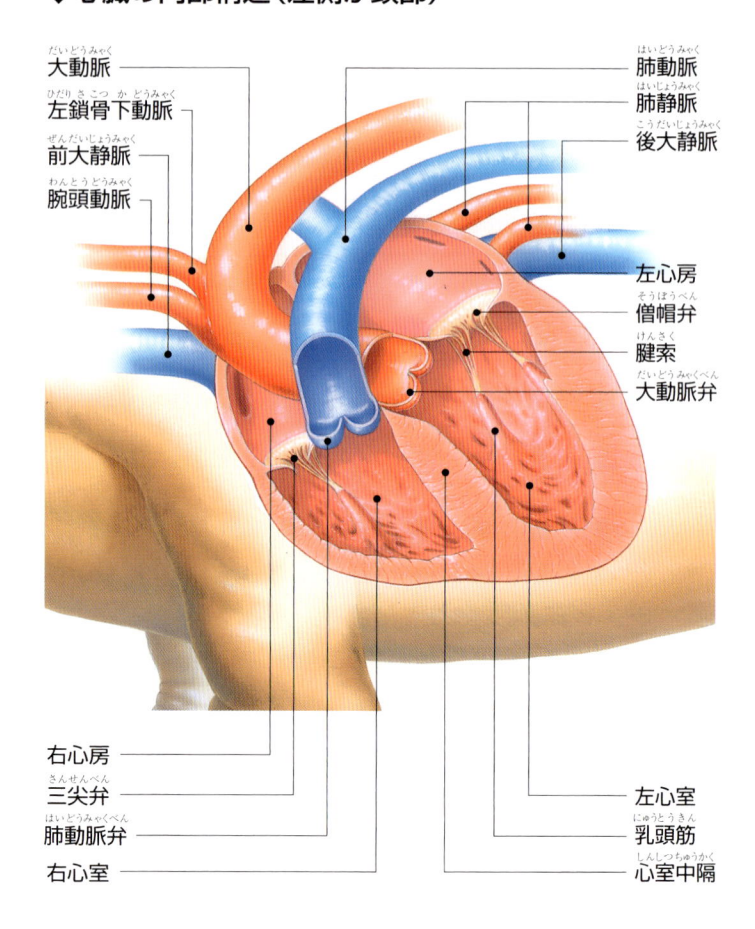

大動脈
左鎖骨下動脈
前大静脈
腕頭動脈
肺動脈
肺静脈
後大静脈
左心房
僧帽弁
腱索
大動脈弁
右心房
三尖弁
肺動脈弁
右心室
左心室
乳頭筋
心室中隔

　心臓が停止して，循環が中断されれば，30秒以内に意識の消失がおこり，数分以内に脳やその他の生体組織に不可逆な障害をひきおこす．

　血液は生体組織のすべての細胞が必要とする酸素と代謝基質（ブドウ糖，アミノ酸，脂肪酸など）を間断なく輸送する．また血液は生体の各細胞で産生される代謝老廃物を運び出し，肺，腎臓または肝臓で放出・除去している．熱の輸送も血液の重要な仕事である．各細胞において，エネルギー基質と酸素の燃焼反応にともなって産生される熱は，心臓血管系によって体表面に運ばれ，放熱される．血液はホルモンも運ぶ．水，ナトリウム，カリウム，カルシウム，水素，炭酸塩，塩素などの電解質も輸送する．このような役割をになうのが，ポンプとしての心臓である．

【心臓の構造と機能】

　心臓は心筋とよばれる特殊な横紋筋からなり，右心房，右心室，左心房，左心室の4つの腔がある．右心房と左心房の間には心房中隔，右心室と左心室の間には心室中隔がある．また右心房と右心室の間は3枚の弁からなる三尖弁（右房室弁），左心房と左心室の間は二尖弁（僧帽弁，左房室弁）により隔てられ，さらに，左心室と大動脈の間には大動脈弁，右心室と肺動脈の間には肺動脈弁が存在する．それぞれの弁は1方向にのみ開き，血液の逆流を防ぐ．

　心房は壁が薄く，静脈系から心室への流入血液の貯蔵と導管，および補助ポンプとして働いている．心室は血液を送る主ポンプである．心室筋は心臓重量のほとんどを占めている．したがって心臓の重い犬ほど心室筋が発達して，血液を送るポンプ機能が高いことになる．ドッグレースなどで活躍するグレーハウンドの心臓重量（体重1kg当たり）は13.40gであり，平均的な犬の値（8.0）の倍近い．右心室の大きさは左心室の大きさの約1／3である．

　心筋の収縮は骨格筋の場合と同様に，アクチンとミオシンの筋フィラメントの滑走によって行われる．しかし，骨格筋の横紋筋と異なり，多数の心筋細胞が特殊な構造によって電気的に連絡しているため多数の細胞からできている心房や心室もあたかも1個の細胞のように働く．心筋の最大の特徴は，自らリズムをもって収縮する自動能をもつことである．しかし，同時に自律神経系の調節も受けている．

　心臓を体外に取り出しても自動的に拍動を続ける．この規則正しい拍動のリズムは，大静脈と右心房の境界近くにある洞房結節の細胞で発生する．この細胞をペースメーカーとよぶが，ここでの興奮は刺激伝導系によってごく短い時間内に左右の心室に伝えられる．

【体循環と肺循環】

　血液は左心室から大動脈に送り出されるが，この大動脈はいくつにも分枝し，さらに細分枝して，肺を除く生体内の各臓器に酸素の多い動脈血を送る．大動脈から2～3秒で生体のすべての部位にこれらの血液は到達する．血液は各臓器内の毛細血管を通過後，細静脈に入り，この細静脈は次々に結合して次第に大きな静脈となり，すべての血液は大静脈を通って右心房に戻ってくる．大動脈と大静脈との間にある血管をまとめて体循環とよぶ．

　血液は右心房から右心室に入り，そこから肺動脈に送り出される．肺動脈はしだいに小さい動脈に分枝し，血液は肺の毛細血管に送られる．肺毛細血管からの血液は酸素を得て肺静脈に集められ，左心房，左心室に入る．この循環を肺循環とよぶ．このように血液は体循環を通過するたびに，必ず肺の血管を通る．

　1回の体循環で，血液は静脈に集められて心臓に戻る前に，ただ1つの毛細血管床を通過する．しかし，3つの例外的な循環がある．それは肝門脈，腎門脈および下垂体門脈である．脾臓，胃および腸間膜の毛細血管を出た血液は必ず肝門脈に入る．肝門脈はこれら内臓の静脈血を肝臓に運び，そこで血液が心臓に戻る前にもう1つの毛細血管床を通過する．腸管から吸収された栄養分はこの門脈を通って肝臓に入り，肝臓で貯蔵のために変換されたり，全身の循環器系に入る．また，腎臓に入った血液ははじめに糸球体毛細血管を，ついで尿細管の毛細血管を通過する．この門脈によって，血液中の水分，電解質，その他の溶質が調節されている．もう1つの門脈は視床下部と下垂体前葉の間にある．視床下部内で毛細血管を通過したのち，血液は門脈を通って，下垂体前葉にある新たな毛細血管に入る．

◆体循環の模式図

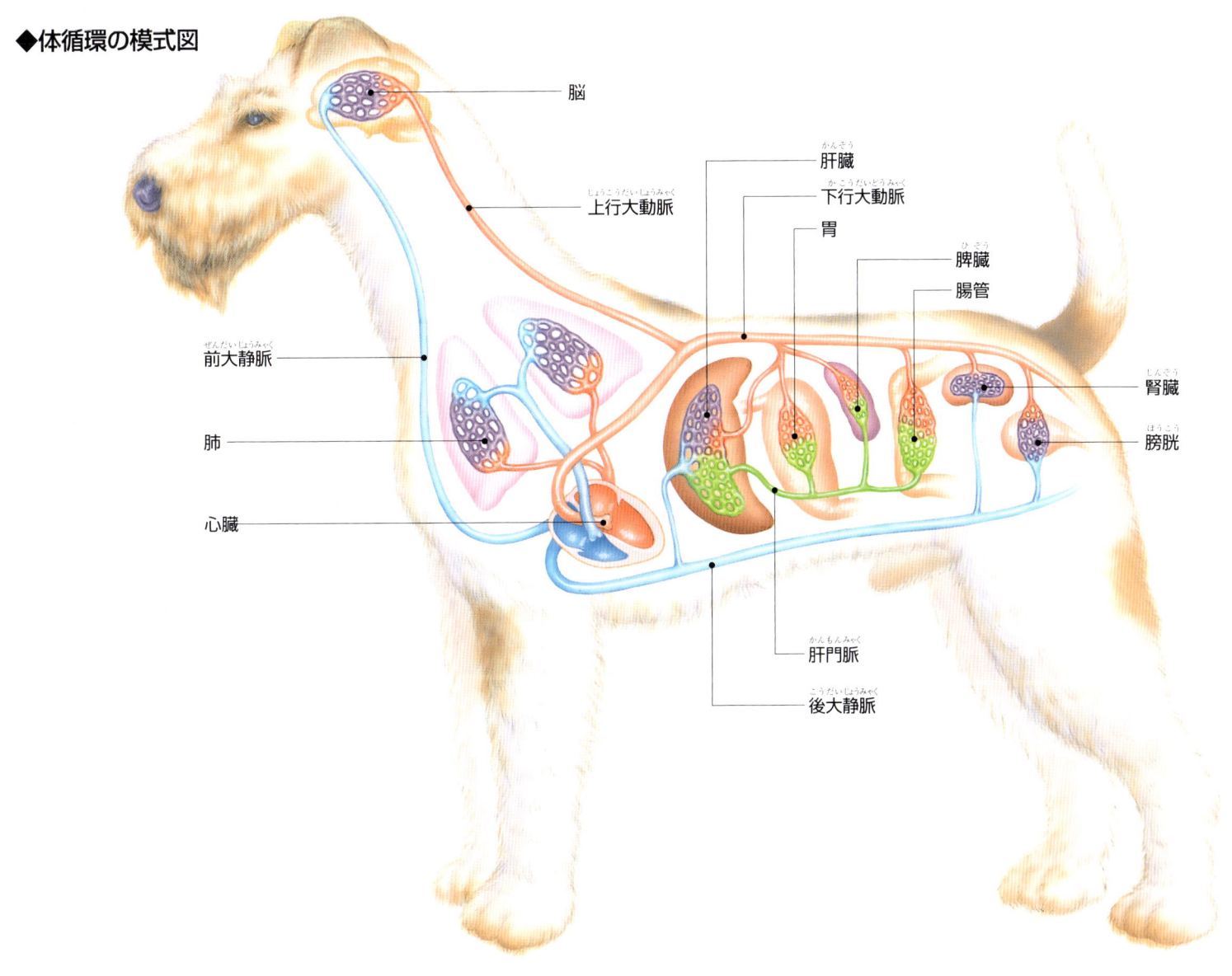

（図中ラベル：脳、肝臓、上行大動脈、下行大動脈、胃、脾臓、腸管、前大静脈、腎臓、肺、膀胱、心臓、肝門脈、後大静脈）

下垂体ホルモンの放出を調節する物質は，視床下部の毛細血管を通過する間に加えられるのである．

安静状態にある動物では，血液量の約25％が肺血管と心臓に，約75％が体循環に分布している．体循環の大部分の血液は静脈内（約80％）に，わずかな部分が動脈と細動脈（約15％），毛細血管内（約5％）に存在している．

【心拍出量】

安静状態の犬で，血液が全循環（左心室から出て左心室に戻ること）を終えるのに約1分間を要する．心拍出量は，左心室あるいは右心室のどちらかで1分当たりに送り出される血液量を表わす．安静時の心拍出量は約3 l ／分／体表面積・m^2 である．たとえば，大型犬の安静時の心拍出量は約2.5 l ／分になる．ヒトでは約5 l ／分である．

【心拍数】

正常な犬の平均心拍数は約95回である．心拍数が正常より多い場合を頻脈，低い場合を徐脈という．運動時，発熱時，ストレス時などには頻脈がみられる．

激しい運動をすると拍出量と心拍数がともに増加して，その結果毎分心拍出量は約10 l にも達しうる．

【動脈血圧】

動脈血圧は，心臓のポンプ機能，末梢抵抗，血液の粘性，動脈血管内の血流量，動脈血管壁の弾力性によって決まる．血圧は心拍数と異なり，キリンを除いて種間差や体重との間に相関はなく，ほとんどの哺乳動物は同じ範囲にある．

心臓重量の比較

動物（体重）	心臓重量（g／kg）心重量比
犬	8.0
モルモット	4.2
ウマ	6.8
ヒト	5.9

心拍数（1分当たり）の比較

動物	安静時	運動時	新生児／若齢
犬	70～120	220～325	140～275
ウマ	28～40	180～240	
ヒト	60～80	100～200	100～160

動物の動脈血圧（mmHg）

動物	収縮期血圧／弛緩期血圧	平均血圧
犬	120/70	100
キリン	260/160	219
ウマ	130/95	115
ヒト	120/70	100

血液

　血液は酸素を肺から組織へ，栄養素を消化管から組織へ，代謝の最終産物を細胞から排泄器官へ，二酸化炭素を肺へ，ホルモンを内分泌腺から標的細胞へ，それぞれ運んでいる．血液は体温，細胞の水分と電解質濃度の恒常性，体の水素イオン濃度などの調節にも役だっているし，病原微生物からからだを守る役目もしている．

　血液は粘稠性をもった比重1.05，弱アルカリ性(pH7.4)の液体で，その量は体重の約1／13（8％）を占める．

【血液の成分】

　血液は液体成分の血漿と，その中に浮遊する細胞成分よりなる．血液が凝固しないように凝固阻止剤を加えて遠心分離すると，上層に血漿，下層に細胞成分が分かれる．細胞成分は赤血球，白血球および血小板に分けられる．血液の細胞画分はヘマトクリットとよばれる．

【赤血球】

　赤血球は核のない細胞である．多量のヘモグロビン（血色素）を含有するため，多数集まると赤色を呈する．両側がくぼんで，中央が淡色の円板状の形をしている．このくぼみは表面積を増大し，赤血球に運搬される酸素と二酸化炭素の交換を促進する．成熟動物では赤血球の新生は骨髄で絶えず行われており，赤血球の破壊にみあった割合で血球は血流中に供給され続ける．赤血球の新生にあたって，原始赤芽球が成熟赤血球に発育するには4〜5日かかる．赤血球の数は動物種によって著しく異なる．健康な犬の赤血球の寿命は約120日とされ，ヒトとほぼ同じである．

【白血球】

　白血球は赤血球よりも大きく，しかも核をもち，数種の細胞に分類される．その数は赤血球に比べてずっと少ない．犬の白血球数は9,000〜13,000個／mm³で，ヒト（4,000〜8,000個／mm³）に比べるとやや多い．その内訳は好中球が2／3，次いでリンパ球(20〜25％)，単球(5％)，好酸球(2〜5％)，好塩基球（1％以下）である．細菌に感染すると，白血球とくに好中球が著しくふえる．リンパ系に腫瘍があると，血流中のリンパ球数が著しく増加する．赤血球は血液中で機能しているが，白血球の機能は組織内で発揮される．

　好中球はアメーバ運動を行い，細菌，ウイルス，その他の小さな粒子を飲み込んで(食作用)，感染や異物からからだを守る．好中球の顆粒はリソソームを含み，リソソームから供給される酵素が細菌などを消化する．炎症部位には多数の好中球が滲出してくる．

　単球は，好中球（小食細胞）に比べて大きなものを摂取するので大食細胞ともいわれる．好中球が炎症の初期に動員されるのに対して，単球は炎症の慢性の時期に出現して病原菌や変性した好中球をも摂取する．細菌を取りこんで死んだ白血球が集まったものが，膿である．

◆血液の成分

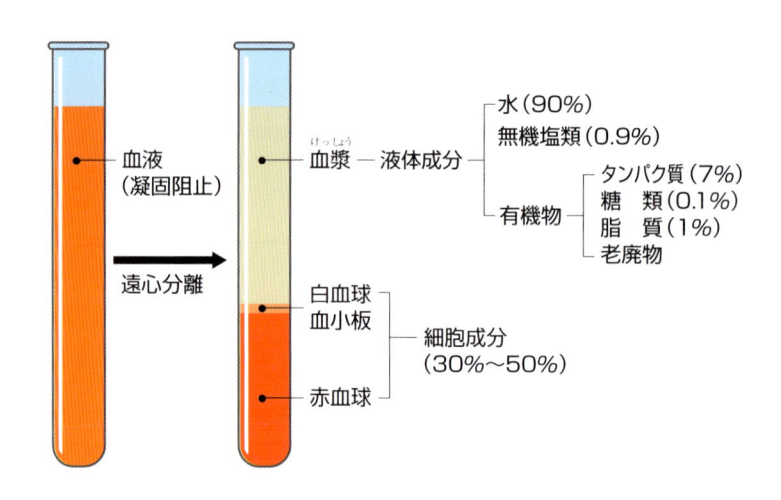

動物の赤血球数

動物	百万／mm³またはμl
犬	6〜8
ウシ	6〜8
ウマ（軽種馬）	9〜12
ウサギ	5.5〜6.5
ヒト（男）	5〜6
ヒト（女）	4〜5

血液関連量(ml)の比較

動物	血漿量(ml)	赤血球容積	総血液量
犬	1,500	1,000	2,500
ウマ	31,300	22,000	53,300
ヒト	2,200	1,800	4,000

　リンパ組織（リンパ節，脾臓，扁桃，胸腺など）でつくられるリンパ球は免疫機能をつかさどる細胞で，Bリンパ球とTリンパ球に区別される．病原菌のような抗原が生体に入ると，Tリンパ球はリンフォカインとよばれる物質を放出して抗原を攻撃したり，あるいはTリンパ球自身が直接抗原を攻撃する（細胞性免疫）．他方，Bリンパ球は，免疫抗体（γ-グロブリン）を産生する（体液性免疫）．

　白血球の寿命は，顆粒白血球で2〜14日，リンパ球で約1週間から数年といわれている．

【血小板】

　血小板は，直径2〜5μmの円形または楕円形をした無核の細胞であり，血液1mm³中に15〜50万個存在する．幼犬は成犬より血小板の数が少ない．通常3ヵ月齢で，正常成熟動物の数になる．血小板の寿命は比較的短く，循環血中で8〜11日生存する．血小板のおもな作用は止血作用である．

【血漿】

　血液の約55％を占める血漿は淡黄色・透明な液体で，その約90％は水分で，そのほかタンパク質，脂質，無機質，糖，老廃物などより構成される．血漿タンパク質はアルブミン，グロブリン，フィブリノーゲンに分けられる．フィブリノーゲンは血液凝固に関与する．犬ではアルブミン(3.4〜4.4g／dl)がグロブリン(2.2〜3.2g／dl)より多い．

◆各種血液の生成過程

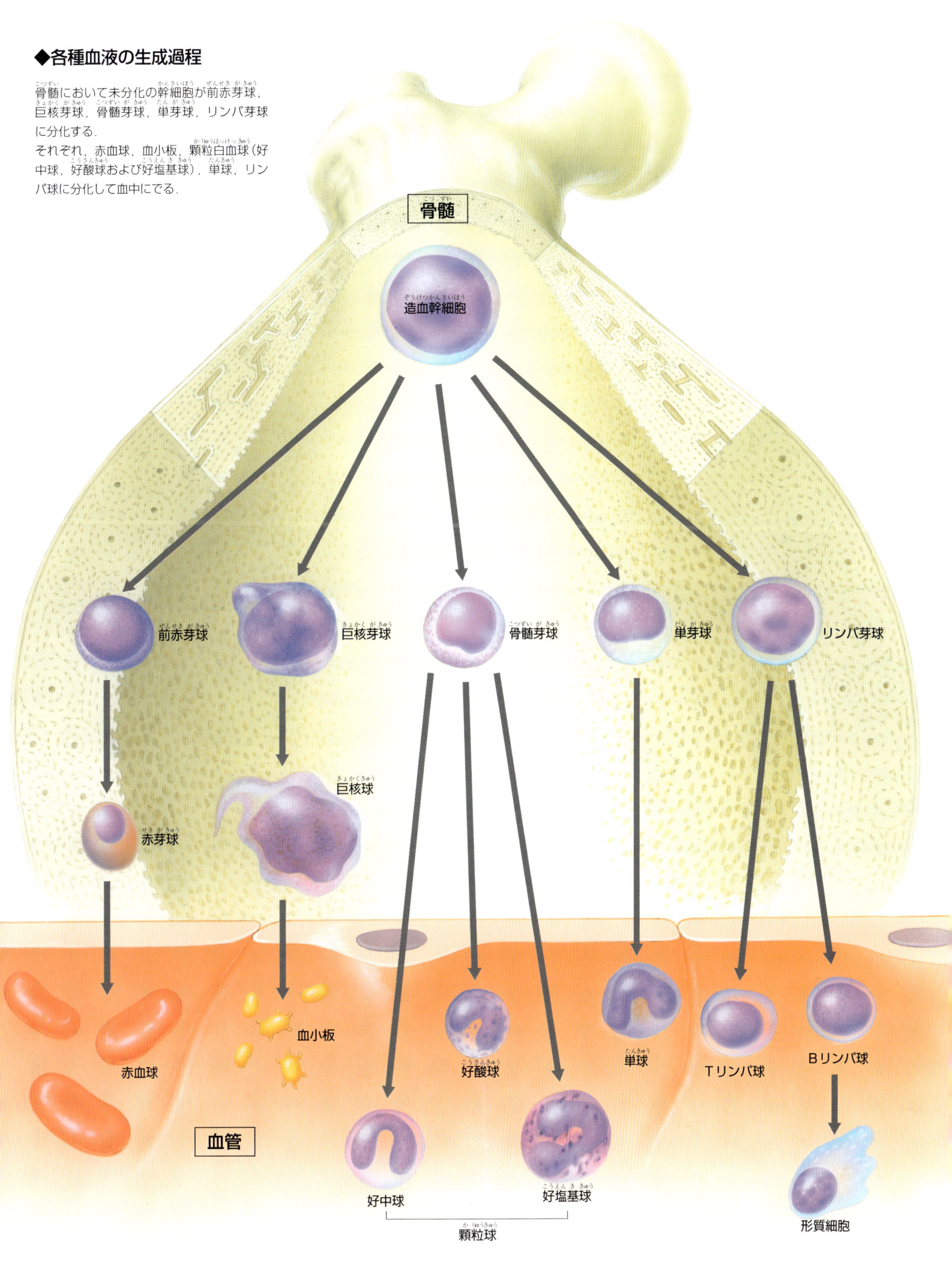

骨髄において未分化の幹細胞が前赤芽球，巨核芽球，骨髄芽球，単芽球，リンパ芽球に分化する．
それぞれ，赤血球，血小板，顆粒白血球（好中球，好酸球および好塩基球），単球，リンパ球に分化して血中にでる．

骨髄

造血幹細胞

前赤芽球　　巨核芽球　　骨髄芽球　　単芽球　　リンパ芽球

赤芽球　　　巨核球

血管

赤血球　　血小板　　好中球　　好酸球　　好塩基球　　単球　　Tリンパ球　　Bリンパ球

顆粒球

形質細胞

神経系

中枢神経

　からだは内外の刺激に対応してつねに合目的的に働き，正常の機能を維持している．皮膚などから受け入れられた刺激は，ただちに中枢に伝えられ，中枢は刺激に応じて，興奮し，命令を筋や腺などからだの各部の効果器に伝え，からだの適切な反応をおこさせている．

　この役目を果たしているのが神経系で，脳と脊髄を合わせて中枢神経系といい，そこから出てくる神経を総称して末梢神経系という．末梢神経系には体性神経系と自律神経系がある．体性神経系は意志によって動き，主として骨格筋や感覚器などに分布している．自律神経系は意識とは関係なく，主として内臓や分泌腺などに分布して，自動的にこれらを調節している．

【脳】

　脳の重さ，形は異なっても脊椎動物の脳の構成は基本的に同じである．脳は大脳皮質，大脳辺縁系，大脳基底核，視床，視床下部，中脳，橋，延髄および小脳に分けられる．

　ヒトとイルカを除き，哺乳動物の脳の重さは基本的に体重に比例する．たとえば，体重約10kgのビーグル犬（雄，2歳）の脳の重量は約75gである．この脳／体重比は7.5（g／kg）になる．これに対して，ヒト成人（体重60kg）の脳の重量は約1,350gであり，その比は22.5（g／kg）で，ヒトの脳の体重比は犬の約3倍にもなる．ヒトの脳では，終脳（大脳皮質，大脳辺縁系および基底核）が著しく発達し，左右の大脳半球が著明に大きくなる．また犬などの動物と異なり，ヒトは立位姿勢で生活するために間脳（視床と視床下部）の部分で前方に曲がり，位置関係が複雑になっている．

　小さな哺乳動物のなかには，大脳皮質の平滑なものがある．しかし，犬など大部分の哺乳動物の大脳表面は複雑に入り組み（回と溝で仕切られる），特徴のある配列をなしている．たとえば，運動（運動野），体性感覚（温覚，冷覚，触覚，圧覚および痛覚），視覚（視覚野），聴覚（聴覚野）などの機能は，この回と溝で分けられた脳領域の特定の部位で統合されている．

　ヒトの大脳辺縁系は，記憶と思考をつかさどる重要な脳領域である．犬などの動物でもヒトと類似した働きが推察されるが，明らかではない．ラットを用いた研究によれば，大脳辺縁系は下位の視床下部と連携し，喜怒哀楽にかかわっている可能性が高い．餌をもらう喜び，しかられる悲しみ，散歩に出かける楽しさ，飼い主と別れる哀しさなどの動物の感情をつかさどっていると思われる．

　視床と視床下部を合わせて間脳とよぶ．視床下部は脳の最下層に位置し，ヒト，動物を問わず生命の維持にもっとも重要な役割を果たしている．その機能は，自律神経機能の調節，体温調節，水分代謝，摂食の調節，下垂体機能の調節など多岐にわたる．

　脳幹は，中脳，橋および延髄から構成される．嘔吐，咳，呼吸，血圧，および心拍数などを調節する脳領域である．嗅神経と視神経以外のすべての脳神経はこの脳幹から出てくる．

　脊髄は中枢神経系のもっとも尾側に位置し，皮膚，筋肉，腱，関節そして内臓諸器官にある感覚受容器から背側を経由してくる活動電位を受けとる．感覚情報を脳に伝えたり，下位運動ニューロンへ伝える軸索を含んでいる．

　小脳は大脳皮質の後方，脳幹の背側に位置し，脳のわずか10％を構成するにすぎない．その機能は身体の姿勢と運動にかかわるが，小脳を完全に破壊しても筋力はほとんど正常に保たれる．

◆動物の脳の外形

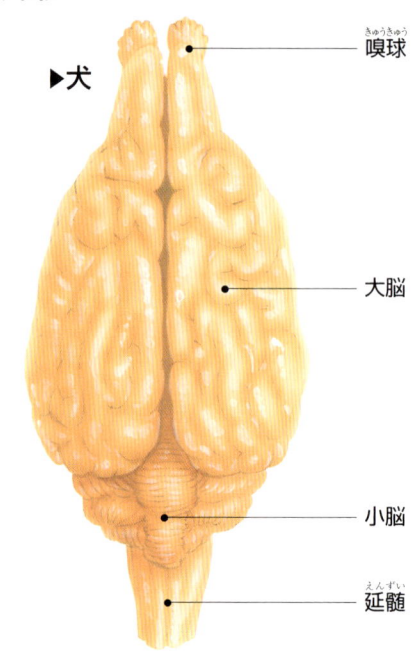

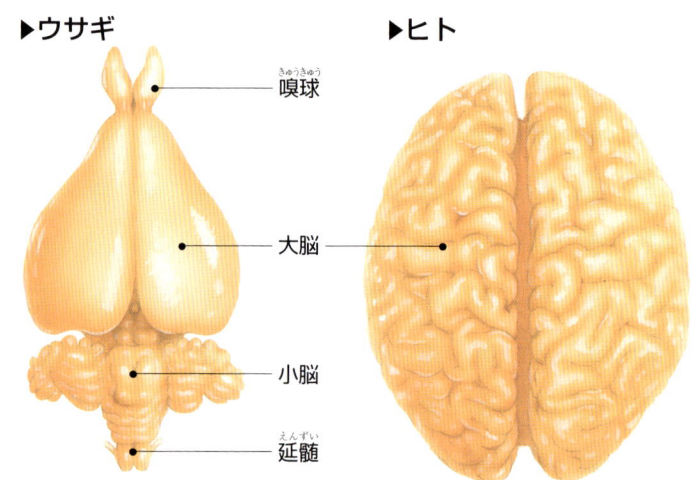

▶犬　嗅球／大脳／小脳／延髄

▶ウサギ　嗅球／大脳／小脳／延髄

▶ヒト　大脳

ヒトの脳は1,200～1,500gの重さであり，大脳の表面には無数のしわ（回と溝）がみられる．犬（ビーグル犬の脳の重さは約75g）など大部分の哺乳動物の大脳には，ヒトと類似した回と溝がみられるが，その数は明らかに少ない．ウサギ（脳の重さ約30g）など小さな哺乳動物のなかには，大脳の平滑なものがいる．立位姿勢のヒトの脳を頭頂からみたとき，小脳，延髄をみることはできない．

◆大脳による運動活動の制御

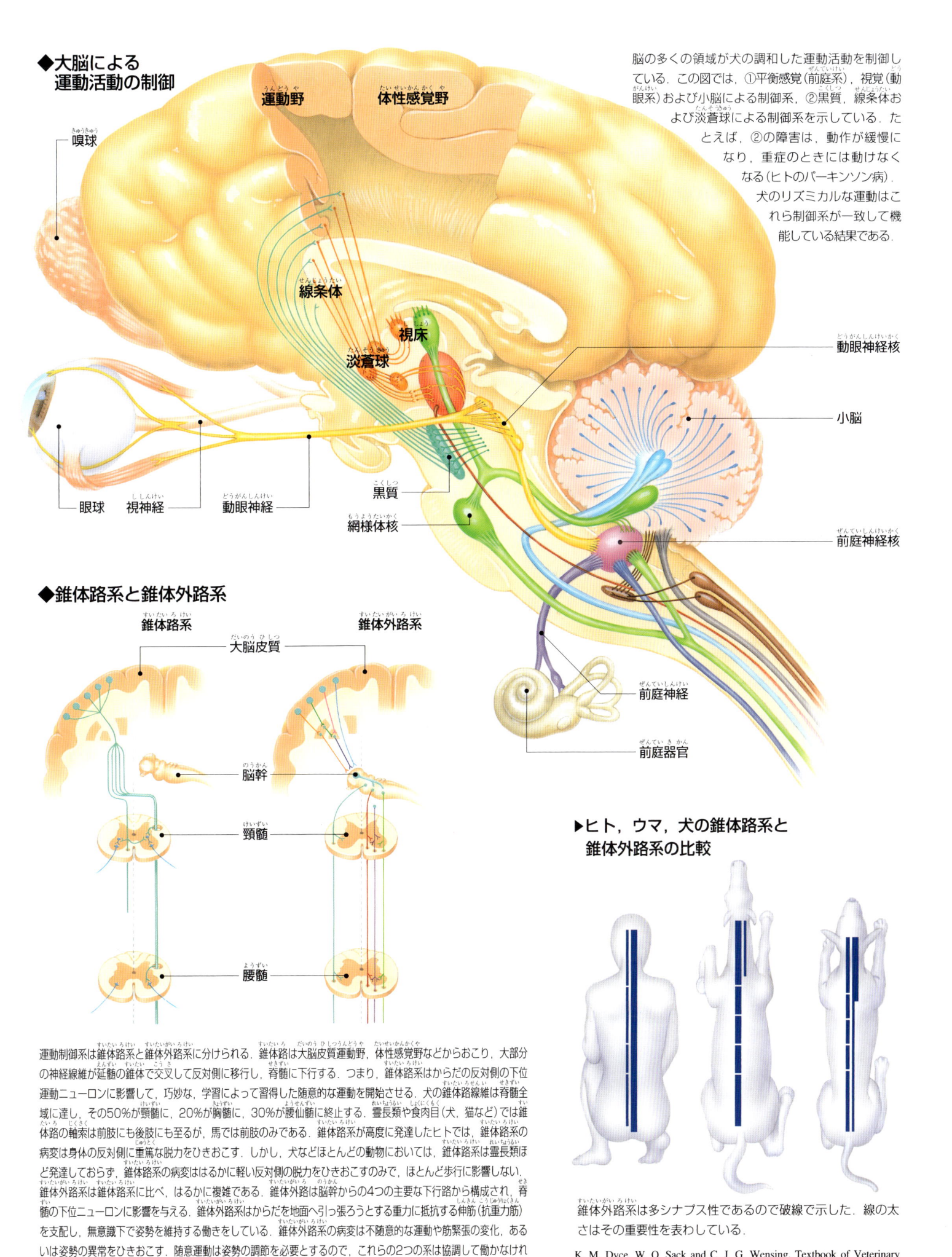

運動野　体性感覚野
嗅球
線条体
淡蒼球
視床
動眼神経核
眼球　視神経　動眼神経
黒質
網様体核
小脳
前庭神経核
前庭神経
前庭器官

脳の多くの領域が犬の調和した運動活動を制御している．この図では，①平衡感覚(前庭系)，視覚(動眼系)および小脳による制御系，②黒質，線条体および淡蒼球による制御系を示している．たとえば，②の障害は，動作が緩慢になり，重症のときには動けなくなる(ヒトのパーキンソン病)．犬のリズミカルな運動はこれら制御系が一致して機能している結果である．

◆錐体路系と錐体外路系

錐体路系　錐体外路系
大脳皮質
脳幹
頸髄
腰髄

▶ヒト，ウマ，犬の錐体路系と錐体外路系の比較

運動制御系は錐体路系と錐体外路系に分けられる．錐体路は大脳皮質運動野，体性感覚野などからおこり，大部分の神経線維が延髄の錐体で交叉して反対側に移行し，脊髄に下行する．つまり，錐体路系はからだの反対側の下位運動ニューロンに影響して，巧妙な，学習によって習得した随意的な運動を開始させる．犬の錐体路線維は脊髄全域に達し，その50％が頸髄に，20％が胸髄に，30％が腰仙髄に終止する．霊長類や食肉目(犬，猫など)では錐体路の軸索は前肢にも後肢にも至るが，馬では前肢のみである．錐体路系が高度に発達したヒトでは，錐体路系の病変は身体の反対側に重篤な脱力をひきおこす．しかし，犬などほとんどの動物においては，錐体路系は霊長類ほど発達しておらず，錐体路系の病変ははるかに軽い反対側の脱力をひきおこすのみで，ほとんど歩行に影響しない．錐体外路系は錐体路系に比べ，はるかに複雑である．錐体外路は脳幹からの4つの主要な下行路から構成され，脊髄の下位ニューロンに影響を与える．錐体外路系はからだを地面へ引っ張ろうとする重力に抵抗する伸筋(抗重力筋)を支配し，無意識下で姿勢を維持する働きをしている．錐体外路系の病変は不随意的な運動や筋緊張の変化，あるいは姿勢の異常をひきおこす．随意運動は姿勢の調節を必要とするので，これらの2つの系は協調して働かなければならない．この2つの系の協調は小脳で行われる．

錐体外路系は多シナプス性であるので破線で示した．線の太さはその重要性を表わしている．

K. M. Dyce, W. O. Sack and C. J. G. Wensing, Textbook of Veterinary Anatomy, Second Edition, W. B. Saunders Co. (1996)より

自律神経

　自律神経系は平滑筋，心筋，あるいは腺組織を支配し，血圧，心拍，消化管運動あるいは瞳孔の直径など，無意識下の生体機能を調節している．

　体性神経系の細胞体は脊髄内にあり，骨格筋まで軸索が直接伸びて，そこで最初のシナプスをつくる．しかし，交感神経系は脊髄の胸腰部から出て，一般に短い節前線維と長い節後線維の2つの神経をもっている．節前神経の細胞体は脊髄内にあるが，その軸索は節後神経とよばれる2番目のニューロンに接続している．節後神経の細胞体は集まって神経節をつくる．副腎髄質は唯一の例外であり，少数の交感神経節前線維が直接副腎髄質に入っている．

　副交感神経系は脳幹と仙髄から出て，交感神経系とは逆に長い節前線維と短い節後線維をもつ．長い節前線維は標的器官のなかあるいはそのそばにある副交感神経節に至り，そこで短い節後線維にシナプス結合する．

　交感神経系と副交感神経系はともに，生体の恒常性（ホメオスタシス）の維持に重要であるが，両者の機能は異なる．一般的に，交感神経系の活動が亢進すると，副交感神経系の活動が抑制され，この逆の現象もみられる．この神経機構を相反性神経支配とよぶ．

　肉体的あるいはある種の精神的ストレスにおいては，交感神経系が一体となって発火（興奮）し，身体を広範囲に刺激する．心拍数や血圧の増大，瞳孔の散大，血中のグルコースや遊離脂肪酸の上昇などを誘起する．これによって，エネルギーをつくり，ストレスから身を守る．場合によっては，相手を攻撃する．交感神経系は，いわば生体防御の最前線で働く重要な動物機能である．

　これに対して副交感神経系は，栄養など成長にかかわる．たとえば副交感神経系の興奮は，消化液の分泌や消化管運動の増加，あるいは幽門括約筋の弛緩などを誘起し，食物の消化吸収を促進する．

　多くの内臓機能は，自律性反射により調節されている．自律性反射は極めて共通性が高く，各器官系で同じように働いている．いくつかの例をあげてみよう．

　[血圧調節]　内頸動脈および大動脈における伸展受容器が末梢血圧を検出する．血圧が正常の上限を越えると，交感神経系のアドレナリン作動性血管収縮神経が抑制され，血圧は正常範囲内へと低下する（しかし，高血圧のヒトではこのような反射が起こらないといわれ，現在の重要な研究課題となっている）．

　[瞳孔の光反射]　閃光が動物の眼に当てられると，光は網膜の光受容器を刺激する．生じた活動電位は視神経を通って脳幹に伝えられ，数個の介在ニューロンを介して副交感神経を刺激し，縮瞳筋を収縮（縮瞳）させる．

　[唾液の分泌]　摂食が予期されると，副交感神経が刺激され，唾液の分泌が起きる．パブロフの実験では，犬の唾液腺に分布する副交感神経の興奮がベルの音によってひきおこされている．この場合，犬はベルの音を聞いた後，摂食を予期するようにあらかじめ訓練されている．この実験は，中枢神経系が消化機能を制御できることを最初に実証したもので，「パブロフの犬」として有名である．

　直腸や膀胱が充満するとおこる排泄など多くの自律性反射がある．このような反射は神経系に広く存在し，環境変化など刺激に対して動物は無意識のうちに反応し，自らの健康を維持している．

自律神経系の機能

器官	副交感神経系効果	交感神経系効果
心臓	機能低下	機能亢進
血管		
皮膚・粘膜	—	収縮
骨格筋	拡張	拡張
冠状	拡張	収縮または拡張
腹部	拡張	収縮
肺	拡張	収縮または拡張
眼		
散瞳筋	—	収縮（散瞳）
縮瞳筋	収縮（縮瞳）	—
毛様体筋	収縮（近順応）	弛緩（遠順応）
気管支	収縮	弛緩
分泌腺		
汗腺	全身的な分泌	軽度の局所的な分泌
唾液腺	多量の希薄な分泌	濃厚で粘稠な分泌
涙腺	分泌	—
胃	分泌	抑制
膵臓	分泌	抑制
肝臓		グリコーゲン分解
副腎髄質		分泌
平滑筋		
皮膚（立毛筋）		収縮
胃・第一胃，小腸	緊張，運動亢進	緊張，運動低下
括約筋	弛緩	収縮
子宮（犬・猫）		
妊娠		収縮（アドレナリン）
非妊娠		抑制（アドレナリン）
乳汁排出		抑制
膀胱	収縮	弛緩
排尿筋	収縮	弛緩
括約筋	弛緩	収縮
胆嚢	収縮	弛緩
脾臓		収縮
血液凝固		時間短縮
雄性器	勃起	射精
血糖		増加

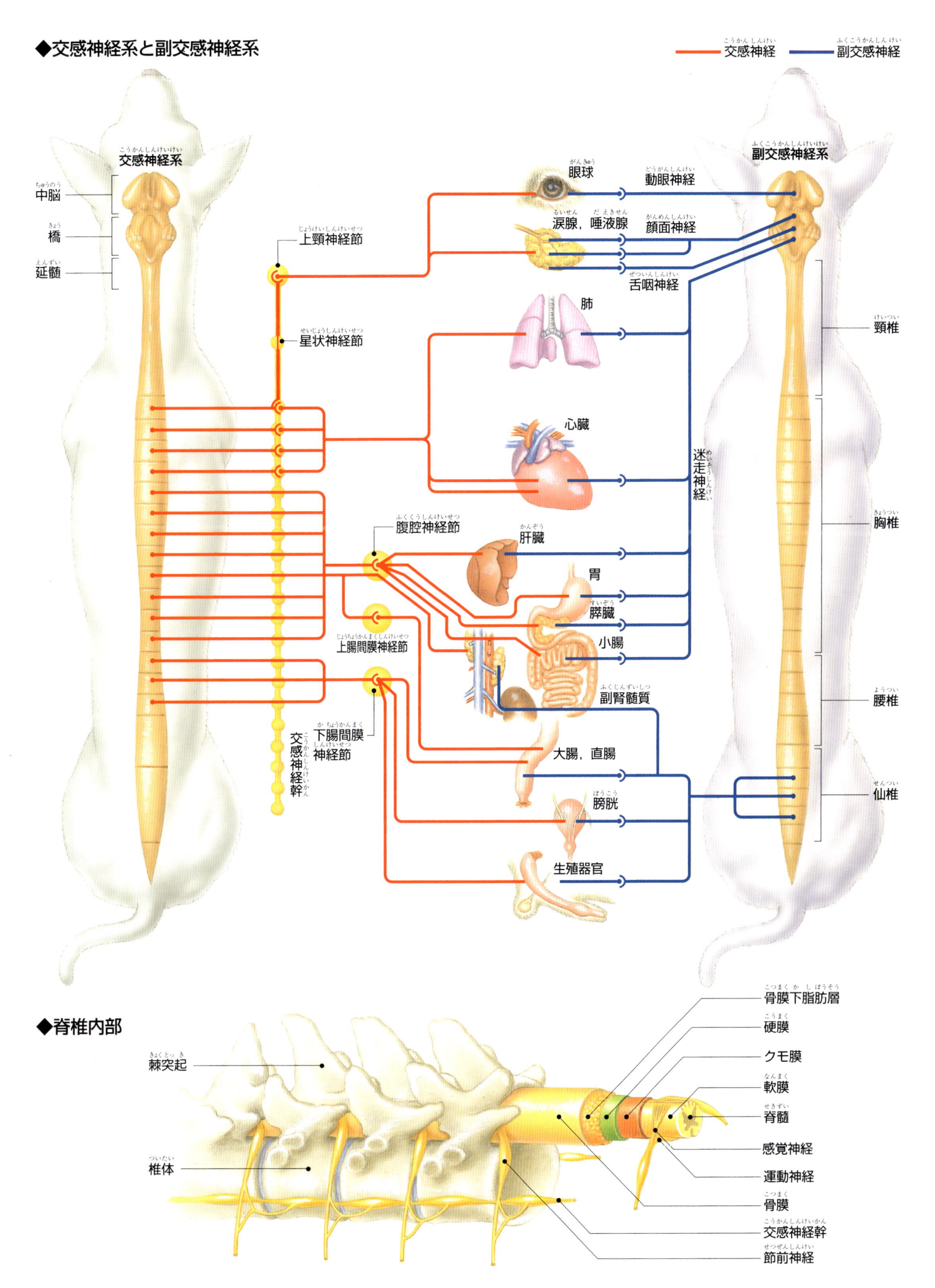

◆交感神経系と副交感神経系

——— 交感神経　——— 副交感神経

交感神経系
- 中脳
- 橋
- 延髄

上頸神経節
星状神経節
腹腔神経節
上腸間膜神経節
下腸間膜神経節
交感神経幹

副交感神経系
- 頸椎
- 胸椎
- 腰椎
- 仙椎

眼球 — 動眼神経
涙腺, 唾液腺 — 顔面神経
舌咽神経
肺
心臓
迷走神経
肝臓
胃
膵臓
小腸
副腎髄質
大腸, 直腸
膀胱
生殖器官

◆脊椎内部

- 棘突起
- 椎体
- 骨膜下脂肪層
- 硬膜
- クモ膜
- 軟膜
- 脊髄
- 感覚神経
- 運動神経
- 骨膜
- 交感神経幹
- 節前神経

感覚器系
嗅 覚

　古くから犬の嗅覚が鋭いことはよく知られている．昔も今も狩猟には嗅覚のすぐれた犬が使われ，近年，警察犬や麻薬犬が鋭い嗅覚を使って犯人や麻薬の発見に活躍している．

　においの感覚は，においのみから得られる場合と，味との組み合わせから得られる場合がある．ヒトに比べて犬はにおいに依存する度合いが著しく高い．

【鼻腔の構造】

　嗅覚の感度は，鼻腔の構造に基づいている．嗅覚は，鼻腔の嗅上皮の嗅細胞によって感受される．嗅上皮の表面積は，ヒトの3～4cm²に対して，犬では格段に広く18～150cm²である．

　嗅上皮の粘膜はボーマン腺から分泌される粘液の層におおわれており，においの感覚をもたらす空気中の分子は，感知される前にまずこの粘液に溶けこむ．この粘液中には嗅細胞からの線毛が分布しており，においを受容体に導く．犬の線毛は他の動物に比べて長く，また本数も多い．嗅細胞の間には支持細胞があり，支持細胞からは多数の微絨毛が粘液中に伸びている．嗅細胞および支持細胞ともつねに新生している．この構造は，栄養素をむだなく消化吸収する消化管の仕組みとよく似ている．

　犬には副嗅覚器として鋤鼻器（ヤコブソン器官）がある．鋤鼻器は1対の液体を満たした囊からなり，上顎の切歯のすぐ後方から鼻腔内へ抜ける細い管で鼻口蓋管とつながっている．ヒトや霊長類では，鋤鼻器は発育不全で分散しているか，欠如している．

　最近の報告では，さまざまな動物種の鋤鼻器は，性行動に関するにおい（フェロモン）を感知していることが明らかになっている．

【嗅　　覚】

　湿った鼻は一般に健康のしるしとみなされている．外側鼻腺の分泌物は，犬どうしが出会ったとき，向かい合い，顔と顔をつけて，ともにクンクンかぐことによってお互いを知る社交的意義をもっているのかもしれない．

　一方，嗅覚としても重要な役割を果たしている．鼻がぬれている犬は，人間が指をなめて立てているのと同じで，風向きを感知しにおいのする方向を定めることができるのである．

　嗅上皮の粘液で逃すことなくキャッチされたにおいの分子は，豊富な感覚受容器に伝えられ，電気信号に変換される．嗅細胞の軸索は嗅神経となって，大脳の嗅球に投射する．嗅球情報は嗅球から視床を介して，大脳皮質の嗅覚野に送られる．

◆鼻腔の構造

嗅覚の感度は鼻腔の構造に基づいているが，犬の鼻腔はたぐいまれな構造をもつ．ヒトの数十倍に及ぶ嗅上皮面積の広さ，数層に配列した嗅細胞のほか，血管系の発達もみのがせない．このすぐれた嗅覚により，犬はさまざまな分野で抜群の活躍をしている．

嗅覚いき値の比較（空気1ml中の分子数）

有香物質	臭気	ヒト	犬	犬／ヒト
酢酸	酸臭	5.0×10^{13}	5.0×10^{5}	1億倍
酪酸	腐敗バター臭	7.0×10^{9}	9.0×10^{3}	80万倍
吉草酸	吉草根の香気	6.0×10^{10}	3.5×10^{4}	170万倍
エチルメルカプタン	ニンニク臭	4.0×10^{8}	2.0×10^{5}	2000倍
α-イオノン	スミレの花臭	3.0×10^{8}	1.0×10^{5}	3000倍

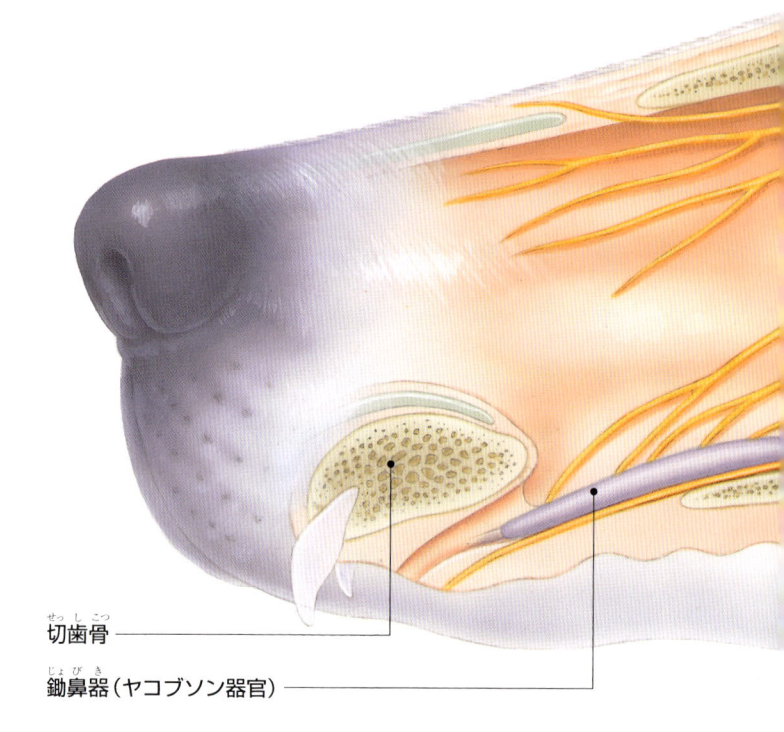

切歯骨

鋤鼻器（ヤコブソン器官）

▶麻薬探知犬

マリファナ，コカイン，ヘロインなどの麻薬の探知には犬の嗅覚の優秀さが利用されている．この写真は関西空港で大阪税関の担当者と麻薬探知犬の捜査風景である．
（写真提供：共同通信社）

　犬はよく発達した嗅覚をもっていると同時に，容易に訓練することができる．

　この能力が，狩猟，追跡あるいは探索に使われている．犬の追跡能力は汗に含まれる揮発性脂肪酸を感知する能力

▶嗅細胞と嗅神経

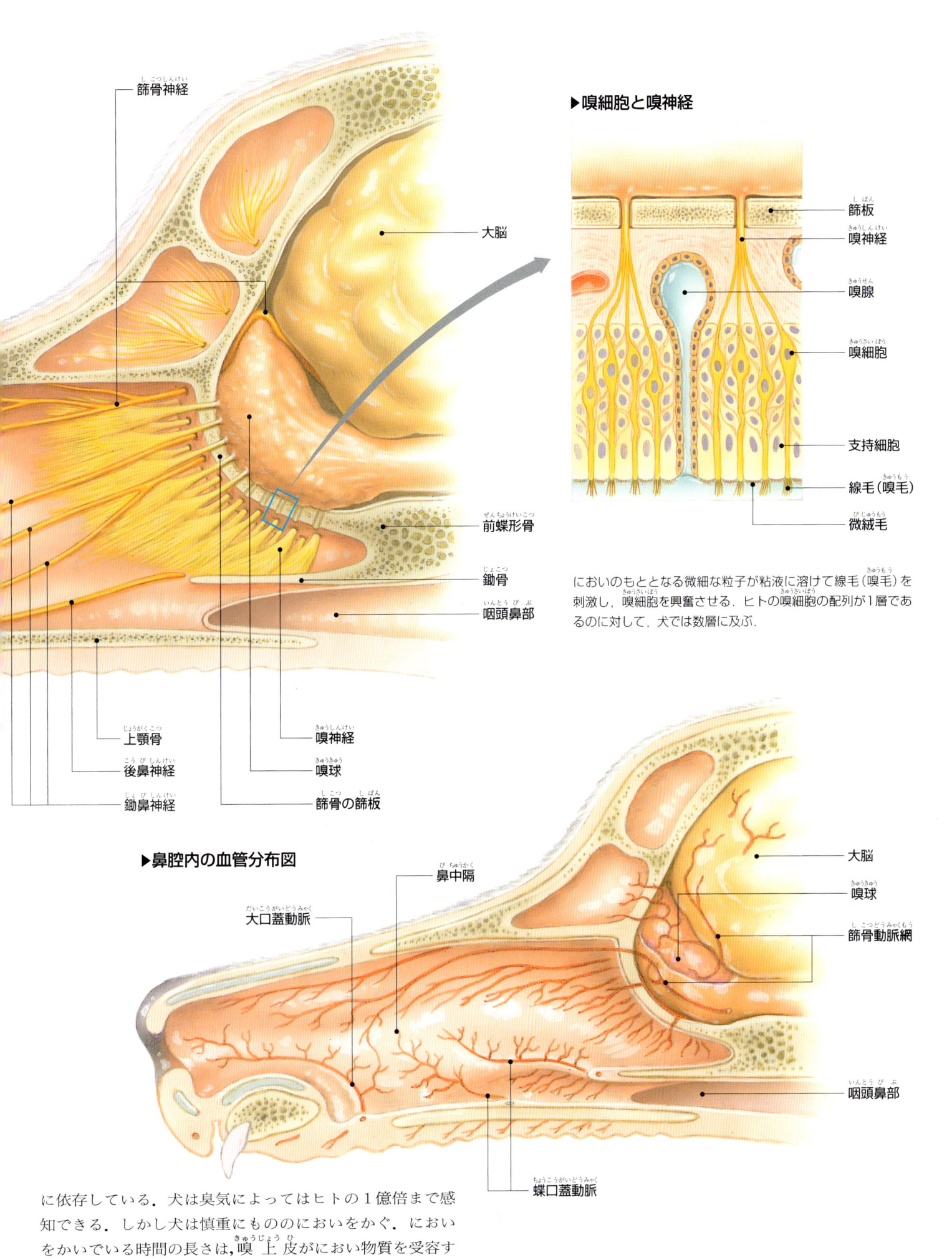

においのもととなる微細な粒子が粘液に溶けて線毛(嗅毛)を刺激し,嗅細胞を興奮させる.ヒトの嗅細胞の配列が1層であるのに対して,犬では数層に及ぶ.

▶鼻腔内の血管分布図

に依存している.犬は臭気によってはヒトの1億倍まで感知できる.しかし犬は慎重にもののにおいをかぐ.においをかいでいる時間の長さは,嗅上皮がにおい物質を受容するための最適な時間なのである.

H. E. Evans, Miller's Anatomy of the Dog, Third Edition, W. B. Saunders Co. (1993)より

聴覚

自然界に存在するいろいろな周波数の音のなかから犬は65～50,000Hz（ヘルツ）の周波数の音をとらえることができる。ヒトの耳は16～20,000Hzで，普通の会話の周波数の範囲は200～4,000Hzである。周波数の高いほうが高音として聞こえる。

【耳の構造】

外耳は耳介，耳道からなり，中耳は鼓膜，耳小管とよばれる小さな骨から構成されている。音波すなわち外界（おもに空気）の内圧変動は，外耳道を通って鼓膜を振動させる。鼓膜の振動は，これに連なる耳小骨によって増幅されて内耳に伝えられる。内耳では，蝸牛管のコルチ器官に存在する有毛細胞に感受される。

内耳は微細な構造で，犬では全長約12mm以下であり，適切な機能を保護するため側頭骨岩様部に完全に包まれている。内耳は，聴覚受容器のある蝸牛と，平行感覚受容器のある前庭器官とに分けられる。蝸牛は，らせん形に巻かれた管で，蝸牛の内部は，基底膜と前庭膜によって前庭階，蝸牛管，鼓室階の3つの階に分けられている。それぞれの階はリンパ液で満たされている。蝸牛管を満たしているリンパを内リンパ，前庭階と鼓室階を満たしているリンパを外リンパとよぶ。蝸牛管の基底膜上にコルチ器官があり，その中に聴覚受容器である有毛細胞が並んでいる。鼓膜に起こった振動は，前庭階を経て外リンパに伝わり，前庭階を介して内リンパを振動させて，基底膜の有毛細胞を刺激し，興奮させる。

【聴　覚】

有毛細胞の興奮は，求心性神経の蝸牛神経に伝えられる。この電気シグナルは延髄から視床を通って，大脳皮質の聴覚野に送られる。ヒトの可聴域（16～20,000Hz）に比べ，犬は数倍高い周波数の音を聞く能力がある。この違いは，有毛細胞の数あるいは増幅系よりも，有毛細胞あるいは聴覚野の感受性の違いによるものかもしれない。

他の哺乳動物，とくにネズミなどの齧歯類は非常に高い周波数の音を聞く能力があるが，これは超音波によるコミュニケーションに関係している。犬に指示する方法として超音波の笛（犬笛，約30,000Hz）を用いるが，成犬が超音波でコミュニケーションをしているという証拠はない。同じ周波数の2つの音の大きさを識別する能力に関しては，ヒトの聴力は，犬そしておそらく猫よりもすぐれていると思われる。ヒトの耳は周波数が約5,000Hz以下であれば，周波数が似かよっている音の識別能力においてもすぐれており，持続時間の非常に短い音を識別する能力も，犬や猫よりすぐれている。ヒトにおけるこの能力は言語の複雑な音を聞き分けるのに必要不可欠であろう。

犬種による聴力の違いはほとんどみられない。聴力とかからだの大きさにも相関はない。犬のもっとも感度がよい周波数は8,000Hz付近で，65Hz以下は聞こえない。またダックスフンドの耳が開くようにテープでとめても聴力に変化はみられない。耳介の役割は音を集中させることであり，耳介の形や立ち方は音を聞く能力よりも音に集中する能力に影響を与えているのである。

【平衡感覚】

ヒトは2本の足で歩くために視力とは独立したからだの

◆聴覚器官

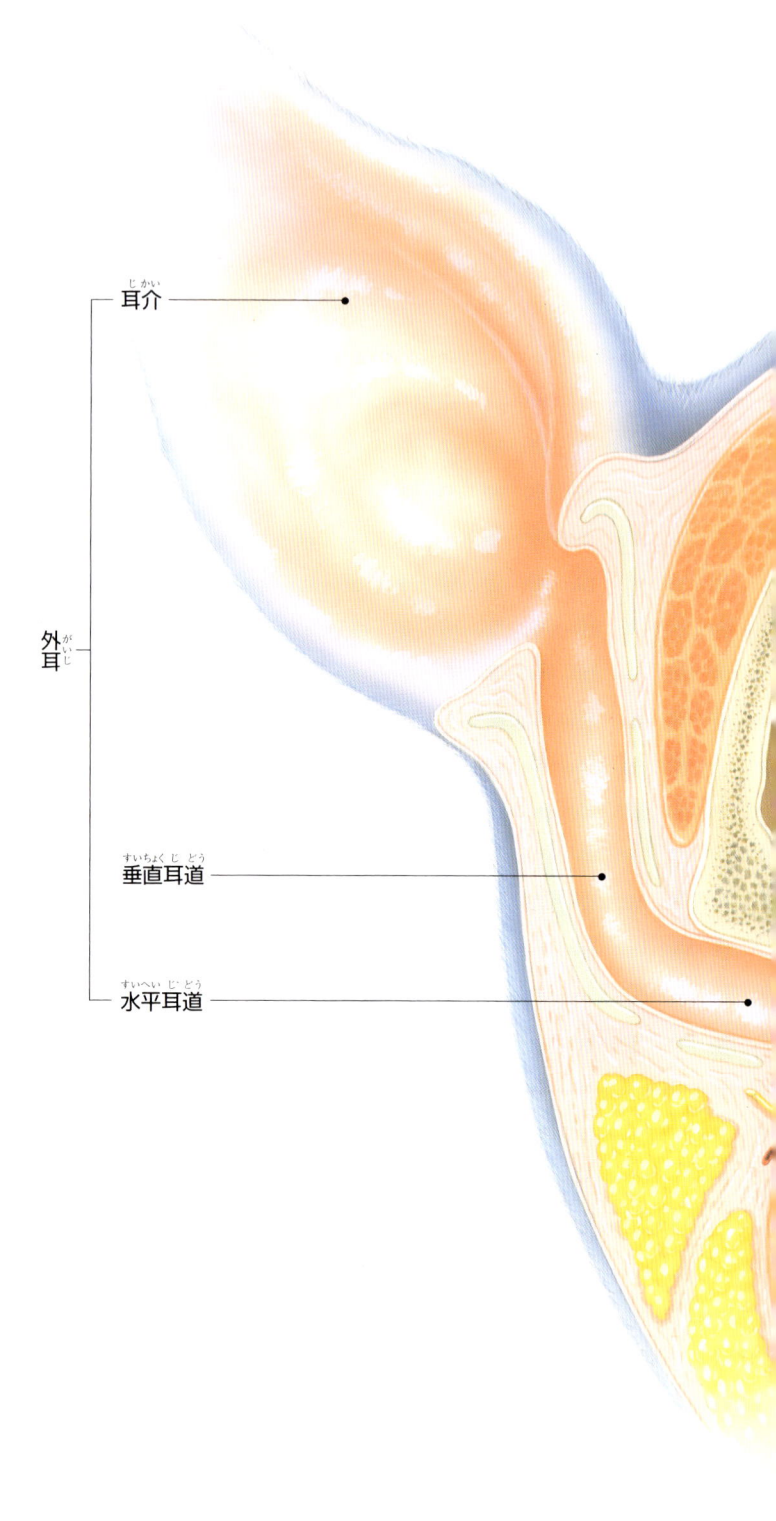

- 耳介
- 外耳
- 垂直耳道
- 水平耳道

▶内耳の構造

蝸牛
半規管
蝸牛神経
前庭神経

▶コルチ器官の断面

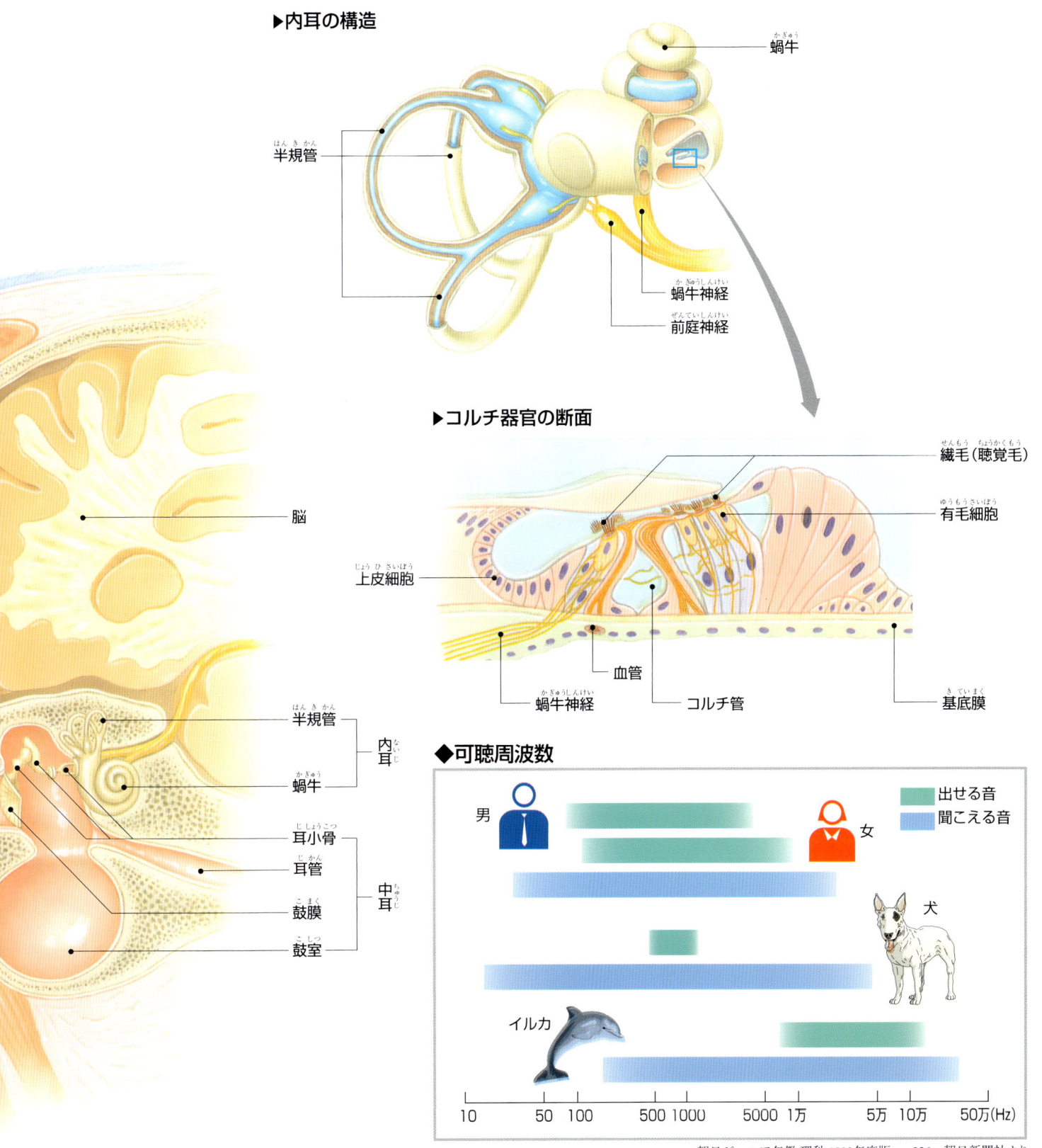

脳
上皮細胞
蝸牛神経
繊毛（聴覚毛）
有毛細胞
血管
コルチ管
基底膜

半規管
蝸牛
耳小骨
耳管
鼓膜
鼓室

内耳
中耳

◆可聴周波数

男　女
出せる音
聞こえる音
犬
イルカ

10　50　100　500　1000　5000　1万　5万　10万　50万(Hz)

朝日ジュニア年鑑 理科1992年度版, p.326, 朝日新聞社より

バランスを保つ機構をもつ必要があった．このバランスをとる主要な器官が内耳を構成している前庭系である．4本足で歩く犬でも平衡感覚は必要であるが，ヒトや猫ほど研究されていない．

一般的に，平衡感覚は重力の変化や直線運動および回転運動の速度の変化，すなわち加速度を感じとるものであり，身体や頭部の空間における位置や運動の知覚に重要な働きをしている．ヒトはこれを手がかりとして適切な姿勢をと

り，身体を安定させることができる．

平衡感覚は，内耳の前庭器官で受容される．前庭器官は球形嚢，卵形嚢および3つの半規管（三半規管）よりなる．いずれも内部にある有毛細胞が感覚受容器として働く．回転加速度のあるときには，三半規管のなかのリンパが回転にともなって流れをおこし，有毛細胞が刺激される．

ヒトとは違って犬の車酔いは平衡感覚よりも，においによる嗅覚系の刺激による場合が多い．

視　覚

　犬も猫も，ヒトにとって最適な明るさよりも弱い光，つまり暗がりでもっともよく見えるようになっている．犬の視力は猫のおよそ半分である．物体の大きさ，色，明るさに関する情報を受け取る眼は，カメラに似ている．カメラのレンズにあたる部分が水晶体であり，入ってくる光を屈折させる働きをしている．カメラの絞りにあたる部分が虹彩であり，入ってくる光量を調節する．感光フィルムに相当する部分が網膜であり，焦点を合わせた物体の形は網膜の上に像を結ぶ．

【網膜の構造】

　視覚の受容器は，眼球壁の最内層にある網膜に存在する．網膜は層構造をなしている．外側は視細胞よりなる視細胞層，中間は双極細胞，水平細胞，アマクリン細胞よりなる内顆粒層，内側は神経節細胞よりなる神経節細胞層の3層に分けられる．

　視細胞は光受容器で，細胞中に感光色素を含む．視細胞には錐状体細胞と桿状体細胞がある．錐状体細胞は明るいところで働き，色を感じ取るが，桿状体細胞は薄暗いところで働き，明暗を感ずる．

　視覚情報のおもな経路は，視細胞―双極細胞―神経節細胞であるが，水平細胞とアマクリン細胞はこれを修飾する働きがある．網膜の神経節細胞の軸索は集まって視神経となり，視交叉を経て視床，大脳皮質の視覚野に至る．

【視　力】

　犬では，弱い光でも反応する網膜の受容体（桿状体）の最高密度は，ヒトより高い．一方，光が十分にある場合に働く感度の低い受容体（錐状体）の数はヒトに比べ非常に少ない．ヒトにおける結像の中心は錐状体の密度が高く，桿状体がまったくない中心窩とよばれる網膜の特殊な部位にある．中心窩は犬の網膜にも観察される．網膜上で錐状体の密度がもっとも高いのもこの部位であるが，それでも錐状体の数はヒトの1／6以下である．

　犬には，網膜の直下に反射細胞の層であるタペタムがある．これにより光が再度網膜の光受容体に到達できるようになるので，眼の光集合効率は約40％増強する．しかしながら，わずかではあるが2度目も網膜で吸収されない光がある．これは夜，光が犬の眼に真っ直ぐに入ったとき，黄緑色の眼の輝きとしてみられる．

　犬は近くのものに焦点を合わせることがむずかしい．ジオプトリ（D）であらわされる眼の屈折力は，焦点距離（m）の逆数で示されるが，たとえばヒト若齢者の正常な眼の場合，無限大の距離（1／∞＝0）から10cmの距離（1／0.1m＝10ジオプトリ）まで調節可能である．水晶体の弾力は，年齢とともに減少して厚みの増加が困難になるので調節力，すなわちジオプトリは小さくなる．ところが犬では約1ジオプトリであり，100cmよりも近い距離でははっきりともの

◆反射板による眼色の変化

網膜の直下に反射細胞の層であるタペタムがあるため，夜，光がまっすぐに眼に入ると，黄緑色に反射する．　　　　　　　　　　　（写真提供：片倉和夫氏）

◆動物の視野と立体視野

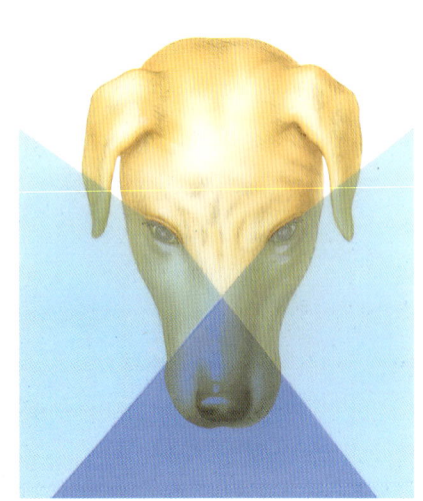

□ 単眼視　■ 両眼視

犬

この犬は眼の位置が比較的顔の前面に位置しているため広めの両眼視野（立体視野）を有している．

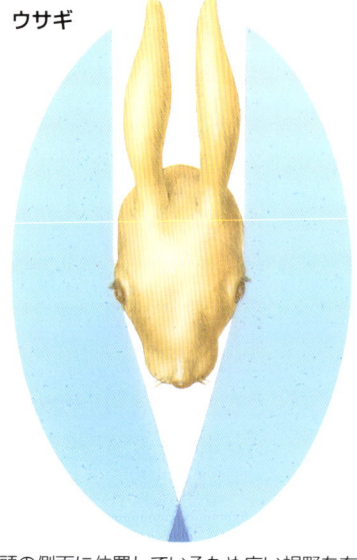

ウサギ

眼が頭の側面に位置しているため広い視野を有している．しかし両眼視野はわずかである．

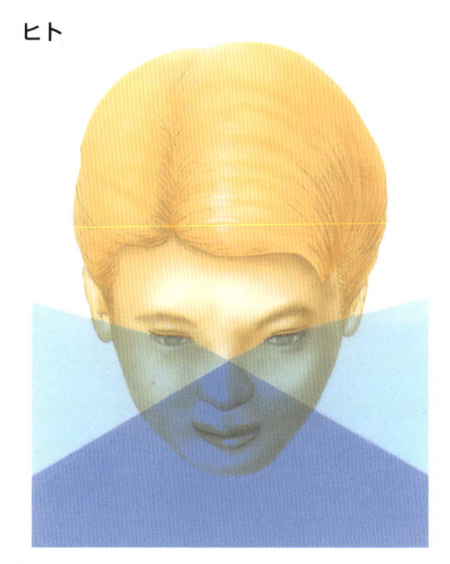

ヒト

眼が顔の前面に位置しているため，広い両眼視野を有する．

を見ることができない．しかし正確に焦点を合わせる能力は，訓練することにより矯正が可能である．

　一眼でみることができる空間的な広がりを視野とよぶ．両眼による視野は中央で重複している．犬種により眼の位置が大きく異なり，視野に顕著な差がみられる．広い視野をもつ動物は概して臆病である．肉食動物に捕食されるような草食動物では眼が頭の側面に位置しているため，広い視野を有している．ウマは頭を持ち上げたり，草を食べたりするときには，360度の視野で物を見ることができる．肉食動物の襲撃から自らを守るために発達した感覚の一つであろう．

　明るい光のもとでは，桿状体よりも錐状体がおもに作動している．犬の眼は赤色に反応する錐状体の数が非常に少ないといわれている．明るいときには，赤色はほとんど見えず，2つの色，つまり青と緑色，そして2色の混合色を見ている可能性が高い．

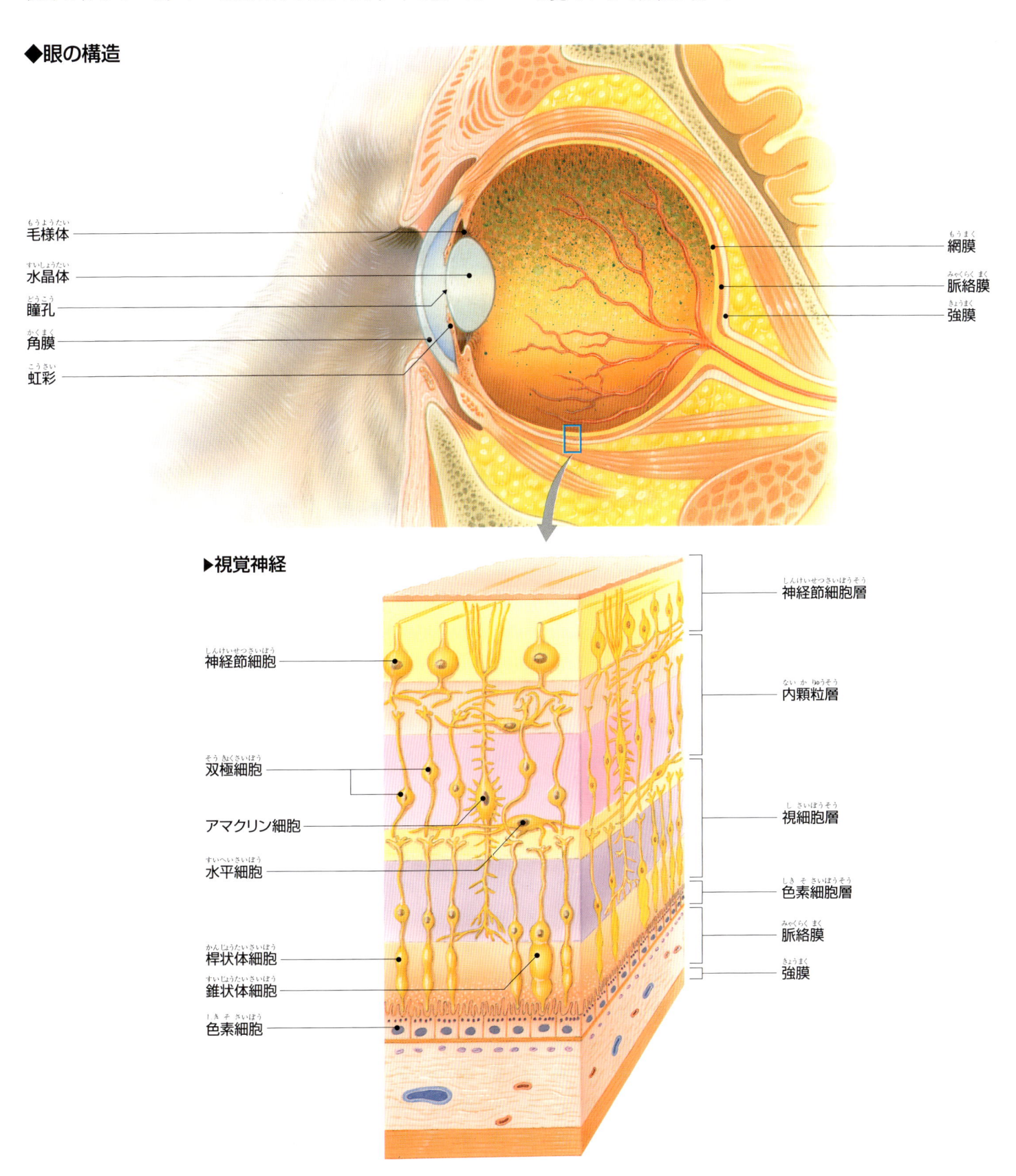

◆眼の構造

▶視覚神経

味 覚

味覚は嗅覚とともに，水に溶けた化学物質が感覚上皮に作用して生ずる感覚である．味覚や嗅覚は通常，快や不快の情動をともない，本能行動に直接結びつくものである．ヒトでは視覚，聴覚，皮膚感覚などに比べてそれらの重要性は低いが，動物にとっては生命維持に不可欠な感覚である．

【味刺激の受容機構】

味の基本感覚は，甘い，酸っぱい，苦い，塩からいの4つに区別されている．これらが組みあわされて，多様な味が構成される．犬では，甘味と塩味は茸状乳頭の存在する舌尖で，酸味は舌全体で受容されている．舌のつけ根にある有郭乳頭では酸味だけが受容される．犬の苦味の受容は明らかでない．

味覚は，舌の表面にあるつぼみの形をした味蕾とよばれる構造で受容される．犬の味蕾は直径約30μmの円形構造をしており，その数は2千弱との報告がある．味蕾の数は，動物種によって大きく異なり，ヒトでは数千個である．水に溶けた化学物質は，味蕾の開口部（細孔）から入って味細胞に作用する．味細胞の興奮はその基底部にシナプス連絡している求心性線維により，中枢神経系に伝達される．犬を含む多くの哺乳動物では，舌の前方2／3にある味蕾からの情報は顔面神経分枝である鼓索神経，後方1／3に分布する味蕾からの情報は舌咽神経によって伝えられる．味覚の情報は延髄でニューロンを変えて視床へ連絡し，大脳皮質の味覚野に送られる．

味細胞の寿命は短く，10日くらいで新しい細胞と入れかわる．新しい細胞は，基底細胞からつくられる．

【味　　覚】

犬では砂糖に反応する味蕾の数がもっとも多く，これが彼らが甘いものを好む理由である．単糖類，二糖類，サッカリン，その他の人工甘味料など多数の糖類がこれらの受容器を刺激するが，もっとも強い刺激となるのは甘く感じる"甘いアミノ酸"といわれるものである．2番目に多く見られるのは酸に対する受容器である．

雑食性の犬では，果物などに含まれる消化のよいエネルギー源である糖や他の甘味物質を感知するすぐれた能力を保持している．

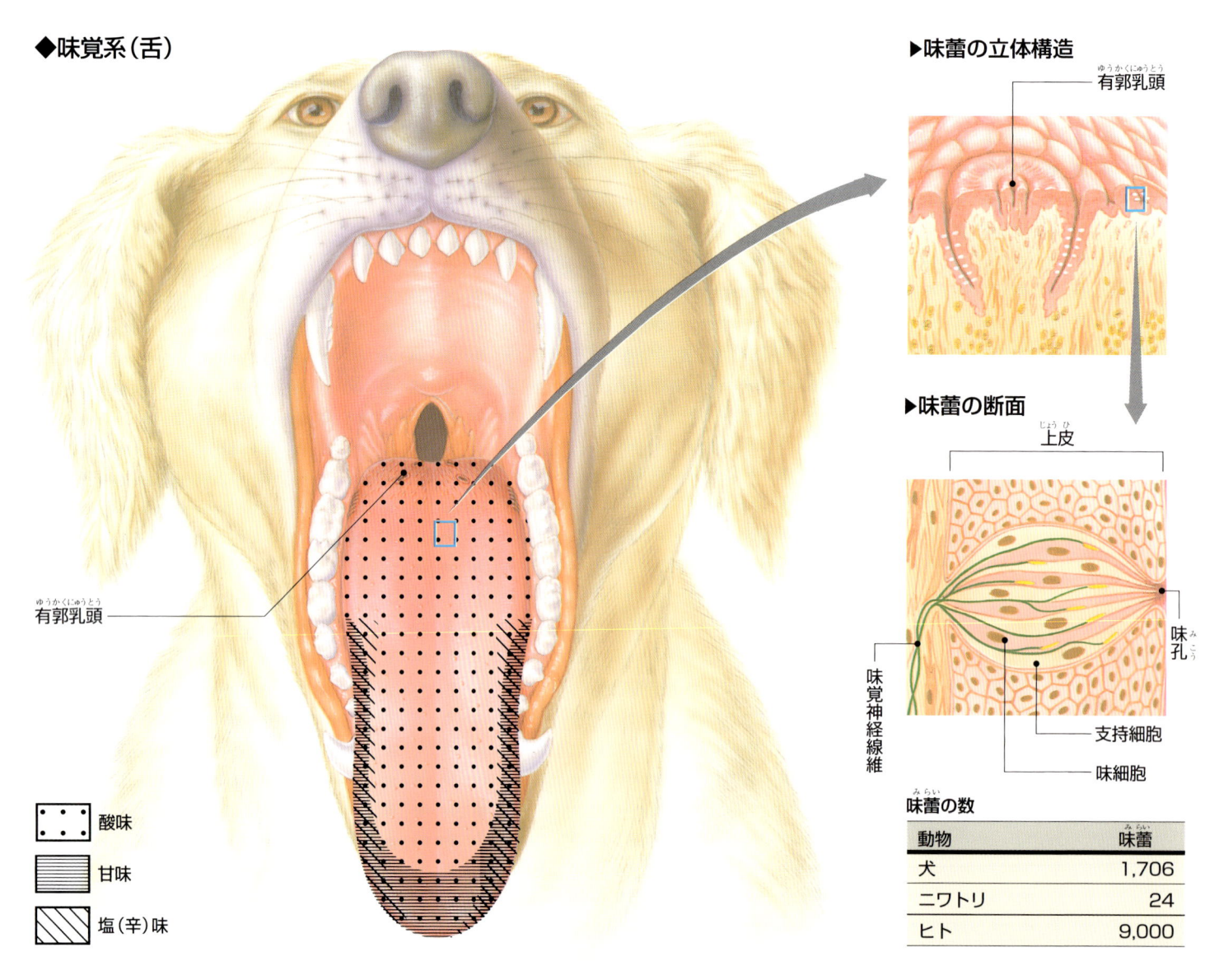

◆味覚系（舌）

▶味蕾の立体構造

▶味蕾の断面

動物	味蕾
犬	1,706
ニワトリ	24
ヒト	9,000

味蕾の数

行動学

- 正常行動
- コミュニケーションと子犬の行動発達
- 問題行動
- 問題行動の予防と治療

正常行動

　犬の生態や行動の特徴には，オオカミと共通する部分が多い．しかし，なかには家畜化の影響によりかなり変化している部分もみられる．

　また，さまざまな純粋犬種をみるとわかるように，犬には，体格や被毛の長さや毛色，その他の形態的特徴の著しい差異がみられる．人が犬を家畜としてさまざまな用途に利用するため，それぞれの目的に適した性質をもつものを選んで交配（選択的育種）をくりかえしてきた結果，こうした品種の多様化がおこったと考えられるが，用途の異なる犬種では，形態的特徴ばかりでなく行動の特徴もある程度異なる方向に分化してきたと考えられる．牧羊犬，番犬，愛玩犬など人間側の用途が異なればそれに応じて，望ましい行動の特徴も当然異なるからである．

　さらに，1頭1頭の犬の行動の特徴を考えた場合，犬種による差以上に1頭1頭の違い（個体差）がきわめて大きいこともあげられる．

　こうした理由から，犬の行動や心理を正しく理解するには，

(1) 基本的にはオオカミと似た部分が多いが，すべてをオオカミに基づいて解釈しようとするのは妥当ではない
(2) 犬種が異なれば，行動や心理に違いが生じる
(3) たとえ犬種が同じでも，すべての犬に当てはまらない場合がある

に留意することが重要である．

　原則として犬という種全体に共通する正常行動の特徴として，次のようなものがあげられる．

●優位性行動と服従性行動

　犬はオオカミと同様，高度の社会性動物であり，自然の環境下では複数の個体が群れを形成して生活をともにしている．群れに所属するおのおのの個体の間には特定の関係ができるが，その根幹になるのが優位関係である．優位の動物は劣位の相手に対して，食物，休息場所，交配相手その他，生存に重要な資源を優先的に獲得する．このような優位関係により，かぎられた資源をめぐって群れのメンバーの間に競争による深刻な闘争がおこるのを防いでいる．

　人為的な環境であっても，複数の犬がいっしょに生活している場合には，それぞれの犬の間に優位関係が生まれるのである．

　優位の犬と劣位の犬の間には，優位性や服従性を示すさまざまな行動がみられる．それは歯をむきだしたり，うなったりといった威嚇や，ときにはかむなどの攻撃という明らかな形をとることもあるが，微妙な表情の変化や動作の一瞬のやりとりであることも多く，その場合は人の目には

▶優位と服従の表現（2）

左の犬が優位，右の犬が劣位．

▶優位と服従の表現（3）

積極的服従（右の犬）．

▶優位と服従の表現（1）

左の犬が優位，右の犬が劣位．

▶捕食性行動

相手を見据えて忍び寄るボーダーコリー．

わかりにくい．

　家庭に飼われている犬は，飼い主と同一家庭内に同居する人々を自分の群れとみなしているため，そうした人々に対して服従性行動（姿勢，表情を含む）がみられるのが普通である．犬の服従性行動には，オオカミ同様，起源の異なる2つのタイプがある．受動的服従では，犬はあおむけに寝転がって後ろ脚を開き，陰部を露出する．ときには，その姿勢のまま少量の尿をもらすこともある．この受動的服従は，子犬が母犬に陰部をなめてもらって排泄をうながしてもらう行動に由来している．一方，犬がすわった姿勢から人の顔を上目づかいに見上げて舌を出し，人の顔や口元に顔を寄せてなめようとしてくるのは積極的服従とよばれ，子犬が母犬に食物をねだる行動に由来すると考えられているものである．

●捕食性行動

　野生のオオカミは群れの中で役割を分担し，組織だった狩りをして獲物を捕らえてそれを食料としている．家畜化され，人間とともに暮らしている現代の犬では，このように獲物をとって食べるという捕食の必要も機会もあまりないはずであるが，こうした行動への衝動は残っているのである．

　すなわち犬が猫や小鳥を熱心に追いかけようとする捕食性行動は，この狩猟行動に由来している．犬の捕食性行動は家畜化の影響によりかなりそのあり方が変化している．本来の捕食ならば獲物に目をつけ，忍び寄り，追いかけ，かみついて殺し，食べる，という一連の行動により完結するが，犬の場合はウサギや野鳥などを追いかけてたとえつかまえたとしても，殺したり食べたりするとはかぎらない．また犬がたとえ生き物でなくても，転がるボール，走っている人間，場合によってはバイクや自動車など，すばやく動くものを追いかけようとすることも，すべて一種の捕食性行動なのである．

　この捕食性行動は犬による個体差も大きいが，犬種によっては，人間による選択的育種の結果，捕食性に差が生じたと思われるものもみられる．たとえば，家畜を追いたてまとめるのに捕食性が利用されてきた牧羊犬種（ボーダー・コリーなど）は，この捕食性が非常に強く，ヒツジをはじめ，小動物や動くものを盛んに追いかけようとする傾向にある．一方，外敵が近寄ってこないようにヒツジなど家畜の群れにつきそう仕事に用いられてきた犬種（オールド・イングリッシュ・シープドッグなど）は，こうした家畜に対する捕食性行動がほとんど見られないのが普通である．

●なわばり性行動

　野生のオオカミは自分たちの群れのねぐらおよびその周囲の居住圏をおかすものを撃退しようとするなわばり性を示す．同様に，犬は飼い主の家や庭をなわばりとみなし，近づいてくる飼い主以外の人間や動物からこれを守ろうとする．外来者に対して激しく吠えかかることが特徴で，相

手が引き下がらなければ飛びかかったりかみついたりすることもある．

このなわばり性行動は，なわばりの中心よりも境界付近でもっとも激しい．家庭に飼われている犬の場合は，庭のへいやかき根，玄関先などがなわばりの境界となる．

● 排泄行動

オオカミは土の斜面などに掘った巣穴をねぐらにしており，巣穴をよごさないように自分の巣から離れたところで排泄する習性がある．犬も同じで，自分で歩きまわれるようになるとほどなく，自分の寝る場所をよごさないようにできるだけ離れたところで排泄しようとするようになる．

● 繁殖行動

動物が家畜化されると，一般に野生の祖先に比べて早熟となることが知られているが，犬も例外ではない．野生のオオカミの雌ではおよそ生後2年に達してから最初の繁殖がみられるのに対し，犬は生後1年以内に繁殖能力を備えるようになる．

犬が性成熟を迎えるのは普通生後6ヵ月～10ヵ月に達したころであるが，小型犬は大型犬に比べて早熟である．雄犬では片脚をあげた独特の姿勢で排尿するようになると性成熟したことになる．

この尿のなかに含まれる生化学物質により，自分のなわばりを示したり，発情期の雌犬やライバルの雄犬に自分の存在を知らせたりする．これを尿マーキングとよんでいる．

ただし雄犬が片脚をあげて排尿するとき，どれがマーキングでどれが単なる排泄のための排尿なのかの区別がしにくいことも多い．通常の排尿に比べて極端に少量の尿をあちこちの直立した物質に向かって頻繁にかけるような場合は，尿マーキングである可能性が高い．

雌犬では膣からの出血が見られることで発情が開始したことがわかる．

発情期にある雌犬が近くにいると，成熟した雄犬は尿マーキングをより頻繁に行う傾向があり，ときには雌をめぐって雄犬どうしで争いがおこる．発情期には雌もふだんより頻繁に排尿する傾向がある．

この尿のなかの特有の生化学物質を他の犬がかぐことにより，排尿した犬の性別や性ホルモンの状態などを知ることができるといわれている．

発情期出血が始まった直後には，雌は近づいてくる雄犬を寄せつけようとしないが，しばらくたつと（平均9日後，ただしばらつきが大きい）雄を許容するようになる．この時期に交配がおこって受胎すれば，平均63日の妊娠期間のあとに出産することになるが，自然交配でも人為的に交配した場合でも，受胎率は100％というわけではない．

妊娠しなかった場合，およそ半年に1度の周期で発情をくりかえすものが多いが，発情周期の長さは犬種差や個体差が非常に大きい．周期が短いため年に2回以上発情があったり，逆に長いため年に1回しかないこともある．

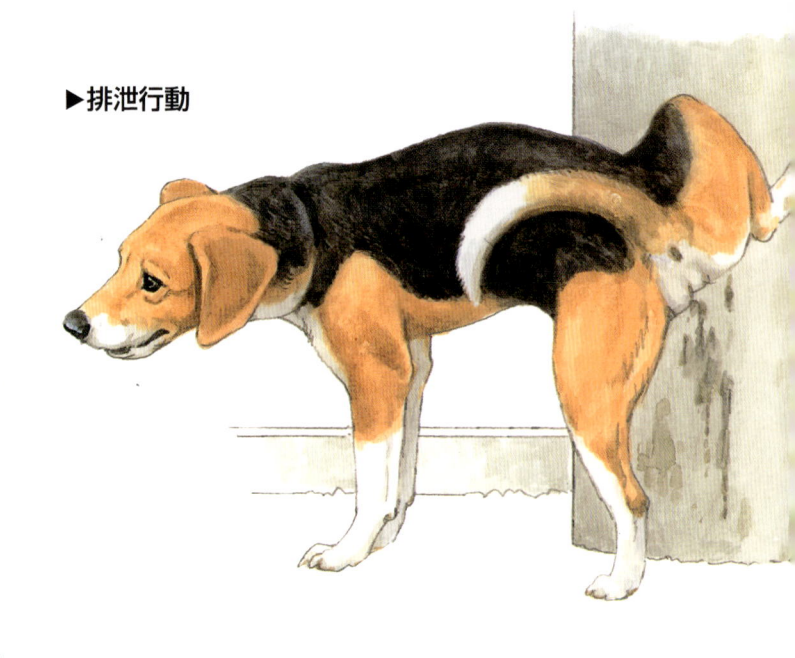

▶排泄行動

▶繁殖行動

▶母性行動

▶探索行動

▶あそび行動

●母性行動

　オオカミの雌は，土の斜面などに掘った巣穴のなかで出産する．同様に，外で飼っている雌犬が妊娠した場合，出産が近づくと人目につきにくい縁の下などの地面に穴を掘ることがあるが，まったくそうしないものもいる．野生の祖先に由来するこうした行動のなごりがみられるかどうかは，犬種や個体による差が大きいものと思われる．

　わが国では犬は安産の守り神とされてきた．しかし，とくに小型犬では難産になるものがけっしてめずらしくないので不安な場合は，あらかじめ獣医師に相談するなどして，母犬と子犬の安全を確保するのに必要な処置を受けられるよう，万全を期しておくことも大切である．

　一度の出産で生まれる子犬の数は，普通2頭から数頭であるが，まれに10頭以上のこともある．分娩の際，子犬は透明の袋をかぶった状態で生まれてくるので，母犬がまずそれをかみやぶって子犬が息ができるようにしてから授乳を始める．

　母犬は幼い子犬を保護し，外敵から守る．とくに子犬がごく幼いうちは，たとえ飼い主や家族，よく知っている人間などであっても，そばに寄せつけないことがある．

　生まれたばかりの子犬は自力で排泄ができないので，母犬が子犬の陰部をなめて刺激し，排泄をおこさせる．このとき母犬は子犬の排泄物を食べてしまう．離乳期になると，母犬は自分の食べた食物を半分消化された状態ではき戻して子犬に与えるが，これはヒトの離乳食と似ている．

　しかし，すべての雌犬が出産後にこうした母性行動を強く示すわけではない．分娩から子犬が成長するまでまったく人間の手助けがいらない母犬がいる一方，まったく子犬の世話をしなかったり，授乳をしない母犬もあるので，その場合には人間が必要な手助けをしなければならない．

●探索行動

　オオカミ同様，犬は地面に鼻を近づけにおいをかいだりしながらゆっくり歩きまわり，目新しいものや注意を引くものがあると，立ち止まって注意深くにおいをかぎ，場合によってはかんでみるなどして，自分の周囲の様子を探る行動が一般的にみられる．

　現代の家庭で飼育されている犬にとっての散歩は，この探索行動にあてられるので犬という生物としての自然な好奇心を満たす貴重な機会なのである．

●遊び行動

　オオカミは，成長して大人になっても仲間どうしでよく遊ぶ動物として知られているが，犬も同じである．

　オオカミや犬どうしの遊びのなかでは，追いかけっこ，とっくみあい，かみつきあいなどがよくおこる．こうした荒っぽい遊びの特徴は，(1)深刻なけがに至らないよう，かむ力が加減されていること，(2)遊びであることを示す独特の表情やしぐさがみられることが多いことであるが，現実には遊びなのか本気なのかの区別がむずかしいことがある．

正常行動 57

コミュニケーションと子犬の行動発達

犬には，視覚，聴覚，嗅覚，触覚を介してのコミュニケーション方法があり，これらは本来，犬どうしの間で何かを伝えようとするためのものであるが，人間に対してもそれを向けてくる．

現実の場面では，これらがいくつも組み合わされて表現されるし，非常にわかりにくい場合もある．したがって目の前にいる犬が心理的にどういう状態であるのか，または何を訴えたいのかを知ろうとする際には，どれか一つのシグナルだけに頼って決めつけるのでなく，あくまでも総合的に判断する必要がある．

●表情や姿勢，動作などによるコミュニケーション

犬が自信に満ちているときにはしばしば，優位と似た表情や姿勢が表われる．一方，犬が恐れを感じているときには，服従とよく似た表情や姿勢がしばしばみられるものである．

犬ではオオカミ同様，優位や服従，あるいは自信や恐れを示す独特の表情や姿勢が非常によく発達しているので，適切な知識さえあればこうした表情や姿勢から，犬の心理的な状態をある程度おしはかることができる．ただし犬種によっては，被毛の色のせいで顔の表情がきわめてわかりにくいものや，表情に乏しいものがいるので注意が必要である．また断尾や断耳などがなされている場合も，シグナルを送る道具としての尾や耳からの情報が得られないぶん，犬の表情や姿勢によるコミュニケーションはわかりにくくなってくる．

●鳴き声によるコミュニケーション

鳴き声はおおまかに，(1)鼻を鳴らす，(2)悲鳴をあげる，(3)吠えるの3種類に分けられるが，それぞれがさらに，意味の異なるいくつもの種類に分かれている．

●嗅覚によるコミュニケーション

わたしたち人間は感知できないためふだんあまり意識していないが，犬は相手を認識する際に，においをもっとも重要な手がかりの一つとして利用している．

オオカミ同様，犬では排便のたびに，肛門の両脇にある肛門嚢の開口部から，肛門腺でつくられた分泌物が少量出される．この分泌物のにおいにより，犬の健康状態や年齢，ホルモン状態などさまざまな情報が近くを通りかかった犬どうしの間でやりとりされると考えられている．

●触覚によるコミュニケーション

このほか，犬では，相手の被毛をなめる相互グルーミングや，前足や体でさわる，体で押しのけるなどの行動にもし

▶**表情や姿勢，動作などによるコミュニケーション(1)**
うつむいて耳を寝せ，尾を脚の間に巻き込んだ，強い服従と恐れの姿勢．

▶**表情や姿勢，動作などによるコミュニケーション(2)**
遊びの姿勢をとりながら吠えて人を誘う犬．

▶**嗅覚によるコミュニケーション**
柱に残された他の犬のにおいの痕跡を調べる犬．

▶**母犬のふれあいと子犬の行動発達**

離乳が近づき，乳房を吸おうとする子犬を威嚇する母犬．

ばしばコミュニケーションの意味がある．これは人の目にはわかりにくいが，相手との親しさを増したり，なだめたり，要求を示したり威嚇したりの意味を持つ．

●**子犬の行動発達の段階**

アメリカの心理学者，J.スコットとJ.フユーラーらは，16年間にわたって犬の行動に関する大規模な研究を行い，1965年にその成果をまとめた．このとき，子犬の行動発達は，(1)新生期，(2)移行期，(3)社会化期，(4)若齢期の各段階に分かれることが世界で初めて明らかにされた．

とくに(3)の社会化期はいっしょに生まれた兄弟の子犬や母犬との接触を通して，犬に対する基本的社会化がおこり，集団のなかでの社会的関係が形成される時期である．すなわち将来犬がヒトと共同生活を営むうえでもっとも重要な時期でもある．社会化とは，相手に応じた適切な行動をとる能力を，接触を通して獲得することを指す．

また，この時期に盛んになる子犬どうしの攻撃的な遊びは，社会化の重要な機会と考えられている．遊びのなかでの追いかけっこやとっくみあい，かみつきあいの際には，優位や服従を示す行動がみられることから，優位性行動をはじめ，社会性行動の正常な発達のためには，こうした子犬どうしの接触の経験が必須のものであると考えられている．社会化期には，人間に対する社会化も起こる．この時期にまったくヒトと接触させないまま社会化期を過ごしてしまうと，その後はもはやヒトに慣らすことは生涯にわたってほとんど不可能になってしまう．

離乳前後の母犬との接触も，子犬のその後の正常な服従性行動の発達には重要なものと考えられる．離乳期には，乳房を吸おうとする子犬を，母犬がうなって威嚇したり地面に押さえつけたりするので，子犬は積極的または受動的服従の姿勢をとるようになる．

表．子犬の行動発達の各段階

新生期 （生後0〜13日）	平衡感覚や痛覚，温度感覚はあるが，それ以外の感覚は未発達．目はみえず，耳も聞こえない．外界の刺激からほぼ遮断されている． 寒さを感じたり空腹になったりすると，鳴き声をあげながら這い回る． 自発的に排泄できない．母犬が子犬の陰部をなめて排泄を促し，排泄物を食べる．
移行期 （生後14〜20日）	生後平均14日で目が開き，視力およびその他の感覚機能が徐々に発達していく． 耳はまだ聞こえない．運動機能も徐々に発達し，よちよち歩きを始める．外界の刺激に反応したり，学習したりする能力が出てくる． 母犬に刺激してもらわなくても排泄できるようになり，自発的に寝床の外で排泄するようになる． 生後20日頃から歯が生えはじめる．
社会化期 （生後21日〜12ないし13週頃）	生後平均21日で耳が聞こえるようになる．流動食を食べられるようになる．歯が生えそろってくるので，生後5週頃から，母犬が授乳時にうなるようになる． 7〜10週頃までに離乳． 子犬どうしで取っ組み合ったり，かみ合ったりの攻撃的な遊びが盛んになる．
若齢期 （生後約6ヵ月，性成熟まで）	巣からいっそう遠く離れた場所へ出かけるようになる（自然の条件に近い，野外で生活している犬の場合）．

問題行動

▶犬の問題行動
だれかれ見境なく飛びつくのもよくある問題行動のひとつ.

●問題行動の定義

　犬の問題行動とは，飼い主にとって受け入れることのできない行動，または犬自身に傷害を与えるような行動のことである．犬に多い問題行動の例としては，ヒトや他の動物に向かってうなったりかみついたりする攻撃行動，家の中のトイレ以外の場所で排泄してしまう不適切な排泄行動，庭木や家の中のものをいたずらしてかみちぎるような破壊的行動，うるさく吠えたり鳴いたりする，いわゆるむだ吠えなどがあげられるが，このほかにもさまざまなものがみられる．

　問題行動の大半は，脳や神経の異常や体の病気によっておこるものではない．また恐怖症や不安などが原因となる行動や，自分の体をなめたりかんだりして傷つける自己傷害的行動といった一部の例外を除いては，病的な行動でもない．圧倒的に多いのは，動物としては正常な行動であるが，それをされては飼い主が困るというものである．もちろんこのなかには，周囲の人間に迷惑がかかるから飼い主が困るという場合も含まれる．

　愛犬にどんな行動をされたら困るか，あるいはどんな行動をとってほしいかは，飼い主の生活環境や考え方によって異なってくる．そのため，同じような大きさ・種類・年齢・性別の犬がまったく同じ行動をしたとしても，それを深刻な問題行動と感じる飼い主もあれば，別の飼い主は問題行動とは思わないこともある．よく「犬の問題行動は，人間が問題と感じる行動」といわれることがあるのはこのためである．

　しかし，気にしなければそれですむというわけではない．飼い主の住居や家族構成，ライフスタイルなどのうちの事情がひとつでも変わった場合，それがきっかけでいままでは気にしていなかった愛犬の行動も「このままでは困る」と感じる問題行動に変わることが表面化することがめずらしくないからである．

　深刻な問題行動は，たいてい犬が生後1年前後になってからおこる．愛犬の問題行動のために飼い主が危険にさらされたり，不便や経済的な損失が生じたり，家族以外の人に対してはずかしい思いをしたりすることがある．犬に深刻な問題行動があると，飼い主と愛犬との良好な関係をそこなうばかりではなく，その家族で犬を飼い続けることができなくなる場合さえめずらしくない．1985年ごろに行われた北アメリカの調査では，生後3歳未満の犬が安楽死させられた理由として，もっとも多かったのは体の病気ではなく問題行動なのであった．

●問題行動の実際

　アメリカ，イギリスをはじめ，欧米先進国では1980年代

表．問題行動の性質と種類

性質	あてはまる問題行動の例	具体例
生物学的には正常でも，飼い主にとっては困る行動	攻撃性	ヒトや動物がかまれる
	マーキングによる不適切な排尿	トイレ以外の場所がよごされる
	不適切な性行動	来客の足にマウントする
異常行動	常同行動・強制行動	自分の尾を追いかけて回る
	自己傷害的行動	自分の脚や体をなめたりかんだりして傷つける
不適応的な行動	雷恐怖症	雷の音を極端に怖がる
	分離不安	物をいたずらしてかみちぎる，吠え続ける，そそうをする，下痢や嘔吐をするなどの不都合な行動が，飼い主の留守中に限って高い確率で起こる

半ばから，愛犬の問題行動に悩む飼い主がきわめて多くなっている．日本でも1990年代半ば以降，同様の傾向が進んでいるようである．

飼い主の認識はその地域の環境や広い意味での常識，すなわち文化によっても影響されるはずなので，犬のどのような行動が問題行動とされるかは，国によっても違いがあることが予想される．

しかし，今日の日本に，欧米先進国で知られている問題行動のほとんどが現実に存在し，ペット行動学者のところに頻繁にもちこまれる問題行動の種類や実態も欧米と非常によく似ている．

【攻撃行動】

欧米でも日本でも，攻撃は犬のあらゆる問題行動のなかでもっとも多いものである．問題行動を専門に診断と治療を行う行動クリニックにこの攻撃が理由でもちこまれる犬の事例は，クリニックにより多少異なるもののすべての犬の事例のおよそ40％から60％もの割合を占める．

犬の攻撃行動は，うなる・歯をむく・かむの3種類がある．攻撃のおこるときには，同時に独特の表情や姿勢などがみられるのが普通である．

犬の攻撃はさまざまな背景や原因で起こるものだが，一般家庭で飼われている犬の示す攻撃は，場面や状況，背景などをもとに少なくとも10とおり以上もの異なるタイプに分けられている．ここではその代表的なものいくつかについて述べることにする．実際の場面における犬の攻撃は，これらのタイプの中間的なものもある．また，ある1頭の犬が攻撃行動を示している場合，2つ以上のタイプの攻撃性がかかわっていることもある点に注意が必要である．

（優位性攻撃）

犬は人間の家庭に飼われると，いっしょに暮らす飼い主と家族を自分の群れとみなす．前にも述べたように，犬やオオカミの群れのなかで社会的関係のもっとも重要な柱となるのは，お互いの間の優位関係である．普通の犬は，飼い主や家族を自分より優位と認めて，服従しながら暮らすようになる．しかしなかには，自分を家族より優位だとみなすようになる犬がある．そうなった犬は，飼い主や家族が自分への挑戦とみなされるような行為をしたとき攻撃行動を示す．これが優位性攻撃とよばれるものである．

優位性攻撃がおこる代表的な場面は，飼い主や家族が犬がくわえているものに手を伸ばす，食べているときにそばに行ったり食べているものにさわる，いる場所からどかそうとする，なでる，体を押さえる，ブラシをかける，しかる，目を見つめるなどをしたときである．いずれもささいなことに思われるが，これらは飼い主の側が犬に対して優位を示す意味のある動作である．

優位性攻撃の個々のケースは実にさまざまで，特定のこと（例：顔をさわるなど）をしさえしなければその他の場面ではいっさい攻撃をしてこない犬もいれば，毎日のいろいろな行為・動作に反応してかんでくるので，飼い主や家

▶優位性攻撃
飼い主にうなったりかんだりする．

族の生活にさしさわりが出る場合もある．大型犬の場合は，とくにかまれた場合の危険が大きいが，中型犬や小型犬でも攻撃がおこるのが著しく頻繁，あるいは程度が激しいといった場合には深刻な問題となり，やむなく安楽死が選択されることもけっしてめずらしくない．

攻撃対象としては，家族のなかでも特定の人に対する場合もあれば，だれに対しても同様に攻撃がおこる場合もある．また同じ行為・動作をしても，必ず攻撃がおこるとはかぎらない場合もある．

優位性攻撃が軽い段階では，飼い主はあまり気にせずみすごしていることも多いが，しだいに頻繁になったり，程度が激しくなってきたときにはしばしば深刻な問題となる．優位性攻撃の発生は，圧倒的に雄犬に多いがなかには雌犬もいる．

欧米でも日本における筆者の経験でも，深刻な問題行動として行動クリニックに持ち込まれる事例のほとんどは，生後1～2歳の雄犬である．優位性攻撃の発生は，生後9～12ヵ月齢にかけて急増することがわかっているが，生後6ヵ月ごろからなんらかのきざしがあったものが多い．

優位性攻撃の行動学的診断と治療の基本は，アメリカの研究者によって1980年代の初めに確立されており，効果の高いことが実証されている．この骨子は，自分を優位と認識している犬に接する方法を根本的に変えることである．筆者は日本国内において，頻繁に激しい攻撃のおこるおそれがあるため，治療が成功しなければ安楽死させるしかないと飼い主が感じていたほど深刻なものを複数経験している．この方法によれば，治療開始からおよそ2～3ヵ月以内に攻撃がおこることはほとんどなくなり，このまま飼っていけると飼い主が感じられるようになって，その後1年あるいはそれ以上が経過しても，無事に飼育を続けられるようになる．このような適切な行動治療を行えば，通常の生活に支障のない程度に攻撃性を抑えていくことは多くの場合，十分可能であるといえるのである．

ただし，このような治療法の実施にあたっては，行動学を修めた専門家の指示によりあらかじめきめ細かに設定された計画に従ってたくさんの細かな注意事項を守りながら，一定期間，段階を追って実行するのでなければならない．さもないと，効果の継続は望めないことが多いからである．また，激しい攻撃がいつおこるか予測しがたいなど，治療期間中にも飼い主と家族がおかさねばならない危険があまりにも高すぎる場合は，現実に治療が勧められないこともある．

愛犬によくかまれていた人が，本などを参考に自分なりに試みたところ，いったんは少しよくなったようにみえたのだが，しばらくして思いがけないときに激しい攻撃がおこって再びかまれたというようなことがよくある．このように，優位性攻撃をもつ犬に不完全な知識で対応したり中途半端な治療をしたりすると，治らないどころか，以前よりも悪化したり何もしないより危険な場合すらあるので，十分な注意が必要である．

▶なわばり性攻撃

家に近づく人に吠えかかる．

▶恐れによる攻撃

近づいたり触ったりしようとする人に対してよくみられる．

〔なわばり性攻撃〕

犬がなわばり性攻撃を示すのは，飼い主の家や庭などの犬がなわばりとみなしている居住の場によその人間や動物が近づいてきた場合である．なわばりの境界やその範囲内で，激しく相手に吠えるのが特徴で，同時にうなる，歯をむきだすなどもよくみられる．

〔恐れによる攻撃〕

犬が相手に対し恐れを感じていて，しかも，逃げられない状況にあるときにもっともよくおこることのある攻撃である．犬はうなったり，吠えたりするほか，尾が下がる，耳を後ろに寝かせる，後ずさるなど，恐れを示す表情や姿勢がともなうことが多い．近づかれたり手を伸ばしてさわられそうになったりしたときにはいっそう顕著になり，場合によってはかむこともある．

〔痛みによる攻撃または防御性攻撃〕

痛みを感じたとき，近くの人間や物を反射的にかむ．動物病院において治療中に痛いところを触られたときかむようなことも，このタイプの攻撃である．

また犬が体罰を受けたときにもこのタイプの攻撃がひきおこされることがある．

〔雄犬間の攻撃〕

雄犬間の攻撃とは，雄の成犬が他の犬，それも性成熟に達している雄犬にかぎって向ける攻撃である．このタイプの攻撃はたいがい，アンドロゲンと総称される雄の性ホルモンの影響を強く受けており，去勢手術をして精巣からの性ホルモンの分泌を止めてしまえば抑制されることが実験的に証明されている．しかし攻撃行動には性ホルモン以外の要因も影響しているので，去勢手術を行った事例のすべてで攻撃行動がなくなるわけではない．

さらに同じ家庭に飼われている雄犬どうしの間でこのタイプの攻撃がおこる場合は，犬どうしの優位関係の争いも関係するためより複雑である．

〔遊び攻撃〕

遊びのつもりで犬が人間に向かってうなったり歯を立てたりすることがある．とくに子犬や生後1年くらいまでの若い犬にこうした傾向がみられる．遊びでは本気の攻撃と異なり，かみ方が加減される．

しかし，早い時期に兄弟から離されて社会化が不足した犬などでは，子犬どうしの遊びのなかでこの加減を覚える機会がなかったため，飼い主が痛いと感じたり皮膚が赤くなったり，場合によっては軽く傷ついたりするくらい強くかんでしまうものがいる．また相手が子どもや老人のように皮膚が弱い場合は，遊び攻撃であっても結果として傷を負わせてしまうことがある．

【不適切な排泄行動】

トイレでない場所で排尿あるいは排便をしてしまう場合をひとまとめにして不適切な排泄行動とよぶ．

不適切な排泄行動には，表のように背景の異なるさまざまなものがあるので，それをみきわめたうえで原因にあっ

▶痛みによる攻撃または防御性攻撃

攻撃性のため，診察や治療が困難になることがある．

た対処をする必要がある．実際の事例は複数の原因がからんでいることもめずらしくなく，複雑なことがある．とくに留守がちの家庭でこの問題行動が起こるケースでは，診断のためにも治療のためにも，相当の時間をかけたくわしい検討が必要となる．

排泄行動は自律神経系の支配を受けているため，恐れや不安・興奮などに影響されて調節を乱しやすい．しかも飼い主にとって望ましくない特定の場面や場所で排泄することをくりかえすうちに，それが意志とは無関係のレベルで条件づけられて，固定した習慣となってしまうことがある．

決まった場所で排泄することをまだ覚えていない犬の場合は，毎回の排泄をあらかじめ決めたトイレの場所でだけ徹底してくりかえし行わせることにより，トイレット・トレーニングを行う．犬は寝床である巣穴から離れた場所で排泄するという本来の生態があるので，たいがいは数日から10日もかければ，自発的に決まった場所で排泄するようになる．

いままで決まった場所で排泄していたのにその習慣が突然くずれた場合は，心理的な原因を疑う前に獣医師の診察を受けて，そそうにつながるような尿路系や消化器系の疾患がないかどうかを確かめてもらったほうがよい．

不適切な排泄行動をしたからといって犬をしかると，背景や原因にかかわらず，むしろ問題を悪化させてしまう結果になる．目の前で犬がそそうをした場合にしかると，犬は普通，トイレでない場所で排泄しているからしかられたのだと受け取るかわりに，排泄の行為自体をとがめられたと受け取ってしまう．また時間がたってからしかっても，なぜしかられているのかがわからず，恐れや不安が高まるだけとなってしまう．

【むだ吠え】

「むだ吠え」は行動学用語ではない．吠える回数が頻繁すぎる，または吠えては困るのに吠えるという場合に，それを「むだ吠え」とよぶことがわが国の一般社会での慣用とされているだけである．

吠えることは犬にとって重要なコミュニケーション手段であり，本来，さまざまな異なる動機や機能をもっているはずである．実際，表のようにいろいろな異なる現象が「むだ吠え」とよばれていることがある．

なお表は「むだ吠え」のパターンのすべてを網羅したものではないし，現実の「むだ吠え」の事例が，そうしたパターンのどれかひとつに当てはまるわけでもないので注意が必要である．

「むだ吠え」に対して一般的にいえることは，吠えたときにそばへ行ってなだめたりしかったりするのは，ほとんどのケースでむしろ逆効果となるということである．吠えるのをやめさせるには，吠えるその背景なり動機なりをすべて特定し，それに応じて環境を改善したり学習をさせたりすることによって，吠えたいという衝動を弱くする必要があるのである．それぞれのケースに合った対策でないとか

▶むだ吠え

いろいろな原因で起こる．

表．不適切な排泄行動のいろいろ

服従性の排尿	子犬や若い犬に多い，正常な排尿 飼い主に近づかれたとき，寝ころがるなど服従の姿勢をとりながら少量の排尿をする
興奮性の排尿	子犬や若い犬に多い，正常な排尿 興奮したときに，立った姿勢のままで少量の排尿をする
尿マーキング	性成熟に達した雄犬が柱や壁などに向かってあちこちに頻繁に少量の尿をかける
トイレットトレーニングの欠如	決まった場所で排尿する習慣づけができていない
恐れによる排尿	突然の強い恐れに反応しての排尿
分離不安による排尿	飼い主の不在により引き起こされた不安による排尿

えって逆効果になる場合が少なくないので，深刻なケースでは専門的な行動学的診断と治療を受けることが望ましい．

とくに最近，住宅の密集している日本では，できるだけ「むだ吠え」の少ない犬種を飼いたいと考える人も多い．犬種によって，吠える回数に遺伝的な差異があることは確かである．たとえばアフリカ原産のバセンジーはほとんど吠えない犬として知られているが，それはあくまでも集団としての平均値をみた場合の話である．個々の犬の行動は後天的な要因によっても大きく影響されるから，どんな犬種であれ環境次第では絶対に「むだ吠え」の問題がおきないと断言できるものではない．

【分離不安】

ごく幼い子犬は，母親や兄弟から離されると，ただちにかん高い声で鳴きはじめる．自然界においては，幼い子犬が親や兄弟からはぐれた場合，すみやかに親や兄弟のもとに戻ることができなければ命にかかわる．このような場合に鳴き声をあげて自分の所在を親に知らせ，連れ戻してもらうのは生存のために重要な行動であると考えられる．群れからの分離に対するこうした反応は，子犬が成長するに従ってしだいにおさまってくる．

成犬では群れから離れても普通，強い不安はおこらない．しかしなかには飼い主や家族への愛着が強く，引き離された場合に強い不安を生じる犬がいる．これが分離不安である．

犬の分離不安とは，飼い主が家に犬をおいて外出したその留守中にかぎって，ふだんはしないようないろいろな不都合な行動を犬がするものである．分離不安のさまざまな症状は，飼い主が家を出た直後ないし5〜10分以内，どんなに遅くても30分以内に始まる．行動の種類にもよるが，吠えたりものをこわしたりする場合では飼い主が外出して帰宅するまで数時間以上続くこともざらである．

分離不安は，年齢・犬種・性別を問わずおこりうる．幼いときからつねに飼い主と同じ部屋のなかにいて，ひとりで過ごす機会のないまま成長した犬が，成犬になったとき突然ひとりで留守番をさせられれば，不安な気持ちをおこしやすいことは想像にかたくない．しかし以前はひとりにされてもなんの問題もなかった犬に，いつのまにか分離不安がおこるようになる場合もある．

分離不安によっておこる，破壊的行動・自己刺激行動などは，別の問題行動や身体疾患など分離不安以外の原因でもおこりうる行動である．したがって上にあげたような行動を犬が留守中におこしたからといって，ただちに分離不安とは決められない．飼い主の留守中にかぎってのみ，高い確率でこうした行動がくりかえされる場合にはじめて，分離不安が疑われる．犬によっては飼い主が在宅であっても，別室に入れられたりしてそばに行かれないだけで分離不安をおこすこともある．この場合は飼い主の注意をひくための行動との鑑別も必要になる．

欧米の行動学者の行動クリニックでは，犬の問題行動全

表．むだ吠えのいろいろ

背景	吠える状況や場面
なわばり性攻撃	家や庭など，なわばりの境界に近づく外来者に吠えかかる
飼い主の注意をひいたり欲求を訴える	飼い主に向かって吠える
よその人や犬に対する攻撃	家にいるときに限らず特定の対象に向かって吠える
分離不安	飼い主の不在時に限って吠えたり鳴いたりを続ける

表．分離不安によっておこることのある代表的な問題行動

	具体例
吠える	鳴いたり吠えたりを続ける
破壊的行動	家具や敷物，その他手近のものをかんでこわしたり，ドアや壁を引っかいたりかじったりして穴を開ける
不適切な排泄	トイレでない場所で排泄する
自己刺激	自分の体を必要以上になめたりかんだりする
身体疾患様の症状	嘔吐，下痢，食欲不振，沈鬱

事例の約30％が分離不安であったという統計もあるが，日本での発生頻度については適当な統計がないので不明である．

分離不安は，適切な行動学的診断と治療が行われれば，治すことが十分可能であるが，これには通常，1〜2ヵ月の継続的な行動療法が必要になる．ごく最近の新しい動きとして，犬の分離不安の行動療法の促進薬が欧米で開発されているが，発売されてから日が浅くその臨床的な価値は未知数である．また強い分離不安を単独で完全に抑える効果のある薬物は現時点ではまだない．

【恐れと恐怖症】

犬は人間やものに対して恐れを示すことがある．その恐れのために攻撃的になる犬もある．

一般的に恐れの強い犬は，見慣れない人間や物音などを無差別に恐れる．それに対して恐怖症とは，犬が特定の刺激に反応して著しく強い恐れを示す問題行動である．犬の恐怖症でもっともよく知られているのは，雷や打ち上げ花火などの突然の大きな音に対する音恐怖症である．

雷恐怖症の場合，雷にともなってやってくる激しい雨やしめった風などに触れた時点で，犬は恐れの徴候を示す．雷が鳴りはじめると，目を見開く・よだれを流す・排泄する・鳴いたり吠えたりする・隠れようとしてものかげにはいりこんだり地面や床を掘ろうとするなどの恐怖の反応を示す．場合によっては失神してしまうこともある．

犬の恐怖症は系統的脱感作という心理学的な手法により治すことができる．これは簡単にいえば，恐怖がおこらない程度の弱い刺激にふれさせ，恐怖のおこらない状態を維持しながら，しだいに刺激を強めていっていままで恐怖のおこっていた刺激にも耐えられるようにするという原理である．

たとえば，雷の音をこわがるのであれば，雷の音を録音したものを用意し，最初はそれをごく小さな音量で聞かせ犬にほうび（食べ物など）を与えながら徐々に音量をあげる．

このような系統的脱感作の方法は適切に実行されれば効果は高く，やがて犬は本当の雷がきても恐れを示さなくなる．しかし実施にあたっては，多数の細かな注意を忠実に守りながら段階的に行うことが必要で，ほうびを与えるタイミングがわずかにずれても逆効果になることがある．

とくに，音恐怖症以外の刺激や場面に対する恐怖症は，刺激が音ほど単純に操作できないし，系統的脱感作の具体的な計画を組むこと自体，必ずしも容易ではないので，注意が必要である．

【不適切な性行動】

不適切な性行動が家庭に飼われている犬で問題となるもっとも典型的な例は，人間の脚などに犬がマウンティングして腰を使うことである．こうした行動は雄犬に多いが，なかには雌犬でもするものがいる．

▶恐れと恐怖症

▶人の脚へのマウンティング

▶食糞

▶異嗜

　愛犬にこのような行動がおこると，飼い主は気が動転したり，他人に対してはずかしい思いをしたりすることがあるが，実はマウンティングは子犬の遊びのなかでもおこる行動で，形式的には性行動であるが必ずしも性的な意味のある行動ではない．
　来客時に喜んで飛びついていく犬がそのまま客の脚などにマウンティングすることがある．これなども興奮によっておこっていた遊びの行動が，特定の場面で条件反射的におこるようになったものと考えられる．
　また，マウンティングには優位性行動としての意味がある場合があり，飼い主に対する優位性攻撃のある雄犬もときにこの行動をする．
　攻撃性のない犬で，不適切な性行動だけが問題の場合は，その行動がおこったときに騒いだり興奮をあおったりして助長しないように注意することが大切である．

【食糞と異嗜】
　犬が自分や他の動物の糞を食べる食糞は，子犬や若い犬によく見られるものでめずらしくない．自然界においてもオオカミなどの野生のイヌ科動物では，ときには食糞がみられるため，犬の食糞は必ずしも異常行動とはいえないのである．
　飼い主の注意をひきたがっている犬などでは，食糞をしたときに飼い主が驚き騒いだりしかったりすると，ふだんになく注意関心を得られるのだということを学習してしまったために，食糞が続くこともある．しかし飼い主がみていないときでも，排泄後の自分の糞を食べた形跡が毎日のように残っている場合や糞を食べたがるような場合は，飼い主の注意をひくことが目的ではなく，糞の味に対する嗜好が固定してしまったものと考えられる．
　愛犬が食糞をすると与えている食餌の量が足りないのではないかと考える人がよくあるが，家庭で飼われている犬の場合，空腹が食糞の原因であることはまずない．
　食糞をする子犬の場合には，放置しておけば成長するにつれて食糞をしなくなることも多くみられる．
　食糞のメカニズムは解明されておらず，疾患との関連も不明の部分が多いが，成犬で突然食糞が始まったり長期間続いている場合には，膵臓や肝臓を含め消化器系の疾患がないか，検査を受けることが望ましい．
　異嗜とは，食べ物以外のものを食べたり飲み込んだりしてしまう行動を指す．家庭のなかで犬が異嗜により食べることのよくあるものは，石・布（靴下やタオル）・おもちゃ・ボール・木切れ・プラスチック・輪ゴム・化粧品などじつにさまざまである．筆者の経験では子犬や若い犬，とくに環境からの刺激が不足している犬に見られるケースが比較的多い．
　食糞と同じく，異嗜もそのメカニズムはまだ解明されていない．
　靴下や衣服などをそのまま飲み込んだ場合には，腸閉塞をおこすおそれがあるし，薬や化粧品・観葉植物などを食

べてしまうと中毒をおこすおそれもあるので，異嗜がある犬に対しては届くところに不用意にものを置かないよう，安全管理を十分行う必要がある．また食べられる犬用のガムなど，食べたり飲み込んだりしても安全なものを与え，同時に運動や刺激をふやして犬の行動ニーズをふだんから満たすようにすべきである．

【興奮性の過剰】

　来客の姿を見ると尾をふりながらかけ寄っていき，飛びあがりながら体当たりしてくるため相手が転んでしまう，家の外の道を通りかかる自転車のブレーキの音やサイレンの音がすると大声で激しく吠える，散歩のとき喜んで引き綱を強く引っ張り，引き綱がはずれようものなら，飼い主のよび声も聞かず走っていってしまうなどは，その場面の現われ方は異なるが，興奮性の過剰という点で共通した問題行動である．

　また攻撃的になったときに著しく興奮が高まり，そばにいる人に無差別にかみつく犬もなかにはある．

　過剰な興奮が起こる際には，自律神経の一種である交感神経系が興奮して活発に働いている．私たちも，興奮すると知らないうちに汗をかいていたり，呼吸が荒くなったりすることがあるが，実は，ヒトでも動物でも，このような自律神経系の活動は，歩いたり話をしたりといった行動とは異なり，自らの意志ではコントロールできない仕組みになっている．

　特定の刺激（音など）にふれたときに決まって著しく興奮するケースでは，興奮がその刺激に対する条件づけられた反応，すなわち，条件反射になっていることもよくある．このようなケースで興奮性を抑えるための方法としては，刺激に対する系統的脱感作が有名で，効果も高い．

　一方，興奮性の過剰によって飛びついたり吠えたりするのを叱ったり，「待て」や「ついて歩け」などをくりかえし教えたりすることにより興奮が起こらないようにできる見込みは薄い．特に，体罰などで痛みを与えるのは，興奮をあおるばかりか，場合によってはヒトへの恐れなど，他のやっかいな問題まで引き起こすので，避けるべきである．

　適切でない飼育環境が，興奮性の過剰につながることもある．遺伝的に興奮性の高い犬もあると思われるが，外の見えない箱のなかなど，周囲の環境からしゃ断されて物理的刺激の乏しい状態で社会化期を過ごした犬は，その後に見慣れないものや人間の姿，物音その他，日常生活のなかのごくありふれた刺激に対して過剰に反応するようになり，興奮性の問題がおこりやすい．

　そうした経歴をもたない犬でも，1日の大半を狭い場所に閉じ込められたりつながれたりして移動の自由や運動量が著しく制限された場合，退屈な環境におかれた場合などは，環境に対する当然の反応として，比較的短期間のうちに刺激に対して高い興奮性を示すようになることがある．

　興奮性過剰のほとんどは異常行動ではなく，このような背景によりおこる問題行動である．飼い主は犬に与える環

▶興奮性の過剰

引きづなを強く引っ張ったり，
人に飛びついたりする．

表．注意すべき犬の常同行動または強制行動

問題行動の名称	具体的行動	備考
自己刺激行動	自分の脚や体をしつこくなめたりかんだりしているうちに毛をむしったり，皮膚を傷つけることが問題	先端性舐性皮膚炎は，レトリーバーなど大型犬に多く，けん部吸い行動はドーベルマンに多いことが知られる
尾追い行動	自分の尾を追って回り続ける	ブルテリアが有名
ペーシング	うろうろと，まったく同じ速さ，同じ経路でひとところをくりかえし歩く	ケージに閉じこめられたり，環境中の刺激の乏しい場合によくおこる

境の質に配慮するとともにどうしても興奮性の高い犬については，興奮をひきおこす刺激を避けるよう，また興奮したときにあおらないように注意する必要がある．

【常同行動と強制行動】

　常同行動や強制行動は，いずれも一種の異常と考えられる問題行動である．常同行動が同時に強制行動でもあることもある．

　常同行動は，特定の行動がまったく同じパターンで何十回，ときには何百回，何千回というおびただしい回数くりかえされるというみかけの異常性が特徴である．こうした行動は脳や神経の疾患や外傷が原因でおこることもあるが，真の常同行動では，そうした異常がない，あるいは検査をしてもみつからないのにこのような行動が見られる．

　一方，強制行動とは，その場面にあっては必要のない行動が唐突に始まって中断されることなくくりかえされ，他の行動が阻害されるという状態の異常性を指す．

　常同行動や強制行動は，疾患や実害がなければ放置してもさしつかえないと考えることもできる．しかし常同行動や強制行動が自己刺激行動である場合には，犬が自分で自分を傷害してしまうので放置することはできない．自分を傷害できないようにエリザベスカラーなどで物理的に保護したりするなどの方法を用いながら行動治療を行う．常同行動や強制行動がおこった際になんらかの報酬が与えられ，それが強化されたためと考えられる場合には，行動療法によって解決できるものも少なくない．

【肥満と偏食】

　摂食行動は本能的な行動と思われがちであるが，実際には後天的な要因（食餌の種類，与える方法，回数，時間帯，1回の量など）の影響で，摂食行動はかなり変化する．

　肥満は先進国の多数の犬に共通する健康上の大問題である．市販の総合食ドッグフードは栄養的には完全であるが，与えすぎてカロリー過剰となり肥満になる傾向があるので十分注意する．運動量の少ない犬はカロリーを加減しないと肥満となってしまう．

　野生のオオカミは狩りで獲物を捕らえたときしか食餌をとれないので空腹時間も長いが，犬では1日分の食餌を2回程度に分けて決まった時間に与えることが望ましい．決まった時間に食餌を与えることで，排泄のタイミングも規則的になるからである．栄養的に完全な食餌をきちんと与えている場合，栄養を補う意味で間食をさせる必要はない．

　ねだったときに与えたり，人間のための食べ物を与えたり，食べないからといって手を変え品を変えて食べてくれるものを探すことは，偏食の原因となる．偏食は重大な疾患につながるので，絶対に避けるべきである．人間のための食べ物は塩分が多く味も濃いので，犬はいったん味を覚えるとそれをほしがるが，犬にとって不必要に塩分の高い食餌は疾患のもとになる．たとえばソーセージなどの人間のための市販の肉製品にはとくに当てはまる．

▶常同行動・強制行動

尾追い行動は，発作様の異常行動の一種である．

問題行動の予防と治療

▶飼い主の対応と問題行動の予防(1)
不適切な行動の機会を与えないことが予防の基本.

●問題行動の予防

従来，わが国では犬の問題行動がおこると，「飼い主のしつけが悪いため」だとか，「訓練をしていないからだ」とか，逆に「生まれつきだから仕方がない」といわれることが多かった．

しかし実際には，ある犬がどんな行動をする犬になるかは，子犬が生まれてから成犬になるまでの間に多数の要因が影響しあって決まるものなのである．

問題行動を予防するには，雄犬と雌犬を繁殖させ子犬を生産するブリーダー，犬を販売するペットショップ，そして犬を家庭に迎える飼い主のそれぞれが責任をもって積極的な役割を果たすことが必要である．

【ブリーダーの責任】

ブリーダーは犬の外観の美しさだけではなく，行動の特徴にも配慮した繁殖を行うべきである．外観がどんなに理想的であっても，攻撃性が高い，動揺しやすい，不安が強いなど，行動上望ましくない性質をもった犬は繁殖させず，問題行動のない理想的な気質の犬のみを繁殖に使うべきである．

欧米の過去の例をみても，ある時期にペットとしての人気が急にあがった犬種で，その後，攻撃性などの問題行動の発生が目立つようになることが少なくない．こうした現象の背景には，人気犬種の場合は子犬の大量生産が必要になるため，行動上の欠陥をもった犬でも繁殖群からはずさずに交配されてしまうことがあると考えられている．とくに，望ましくない行動の遺伝的素因をもった雄犬がショーのチャンピオンになった場合，その素因がおびただしい数の子犬に受け渡されてしまうおそれがある．これはどの犬種にもおこりうることである．

さらに，犬に対しても人間に対しても社会化が十分に行われるよう，また乏しい環境のなかで刺激が不足しないよう，生まれた子犬に与える環境と取り扱いに配慮し，社会化期を十分経ていないままの生後30日や40日の子犬を販売することのないようにすべきである．

【ペットショップの責任】

ペットショップは問題行動の予防についても理解と責任あるブリーダーの生産した，犬に対する基本的社会化のすんだ健康な子犬を，もっとも適当な時期に飼い主に販売するようにすべきである．子犬を店に搬入する場合には，環境中の刺激が乏しくならないよう，狭いケースや箱のなかに1頭で長時間入れておくと，社会性行動をはじめ，各種の正常な行動の発達に悪影響を与える．店頭でもそうした期間ができるだけ短くなるように配慮するべきである．

【飼い主の責任】

　身体疾患があると犬の行動は変化するが，それが深刻な問題行動のきっかけとなる場合がある．たとえば膀胱炎のために家の中のトイレでない場所で尿をもらしていた犬が，膀胱炎が治っても不適切な排泄が続く場合がある．あるいは，病気の間たえず飼い主が仕事を休んでつねにそばにつきそっていた犬が，元気になったので飼い主がふだんの生活に戻ったところ，分離不安がおこったなどである．

　飼い主は犬に適切な食餌と水，運動，清潔な環境を与え，犬の食欲や排泄の回数，尿や便の状態をよく観察し，犬の健康に留意する．異常があればただちに獣医師の診察と治療を受けさせるべきであるが，それだけでは十分とはいえない．それは毎年，犬に多い感染症予防のためのワクチン接種や内部外部寄生虫の予防をおこたりなく行うとともに，何も異常がなくとも半年から1年に1回は定期的に健康のチェックを受けさせ，愛犬の健康維持に積極的に努めるべきである．

〔日常の犬とのふれあいのあり方や対応に注意する〕

　犬は社会性の高い動物であるから，飼い主が毎日一定時間をさいて犬に話しかけたり，なでたり，遊んだりする時間をとることは絶対に必要であるし，そうしたふれあいこそが，飼い主と犬の間に他人とは異なる関係ができる機会であることも事実である．しかしせっかくのふれあいもそのあり方が適切でなければ，愛犬との良好な関係ができるどころか，問題行動の原因をつくってしまうことがあるので，正しい科学知識に基づいて，犬との適切なふれあいをすることが必要である．

　日常の犬とのふれあいのなかで，望ましい行動をおこりやすくし好ましくない行動をおこらないようにさせるには，学習心理学の基本的な原則を理解し，「報酬と罰」を適切な方法とタイミングで与えることが重要である（本章付録を参照）．

　犬は日常，飼い主とのふれあいのなかでさまざまな場面における飼い主の行動を観察し，さまざまなことを試行錯誤により学習している．飼い主が報酬を与えたつもりがなくても，行動自体を通じて犬にとってはなんらかの報酬が得られるために，その行動がくりかえしおこることも少なくない．このようにして偶発的に学習された行動が人間にとって望ましくないものである場合には，それが問題行動となる．

　たとえば，食卓の上のものを勝手に食べたりする行動や，スリッパをかじる行動，遊びで人間の手足や体に歯をたてる行動，人間の体の上に乗って優位の姿勢をとる行動などがそれにあたる．

　どのような行動でも望ましくない行動を犬がしたときは，初めてその行動がおこったときから，ただちにしかってやめさせるようにする．同じ行動がくりかえしおこる場合も，ときによってみすごしてしまったりすることなく，そのたびにしかってやめさせるという方針を家族全員に徹底することが重要である．

望ましくない行動をしたときに，中途半端にしかると，飼い主の注意関心が向いたことが犬にとってはかえって報酬となってしまい，その行動がよけいにおこりやすくなる．望ましくない行動をしかるときには，犬がその行動をただちに確実にやめるようなしかり方をしなくては逆効果である．適切な罰としては，犬がちぢみあがるような鋭く低い声でしかるか，犬が思わずびっくりするような金属音などを一瞬立てて驚かすのがもっとも効果がある．子犬なら首筋を軽くつかんで持ち上げてしかってもよい（飼い主に反抗的な成犬ではかまれる危険があるので行ってはならない）．それ以外の体罰は犬に恐怖や不安を与え，防御性の攻撃をひきおこす原因にもなるので避けるべきである．

逆に犬が望ましい行動をしたときにはただちに報酬を与え，その行動が今後もおこりやすくなるようにしむけてやる．この場合の報酬は普通，声でほめる，なでる，などで十分であるが，服従訓練のように特定の動作をすることを教えたい場合は，犬の好む食べ物を細かくちぎったものを報酬として用いるほうが容易なことが多い．

犬が飼い主や家族に対して優位に感じるようになると，さかんに吠えたり鳴いたり前脚で体に触れたりして自分のいろいろな要求を訴えそれをとおそうとしたり，さらには飼い主に向かってうなったりかんだりの優位性攻撃を示すようになったりする．

こうした犬では飼い主による行動の抑制がきかなくなるので，よその人間や犬に対して攻撃的に吠えかかったり飛びかかったりするのを抑えられないことがある．犬によっては，動物病院での診察や治療の際にもうなったりかみついたりするため，病気やけがの際に必要な処置をすみやかに受けることが困難だったり，できなかったりすることもある．飼い主や家族がかまれる場合には，愛犬といっしょに生活していくことが楽しくなくなったり，場合によっては苦痛になったりする．

犬を飼い主より優位にさせないためには，犬にとって優位の意味のある姿勢を絶対にとらせないようにする．人間よりも犬を高い位置にのぼらせたり，体の上に乗らせたり，前脚を人間の体にかけさせたりしてはならない．この意味で，人間と同じ寝床で寝かせたり，テーブルやイスなど高い場所にのぼらせたりしてはならない．またねだられて食卓にある食べ物を与えたり，飼い主のすわっているソファに犬がのぼってきたので人間のほうがゆずってしまうなど，一般的に犬の要求に屈したり人間より優先的に扱うようなことはしてはならない．

飼い主への依存心の強い犬にしないことも，いわゆるむだ吠えといわれる問題行動の一部や，分離不安などの予防のために大切である．たえず抱いていたり，飼い主がいつもそばで犬の顔色をうかがいながら声をかけたりかまったりしているのは好ましくない．

犬には飼い主から離れた場所で休んだり，おもちゃをかむなどしてひとりで過ごす時間もつくることが必要である．また夜間に飼い主や家族のだれかと同じ部屋で寝るのも，

▶飼い主の対応と問題行動の予防（3）

服従訓練をして，毎日折りにふれ活用すること．

▶飼い主の対応と問題行動の予防(2)

犬が飼い主より優位に感じる姿勢をとらせてはならない．

犬の依存性を高めると思われるので避けるべきである．

〔服従訓練を行う〕

すわれ，伏せ，待て，ハウス，など決まった命令の言葉（命令語）に応じて決まった動作をとることを教える服従訓練は，すべての犬に絶対に必要なことである．服従訓練は，それさえしておけば問題行動がおこらないようにできるという性質のものではない．しかし犬の行動をコントロールする必要のあるさまざまな場面でその強力な手がかりとなるものであって，いろいろな問題行動予防のために重要である．

服従訓練は訓練士に依頼してもよいが，成犬になる前に長期間訓練所に預けられて飼い主の家庭を離れていると，飼い主や家族とのきずなの形成に影響することがあるので，子犬の場合はできるだけ家庭に置いたまま服従訓練を受けられるような方法を依頼するほうがよい．

家庭で服従訓練を行う場合，報酬は言葉でほめたり，なでたりすることでもよいが，食べ物を報酬として用いるのがもっとも確実な方法である．

服従訓練は，どのような場面でも与えた命令に従って決められた動作をとらせることができるという状態を維持することが本来の目的である．せっかく服従訓練をしても，食餌の前にだけあるいは散歩の前にだけ行うとか，一連の命令語をいつも同じ順序で与えるのでは，たとえ毎日行ったとしてもあまり意味がない．なぜかといえば犬はその後の食餌ないし散歩という報酬を期待しており，与えられた命令に従って行動するというよりは，ただ機械的に動作を行っているにすぎないと思われるからである．

毎日の日常生活のなかで，おりにふれいろいろな時間帯や場面で，家の内外のいろいろな場所でまた，犬が教えられて知っているいくつかの命令のなかから適宜，命令を与えるようにする．

●問題行動の治療
【欧米における問題行動治療の発達】

かみつく，吠える，その他，いままでに説明したようなさまざまな犬の問題行動のほとんどは，訓練を受けさせれば治るというものではない．服従訓練とは，あらかじめ決められた命令を与えられたときに決められた動作をとるようにさせることであって，人間を困らせるような行動をさせないように犬に教えこむものではないからである．

科学的理論を応用して犬の問題行動を解決する問題行動治療は，欧米で過去30年足らずの間に急速に発達したものである．欧米でも，犬の問題行動の診断や治療は従来の獣医学教育のなかには含まれてこなかったが，心理学など行動科学を専攻した人々が，行動治療のパイオニアとしてその発達に貢献しつつ実績をあげ，また後進の実務家を育ててきた．現在，アメリカやイギリスをはじめとする欧米先進国には，犬の問題行動を専門に受け付けて診断と治療法を飼い主にアドバイスする行動クリニックが多数ある．

今日，アメリカには行動治療を手がける行動専門獣医師

が多数いるが，イギリスやヨーロッパで犬の行動治療を行っている行動専門家のほとんどは心理学者や動物学者で，一般の診療に専念する獣医師と補完的な立場で仕事をしている．このような非獣医師の専門家は，獣医師からの紹介により問題行動治療を受け付ける．一見問題行動と思われるような行動の変化が，実は体の病気の症状であったり，かくれている病気のためによけいに激しくなっていることがあるからである．体のどこかに急性または慢性の痛みないしはかゆみ，その他の不快感を抱えている場合にも，いらつきが増して行動が変化することがある．そのため飼い主から問題行動治療の希望があった場合，まず獣医師が犬を診察して体の病気がないことを確認した後，行動学的診断と治療に回すという手順を踏むのが一般的となっている．

【問題行動の診断】

問題行動の診断のおもな方法は，行動の直接観察と，飼い主からの問診の2つである．

問題行動を正確に診断し，そのケースに合った適切な治療方針を設定するには，現在直接問題になっている行動だけでなく，いろいろな場面におけるその犬のふだんの行動について，またその犬の経歴や生活環境について，飼い主から詳しい話を聞くことが必要である．また犬の行動を直接観察することは，診断を確実にし，現実に実行可能な具体的な治療計画を設定するのに役だつ．

そのため，犬の問題行動の初診時には，少なくとも1～2時間前後をかけて，治療者と飼い主が話し合うことになる．これを行動カウンセリングとよんでいる．

【問題行動の治療】

問題行動治療の手法には，(1)環境の変更，(2)ホルモン療法，(3)行動療法（または行動修正），(4)薬物療法がある．

環境の変更は，問題とされている行動が現在の飼育環境中の条件への自然な反応であるような場合，環境条件のほうを変えることによって行動を変える方法である．たとえば，物をかみたいというのは犬にとって自然な行動ニーズであるが，かんでよい物が何も与えられていないためにこのニーズが満たされず，玄関の靴をいたずらしてかじるというような場合に，かんでもよいおもちゃを与えるのは環境の変更の例である．環境の変更は一見単純なことのようにみえるが，根本的に重要なことで，なかにはそれが行われないと他の治療法をいくら行っても問題が解決できないこともある．

ホルモン療法の代表は雄犬の去勢手術であるが，去勢手術により効果が証明されているのは，尿マーキングや雄犬どうしの攻撃性，発情期の雌を求めてうろつく行動などの一部の問題行動にかぎられており，その適用はかぎられている．

問題行動治療の主力となるのは，行動療法（または行動修正）である．行動療法では，心理学の学習理論を利用して犬の行動を変化させるが，実はヒトの問題行動の治療のための心理学的な方法を犬に応用したものである．実施にあたっては，治療計画に沿って出された犬への対応のしかたに関するいろいろな具体的なアドバイスを家庭で実行してもらうことになるので，その成功には飼い主と家族の協力と実行力が欠かせない．

問題行動が激しくて行動療法の実施が困難な場合などに，薬物療法を補助の目的で用いることがある．しかし犬の問題行動治療の目的のために開発された薬はまだほとんどない．今日用いられることのある薬の大半は，他の目的の薬の転用（目的外使用）である．アメリカでは，ヒト用の向精神薬などが実験的に処方されることも多いが，こうした薬の犬に対する安全性は確立されていない．

長期連用すると重い副作用をひきおこす薬もあるので，薬物療法を行うときは必ず獣医師の処方によりその指示に従って決められた薬用量を，決められた期間だけ投与するようにする．問題行動を薬物療法だけで治そうとすると，投与を打ち切ったときに必ずといってよいほど再発がみられるので，薬物療法を行う際には必ず行動療法を同時に実施する．

(購入時期や購入先を選ぶ)

犬の行動の発達には，さまざまな要因がかかわっている．飼い主が理想的な環境を与えたとしても，問題行動をおこしやすい遺伝的要因や，社会化期に刺激の乏しい環境におかれたりすれば，問題行動の発生する確率は高くなるのである．

子犬をこれから入手しようとする人は，そうしたことを理解し，購入する場合は問題行動予防に配慮している責任あるブリーダーやペットショップを選ぶようにする．その際，広告や宣伝だけを頼りにするのではなく，できるかぎり自分の目で飼育現場の環境を確かめておくとよい．

子犬は，十分な社会化期までを経験した生後60日前後で兄弟から離したものを家に連れてくることが理想である．

(自分の環境にあった犬種を選ぶ)

これから純粋犬を飼おうという場合には，その犬種の行動の特徴にみあった環境が自分の家庭で提供できるかを考慮して，選ぶとよい．

犬種の性格の特徴については，信頼できる客観的なデータがほとんどないのが実情だが，その犬種が従来人間によってどのような目的に使われてきたかを調べると，いろいろな品種がつくられてきた過程で極端に高められたりあるいは低められたりした行動の特徴を知るうえで役だつ．

とくに選んだ犬の要求する運動量が多かったり，ふだんの活動性が高いにもかかわらず飼育環境がそれに対応できないと，次に述べるような犬の行動ニーズが満たされないことによる問題行動の発生は避けられなくなる．

(犬の行動ニーズに配慮する)

犬は環境の変化に対し，驚くほどの適応力をもっている．それは熱帯であれ，砂漠であれ，山岳地帯であれ，あるいは極寒の地であれ，およそ人間が生活しているところであれば地球上のほとんどすべての場所に，犬が存在している

ことをみればよくわかるだろう．しかし現代の欧米先進国や日本のたいがいの地域において，人間と暮らす犬にとっての生活環境は本来の自然の生活環境とは著しくかけ離れたものとなっていることは否定できない．

動物はものを食べたり，水を飲んだりといった生命維持に直接欠かせない行動の欲求ばかりでなく，その本来の生理や生態に応じた特定の行動がしたいという欲求（行動ニーズ）をもっている．すなわち犬にはある程度の広さの場所をうろうろと歩き回ったり，興味をひくもののにおいを自由にかいだり，ものをかんだりといった，好奇心を満たすための探索行動へのニーズがある．これを満たすためには，ある程度のスペースのなかを自由に動けることが必要であるし，かじったりかんだりしてもかまわないものが環境のなかに与えられる必要がある．

また社会性の高い群れをつくる動物であるため，社会性行動のニーズも当然高い．家庭に飼われる犬の場合なら，他の社会的存在，とくに飼い主とのふれあいが必要となるのである．

こうした犬にとっての最低限の行動ニーズが環境中で満たされないと，いろいろな問題行動につながる．物をいたずらしたりかんでこわしたりする（破壊的行動），ちょっとした刺激に反応して吠える（いわゆる「むだ吠え」の一種），来客に飛びついたり，散歩に出ると飼い主を引きずってしまうほど引き綱を強く引っ張る（興奮性の過剰）などはその典型である．

(付録)犬の行動学を理解するうえで重要な学習心理学の用語

動物が特定の刺激の存在下で新たな反応をするようになることを学習という．

学習能力は，動物が環境中で刻々変化する周囲の状況に適応して生きていくのに役だつ．

学習を成立させることを条件づけという．

自発的な行動を学習させる場合，それを道具的条件づけ（または，オペラント条件づけ）とよぶ．おすわり，伏せ，待て，などを教える服従訓練も，道具的条件づけの一種である．

道具的条件づけを行うには普通，刺激を与えて行動がおこった直後に，報酬あるいは罰を与える．

【報酬と罰】

特定の刺激の存在下で，ある行動をした直後に報酬（ごほうび）が得られれば，次に同じ刺激を与えたとき（同じ状況に出会ったとき）に再び同じ行動がおこる確率は高くなる．このとき，行動は強化されたという．

〔犬にとっての報酬の例〕

食べ物，飼い主の注意関心（とくに，ほめる，なでる，声をかけるなど），遊び，散歩など．

特定の刺激の存在下で，ある行動をした直後に罰が与えられれば，次に同じ刺激を与えたとき（同じ状況に出会ったとき）に再び同じ行動がおこる確率は低くなる．

〔犬にとっての罰の例〕

思わずびっくりするような突然の鋭い音や大きな音，不快なにおい，その他不快をともなう経験，痛みなど．

〔報酬と罰のタイミング〕

犬の場合，確実に学習させるには，当該の行動がおこって1～2秒以内に与えねば無効．とくに，遅れてから罰を与えるのは不安を増大させる．

〔古典的条件づけ〕

学習されるのが自律神経系の反応である場合，それを古典的条件づけとよぶ．

古典的条件づけの代表は，犬がベルの音に反応して唾液を分泌するようになった「パブロフの犬」や，排泄を決まった場所でのみさせるように習慣づける，「トイレット・トレーニング」である．

古典的条件づけは，とくに報酬を与えなくても，刺激を与えたあとに目的とする反応をおこさせることをくりかえすことで，成立する．

〔学習の消去〕

いったんは学習により刺激に対して反応がおこるようになっていたものが，もはや刺激を与えても反応がおこらなくなることをいう．

〔報酬の間隔と学習の消去の起こりやすさの関係〕

学習をおこさせる際，反応に対して毎回必ず報酬が与えられていた場合は，報酬を与えることをやめてしまうと，その後刺激を与えても反応がおこらなくなりやすい．

一方，反応に対して間欠的に（何回かに1回だけ）報酬が与えられていた場合は，報酬を与えなくなっても刺激に対して反応が持続する．

〔系統的脱感作〕

反応をひきおこさないだけ十分弱い刺激に触れさせながら報酬を与え，連続的に強い刺激に触れさせていくことにより，反応をひきおこしていた強さの刺激にふれても反応がおこらないようにする過程．

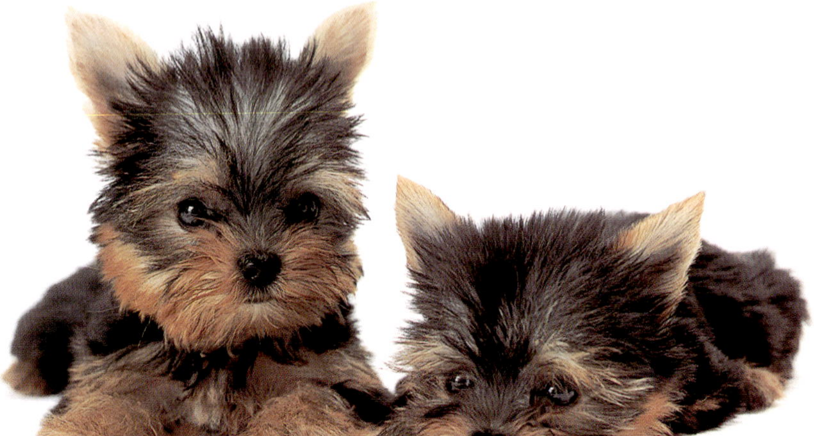

栄養と健康

- 栄養管理
- 健康管理
  - 伝染病とワクチン接種
  - 寄生虫の予防と駆除
  - よくみられる皮膚と耳の病気
  - よくみられる眼の病気
  - 歯の管理
  - 嘔吐と下痢
  - 命にかかわるがん
  - 老齢期に多い病気
  - 緊急を要する事故
  - 犬から人に感染する病気

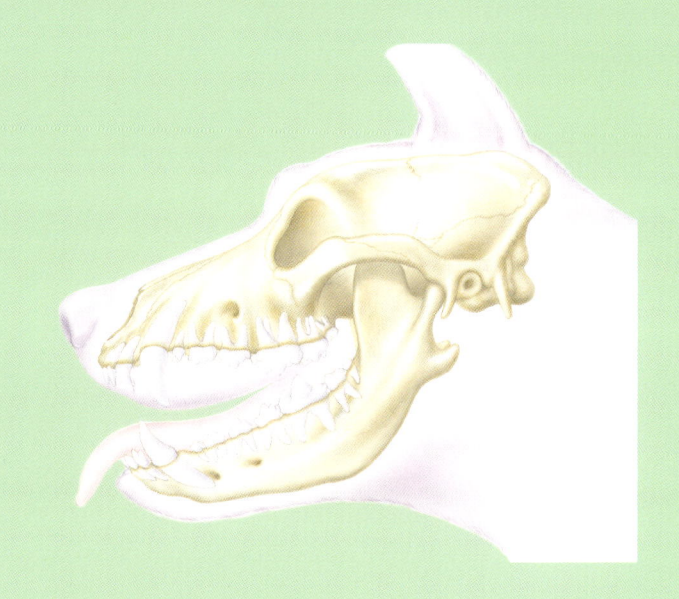

栄養管理

動物が体外から必要な物質を取り入れ，健康を保ち，完全な成長や繁殖をして生活することを栄養という．この場合，動物が生活するために体外から取り入れる物質を栄養素あるいは養分という．動物が生命活動を維持するためには，呼吸により体内に酸素を取り入れるのと同様に，食物を摂取して体内に栄養素を供給する必要がある．犬でも健康的な体を維持し，生活するためには，「食餌」により栄養素を摂る必要がある．栄養素は(1)タンパク質，(2)炭水化物，(3)脂肪，(4)ビタミン，(5)ミネラルの5つに大別される．

●栄養素の消化・吸収

ここでは三大栄養素であるタンパク質，炭水化物，脂肪について説明する．

【タンパク質】

犬が摂取した食物中のタンパク質の消化率は80％程度である．またタンパク質を構成しているアミノ酸のうち，犬の必須アミノ酸は9種（成長期には10種）でありこれらは体内では合成することができないので食餌として与えなくてはならない．

通常市販されているドッグ・フードは，動物の組織，マメ類や穀類を原料として製造されているのでタンパク質やアミノ酸摂取という視点からは問題はない．このドッグ・フードの消化率は80％である．また一般に必須アミノ酸含有量の多いドッグ・フードほど高価格になる傾向がある．

タンパク質やアミノ酸は成長段階によって与える量（栄養要求量）が異なるので，それぞれの成長段階にあわせて与えることが重要である．

【炭水化物】

犬の食性は肉食性であるが，炭水化物の供給源となるデンプンの消化性も比較的高い．しかし消化管の構造からみると，繊維に対する消化能力は低い．一方，食餌メニューとしての繊維は消化管へ物理的刺激を与えて整腸効果をもたらしたり，食餌の低カロリー化に利用されている．いずれにしても食餌に多量の植物繊維を組み入れることは，犬のもっている本来の消化能力に適さないので避けるべきである．とくに成長期，妊娠後期，強いストレスを受けた時などにはマイナス効果が増大する．

市販ドッグ・フードの繊維含有率は特殊な場合を除いて5％以下である．

【脂肪】

犬の食餌中の脂肪消化率は植物性，動物性脂肪いずれも90％以上である．動物性脂肪のみを食餌メニューに取り入れると必須脂肪酸の欠乏がおこる．植物性脂肪にはリノール酸，リノレイン酸，アラキドン酸の3種の脂肪酸が含まれているが，犬の場合はこれら脂肪酸のうちリノール酸とリノレイン酸が必須脂肪酸であり，アラキドン酸は体内で合成できる．

フード中の脂肪について注意すべきことは空気中の酸素による脂肪の酸化（酸敗）である．酸化した脂肪を与え続けると，食欲減退，発疹，下痢などの症状がみられるようになる．植物性脂肪や魚油などは酸敗しやすいので注意する．

●犬の栄養要求量

犬の健康を維持しながら生活させるためには，食餌による十分な栄養素を与えることが重要であり，いろいろな要素を考慮して食餌メニューを作製することが大切である．

犬の食餌メニューは栄養要求量に基づいて作製するが，これは成長期，妊娠期，哺乳期などのライフサイクルにより区分する．生命活動を行う動物が安静にしている時に必要な最小のエネルギー量を基礎代謝量というが，この基礎代謝量をベースにしてそれぞれのライフサイクルに合わせ

表1．犬の栄養要求量（体重kg／日）　　　　　　　　NRC 1977より

栄養素	単位	成犬維持	成長中の小犬
タンパク質	g	4.8	9.6
脂肪	g	1.1	2.2
リノール酸	g	0.22	0.44
無機質			
カルシウム	mg	242	484
リン	mg	198	396
カリウム	mg	132	264
塩化ナトリウム	mg	242	484
マグネシウム	mg	8.8	17.6
鉄	mg	1.32	2.64
銅	mg	0.16	0.32
マンガン	mg	0.11	0.22
亜鉛	mg	1.1	2.2
ヨウ素	mg	0.034	0.068
セレン	μg	2.42	4.84
ビタミン			
ビタミンA	IU	110	220
ビタミンD	IU	11	22
ビタミンE	IU	1.1	2.2
チアミン	μg	22	44
リボフラビン	μg	48	96
パントテン酸	μg	220	440
ナイアシン	μg	250	500
ピリドキシン	μg	22	44
葉酸	μg	4.0	8.0
ビオチン	μg	2.2	4.4
ビタミンB12	μg	0.5	1.0
コリン	mg	26	52

注）1．μg＝マイクログラム
　　2．これらの値は，成犬では体重1kg当たり22gの食事（乾物換算）をすると想定した場合である．成長中の子犬では体重1kg当たり成犬の2倍の44g，作業中，授乳中の成犬では2～3倍の量（44～66g）を規定したものである．

愛玩動物飼養管理士認定委員会，愛玩動物飼養管理士〈1級〉教本，p.220,（社）日本愛玩動物協会(1999)より

た栄養要求量が求められている（表1参照）．

しかしながら同一品種の犬であっても，体重，性別，運動量の大小によってこのエネルギー要求量は異なってくるため一様の基準で取り扱うことはむずかしい．そのため1日あたりに必要なエネルギー要求量の許容範囲を決めて，あまり神経質にならずに食餌メニューを選定するのが一般的である．

● 犬の食餌とヒトの食事の比較

図にまとめたように，犬とヒトでは栄養要求量にはいろいろな違いがある．

【エネルギー要求量】

体重（1kg当たり）を基準にした場合，1日当たりのエネルギー要求量は，犬では50〜110kcal，ヒトでは35〜40kcalで，体重からみたエネルギー要求量はヒトに比べて大きい．このためヒトよりも高エネルギーの食餌が必要になるが，高エネルギーの食餌を与えれば食餌量は少なくてすむが他の栄養素の相対的な量も多くしないと栄養素の欠乏をきたすことになる．また犬はエネルギー摂取量の自己調節ができにくいので，高エネルギー食の給与を継続すると肥満になるおそれがあるので注意を要する．

【タンパク質要求量】

体重（1kgあたり）を基準にした場合，1日あたりのタンパク質要求量は，犬では4.8gであるのに対してヒトでは1.2gである．体重からみたタンパク質要求量を比較すると，犬はヒトの4倍ものタンパク質が必要なのである．だからといって肉類（鶏肉，畜肉）中心の食餌メニューにすると，タンパク質要求量は簡単に満たせるが，カルシウムやリンが不足したり，これらミネラル（無機質）のバランスがくずれてしまい病気の原因にもなるので注意が必要である．

【ビタミン要求量】

ビタミン類のうちナイアシンは，犬でもヒトでも体重あたりの要求量は同じであるが，ビタミンB_6（ピリドキシン）および葉酸はヒトのほうが犬より高い．この2点を除いて犬のビタミン要求量はヒトよりも高く，とくに脂溶性ビタミンであるビタミンE（トコフェロール）などはヒトの4.6倍が必要である．また骨格形成などにかかわるビタミンDはヒトの3.9倍も要する．

またヒトにとって必要なビタミンCは，犬では体内合成できるため食餌メニューには不要である．ビタミンAの供給源としてレバー，バター，肝油などがあるが，犬はカロチンをビタミンAに転換できるため，これらを食餌メニューに加えるかわりに水煮のにんじんなどを与えてもよい．

【ミネラル要求量】

これらはいずれもヒトに比べて大きな要求量を示している．とくにカルシウムはヒトの22〜24倍，リンは18〜20倍，鉄などは8.5〜11倍である．これらの供給には煮干し，牛乳各種乳製品などがあげられるが，ミネラル剤の利用も有効である．

図1．犬の栄養要求量とヒトの比較

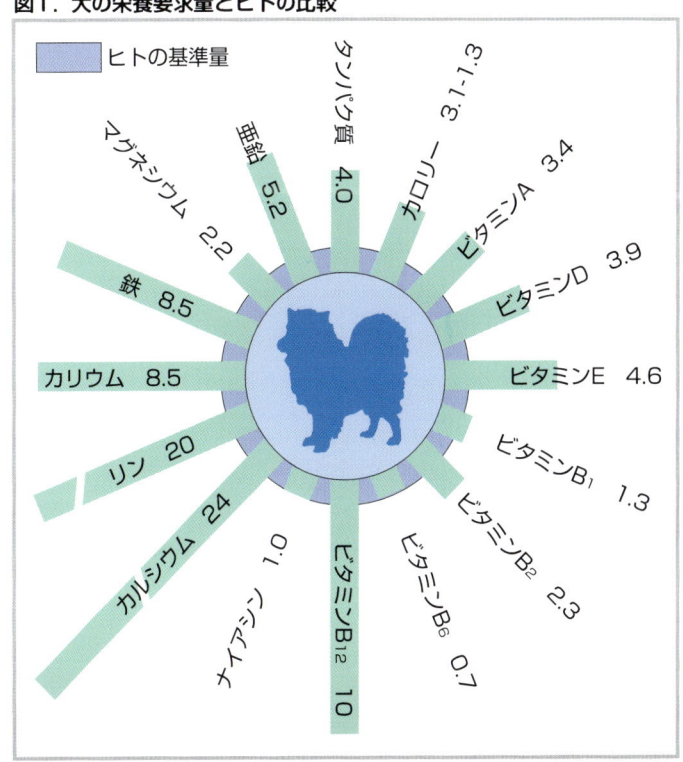

項目	倍率
タンパク質	3.1〜1.3
カロリー	3.1〜1.3
ビタミンA	3.4
ビタミンD	3.9
ビタミンE	4.6
ビタミンB_1	1.3
ビタミンB_2	2.3
ビタミンB_6	0.7
ビタミンB_{12}	10
ナイアシン	1.0
カルシウム	24
リン	20
カリウム	8.5
鉄	8.5
マグネシウム	2.2
亜鉛	5.2
葉酸	4.0

数値は，体重（1kg当たり）を基準として，ヒトの要求量に対する倍率を表す．　愛玩動物飼養管理士認定委員会，愛玩動物飼養管理士〈1級〉教本，p.223，（社）日本愛玩動物協会（1999）より

表2．ビタミンの作用と欠乏症

ビタミン	作用	不足するとおこる症状
ビタミンA	視覚色素，骨形成，抵抗力	夜盲症，成長障害，上皮細胞退化・角化
ビタミンD	骨・歯形成，ミネラル代謝	くる病，骨格異常，成長障害
ビタミンE	酸化防止，抗貧血，抗不妊症，成長促進	生殖・授乳障害，筋ジストロフィー，胎児死亡
ビタミンB_1	抗脚気，炭水化物の代謝，抗神経炎	食欲減退，便秘，嘔吐，体重減少，痙攣
ビタミンB_2	成長促進，抗口角炎・舌炎・眼炎	皮膚炎，角膜障害，結膜炎
パントテン酸	抗皮膚炎，被毛維持，脂肪酸代謝	成長低下，消化器障害
ナイアシン	抗皮膚炎，炭水化物の代謝，抗神経炎	黒舌病，神経障害，消化器炎
ピリドキシン	タンパク質・脂肪酸代謝，血液	成長低下，心機能低下，貧血症
葉酸	血液生成，タンパク質代謝	栄養性貧血，体重減少
ビオチン	補酵素	皮膚炎，角化症，成長低下
ビタミンB_{12}	タンパク質代謝，血液生成	貧血症，抵抗力低下
コリン	脂肪代謝	脂肪肝，成長障害

愛玩動物飼養管理士認定委員会，愛玩動物飼養管理士〈1級〉教本，p.218，（社）日本愛玩動物協会（1999）より

●犬のアレルギー

　体重の変化を調べたり，被毛の状態を観察して犬の健康状態を知ることができる．これらの指標には消化器官，神経やホルモンの機能あるいは栄養物質の供給が適切かどうかが反映されているからである．

　食物アレルギーの場合でも被毛の観察によって知ることができることがある．

　アレルギーとは抗原抗体反応による病的な過程のことであり，抗原とは犬の体を構成している成分とは質の違った物質である．したがって，この抗原が体内に入ると，体内ではこれに対抗する物質（抗体）をつくりだし，ときにはその反応が病的な形をとり，犬の健康に不利に働く場合がある．この抗原（アレルゲン）となる物質は，食餌や呼吸から体内に取り込まれることになるが，食品に由来するアレルゲンとしては，乳，肉，卵などのほかに保存料や薬品，抗生物質などがある．また吸入アレルゲンとしては，植物の花粉や室内のほこりなどがある．さらには犬の居住環境からみると，ノミや回虫のような外部寄生虫，食器類に使われるプラスチック製品，首輪の装飾用金属，ワックスや洗浄剤などがある．また敷物としての羊毛やナイロンなどもアレルゲンとなることがある．

　なお，食中毒について注意を要する原因物質のおもなものを表4にまとめた．

●妊娠した犬の栄養管理

　受胎，妊娠した雌犬の体重は，妊娠後期（6〜9週）に急速に増加する．これは胎児の発育の進展によるものであり，妊娠した犬の栄養とともに胎児の発達を考慮した栄養管理が必要となってくる．母犬の栄養要求量は，受胎後しだいに増加してくるが，6〜7週目に最大となる．また分娩前の1週間程度は食欲が減退してくるが，胎児の発育に必要なタンパク質の供給を除いては，特別な栄養管理を必要としない．

　妊娠期間中の栄養不足は，母犬の健康を阻害するだけではなく，胎児の発達や分娩後の子犬の成長にも大きく影響することになる．とくに妊娠後期の栄養不足は誕生した子犬の成長不良をひきおこしたり，死亡率を高める結果になったりする．また分娩後の母犬の母乳分泌が低下する原因ともなる．

　妊娠後期の食餌として必要な栄養供給量は，妊娠前の2倍程度になる．食餌内容としては，タンパク質や脂肪の割合を多くしたり，ビタミンやミネラルを高めることが必要である．食餌中の栄養素の割合は，タンパク質25〜30％，脂肪10％，炭水化物55〜60％とするとよい．

　母犬は，分娩後，複数の子犬に同時に授乳させることになるので，生活のリズムや授乳のようすを観察することが必要となる．母犬の乳汁分泌量は分娩後3〜5週の間にピ

表3. ミネラルの作用と欠乏症

ミネラル	作用	不足するとおこる症状
カルシウム	骨および歯の主成分	骨の損耗，骨多孔症，歯の脱落，発育障害，繁殖障害，骨折，痙攣，出血，くる病（幼犬）
	血液の凝固	
リン	骨および歯の主成分，レシチン，核タンパク質，酵素の構成成分	成長遅滞，骨軟化症，食欲減退，くる病（幼犬）
鉄	血液成分（ヘモグロビン）→酸素の運搬	貧血症
	酵素（カタラーゼ，チトクローム）	低色素症
	貧血症の予防	
銅	酵素の構成成分，貧血症の予防，骨の発達	ヘモグロビン合成低下，骨折しやすい，毛づや悪化
カリウム	血液成分	成長遅滞，筋肉麻痺
	細胞成分	心臓・腎臓障害
マグネシウム	骨と歯，酵素に関与，体液調節	体重増加の低下（幼犬），食欲不振，筋肉の弱さ，過敏症，発作
塩化ナトリウム（食塩）	正常な生理作用に不可欠，体液中に含まれる	成長停滞，皮膚乾燥，被毛脱落，水分摂取減退，疲労
亜鉛	酵素（タンパク分解酵素ジペプチターゼの活性化）ほか	成長障害，食欲不振，脱毛症，嘔吐，結膜炎，角膜炎
マンガン	酵素系，骨格形成，血液（ヘモグロビン合成）	
ヨウ素（ヨード）	甲状腺腫予防	甲状腺肥大，骨格異常
	酵素系	貧血，被毛の不足，不活発・鈍感

愛玩動物飼養管理士認定委員会，愛玩動物飼養管理士〈1級〉教本，p.216，(社)日本愛玩動物協会(1999)より

表4. 食品による中毒

原因物質	中毒名	症状
タマネギ，長ネギ，ニラ，ニンニクなど	ネギ中毒	食欲不振，ふらつき，貧血，黄疸，赤色尿，嘔吐，下痢，重症例では死亡
チョコレート，カフェイン，コーラなど	メチルキサンチン中毒	嘔吐，下痢，多尿，興奮，不整脈，痙攣，重症例では死亡
古い食品，水，死肉中の微生物（細菌，カビ）毒素	マイコトキシン，エンテロトキシン，エンドトキシン中毒	嘔吐，下痢，食欲不振，多飲多尿，鼻血，重症例では死亡
ビタミンAを多く含む食品	ビタミンA中毒	骨・関節の痛み，視力障害，眼球突出，脱毛
ビタミンDを多く含む食品	ビタミンD中毒	跛行，食欲不振，嘔吐，多尿

小野憲一郎ほか編，イラストでみる犬の病気，p.147，講談社(1996)より

ークを迎え，その後8週ごろまでに低下していく．また母犬の体重は泌乳分泌を終えるころに最低となり，泌乳の停止とともにしだいに体重が回復してくる．

●子犬の健康と栄養管理

【出生から6週齢ごろまで】

出生後の子犬は母乳により栄養供給を受けることになる．母乳中には免疫抗体も含まれているので，疾病予防上からも母乳を与えることが必要である．この抗体の移行は，子犬が母乳を飲んで消化管から吸収されることにより成立する．またこの吸収能力は出生後の比較的短時間に限られる．

子犬の哺育期間はおよそ3週間程度であり，この期間中の子犬は眠ることと母乳を飲むことが生活の中心となる．したがって基本的には眠りたいだけ寝かせ，母乳を飲みたいときに飲ませてあげればよい．子犬の栄養については，母犬の泌乳が正常に行われていれば，それだけで十分な栄養供給を受けることができる．母犬からの泌乳量も増加してくるため，成長する子犬の栄養要求量の増加と一致することになる．3週齢ごろになると，市販の人工乳を使って子犬を慣らすことができるようになるが，人工乳の給与回数は，1日4〜5回くらい必要である．

母犬からの離乳は4週齢以降にすることが推奨されている．これは母犬の乳汁分泌がまだ続いていることや，子犬の体重増加が十分得られるようにするためである．5〜6週齢ごろになると，子犬を母犬から離して徐々に離乳させることができる．離乳直後には体重が減ることがあるが，とくに異常をきたしているというわけではない．これは母乳栄養から食餌による栄養供給へと変化したことによるものである．

離乳した子犬どうしをいっしょにして飼育すると，食餌を競いあって食べるので発育が早くなる．これは犬の社会化とも関係した現象で，1頭だけ単独に飼育した場合よりも食餌の摂取量や発育速度が高まる．また複数で飼育する場合には，犬どうしの中で優劣関係が生じるので劣位の子犬への配慮が必要になってくる．

【6週齢ごろから3ヵ月齢まで】

生後数週間は，犬種による子犬の体重増加量に違いはあまりみられない．しかし離乳後からおよそ3ヵ月齢までの発育は，犬種によって大きく異なってくる．また成熟時の体重に近づくまでの期間は，大型犬よりも小型犬のほうが早い．このように犬の発育が急速におこる時期には，栄養素の欠乏がおこりやすくなるので注意する．大型犬では，成熟時の体重が出生時の50倍以上にもなるので，将来に備えて骨格づくりを考慮した栄養供給をはかる必要がある．食餌回数は2〜3回とし，1日分の食餌を分けて与える．

骨格の形成を考えると，骨の成分は90％以上がカルシウムなので，「この時期にはフードにカルシウム剤を添加すればよい」と考えるのはたいへんな誤りである．骨格形成には，骨の材料となるカルシウム以外に，リンやビタミンDがかかわっており，これら三者の機能が協調しあって骨格が形成されている．したがってカルシウム剤の添加は，むしろ骨の成長を阻害したり，ミネラルの欠乏症を招くことになってしまうかもしれない．フード中にカルシウムとリンが十分含まれていても，その割合が1.2：1程度の比率でないと望ましくない．両者の比率がこの範囲から極端に離れていると，骨からのカルシウムやリンの放出が多くなり，骨の形成は低下することになる．

またカルシウムとリンの比率が適当であってもビタミンDが不足すると，やはり骨の形成は不完全なものになる．ビタミンDは，消化管からのカルシウムの吸収にかかわっている．カルシウムとリンの比率が適正であっても，ビタミンDが過剰になると，骨形成の亢進や歯に異常をきたしたり，高血圧症あるいは軟組織へのカルシウム沈着をきたす結果となる．

このように骨形成については複雑なメカニズムのあることを理解しておくことが大切である．

【4ヵ月齢から6ヵ月齢まで】

歯が乳歯から永久歯へとかわりはじめる．食餌や自分で食べることに興味をもちはじめるようになる．食餌の時間や場所，食器はできるだけ一定にしておくことが大切である．食べ残したフードは食餌後には片づけてしまうことも必要となる．1回の食餌時間は10〜15分程度で終えるようにする．それはフードをいつでも食べられるようにしておくと，食餌の時間が不規則になったり，一日の摂取量が大きく変動する結果となる．こうした習慣が長く続くと，栄養摂取にもかたよりが生じ，犬の健康によくない．

小型犬では5ヵ月齢ごろから食餌のタンパク質やエネルギー量を徐々に低下させて，成犬向けの栄養供給へときりかえていく．これは小型犬の場合には，6〜7ヵ月齢で骨格や筋肉が十分に発達し，成犬に達する犬種が多いためだからである．したがって，これ以降には過剰の栄養給与は肥満の原因にもなる．食餌の回数は朝と夕方の2回くらいにしていく．中型犬では，6ヵ月齢以降には体重の増加が少なくなってくるので，小型犬の場合と同様に食餌のタンパク質やエネルギー量を低下させる．また食餌の回数も1日3回程度にする．大型犬では，骨格や筋肉の発達が続いているので，前月と同様の食餌内容で給与する．

【7ヵ月齢から11ヵ月齢まで】

中型犬では，体格の進展や体重の増加が鈍化して成犬時の大きさへと近づいてくる．そこでフードのタンパク質やエネルギー量を徐々に低下させて，成犬向けの栄養供給へときりかえていく．

大型犬の場合には，8〜9ヵ月齢ごろになるとセント・バーナードやグレート・デーンのような超大型の犬種でなければ，体型が充実して体重も成犬とほぼ同様な状態になるので，従前の食餌のうちタンパク質やエネルギー量を徐々に低下させて成犬の栄養供給量へときりかえる．

超大型犬の場合には，従前の栄養供給のきりかえを行わず，これからさらに6〜8ヵ月間飼育する．

中型犬や大型犬では，運動量を増やして筋肉と体型の発

達を促す．月に3〜4回程度体重をはかり，その変化を観察する．体重は季節により変化するが，健康が維持され，活発な運動がみられるときのおよその体重を知っておくことが大切である．

● 成犬の健康と栄養管理
【1歳以降】
　小型犬では，すでに成犬としての体型ができあがっているので，一定した食餌時間とエネルギー過多の食餌にならないように注意する．また飼い主に抱かれたままの時間が多くなりがちで，犬自身の運動量が不足することが多くみられるので，できるだけ歩かせるように心がける．
　中型犬や大型犬でも骨格の発達や筋肉の形成ができあがるようになる．食餌の量は運動量にあわせて増減させる．また1回の食餌量や質にあまり神経質にならず，1週間程度のサイクルの中で必要量に大きな不足が起こらないようにする．この時期にも定期的に体重をはかり，栄養供給が適切であるかどうか確かめる．気温が高くなる夏季には犬のフード摂取量が低下したり，体重の減少が観察されるが，フードの摂取量が低下すると，必要な栄養素の絶対的な供給量が低下することになる．このため摂取量の低下に応じたタンパク質やエネルギーを高めたフード設計が必要になる．一方，冬季には体温維持のためのエネルギーが余分に必要となるので，エネルギーを高めたフードを調整して与えることになる．

【老齢犬】
　犬の場合では，「老齢」の時期は明確に示されていない．また体格や品種によっても2〜3年程度の幅があり，個体差も大きい．犬の年齢をヒトの場合に当てはめてみると，犬の6歳がヒトの40歳くらいに相当し，門歯の摩耗が観察されるようになる．また犬の10歳はヒトの60歳くらいで，犬では白内障などの障害が現われてくる場合がある．その後，数年の間には聴覚の低下や平常時の体温がやや低下してくることが観察されている．15歳の犬ではヒトの80歳以上に相当するように考えられている．このようなことから，犬の老齢期とは10歳以降に始まるとみてよいかもしれない．
　成犬期に比べると運動量が少なくなり，また飼い主に対しても散歩を催促したり，自ら進んで走り回るなどの強い運動への意欲が低下してくる．フードの摂取量が少なくなり，しかも嗜好の幅もせばまってくる．老齢犬では，栄養素やエネルギーの必要量は成犬期よりも少なくなるが，フードの質を低下させてよいということではない．むしろ少量の食餌からでも必要な栄養を取り込めるように工夫することが大切である．また食餌回数を増やすなどの対応も必要である．フードに対する嗜好が低下しているときには，摂取する栄養素にもかたよりが生じることになる．

● 栄養面からみた病気との関係
【肥満】
　肥満は，脂肪組織の増加あるいは脂肪細胞の肥大によって脂肪蓄積が過剰となった状態であり，単に体重が増加した状態とは異なる．肥満の原因としては，エネルギー摂取量の過剰，ホルモンの分泌異常，遺伝的素因などがあげられる．また肥満の発生率は雄よりも雌で高いことや避妊手術した雌犬，去勢した雄犬でさらに高いことが知られている．
　ラブラドール・レトリーバー，ダックスフンド，ビーグルでは遺伝的素因のあることも報告されている（グレーハウンド，ジャーマン・シェパード・ドッグ，セッターでは遺伝的素因は少ないとされている）．
　ホルモンの分泌異常による肥満については，先天的な場合や疾病による場合を除いては，統計的には発生率は低い．
　一般的にみられる肥満の多くは，フードの摂取に由来したエネルギー摂取量の過剰によるものである．犬の採食を観察すると，咀嚼する回数が少なく短時間のうちに与えられたフードを食べ終えてしまう．飼い主にとってはこのような光景を目にすると，与えたフードの量が少なかったのではないかと不安になり，さらにフードを追加して与えてしまいがちである．また飼い主の帰宅が遅くなったときなどには，「謝罪の気持ち」も含めて過剰にフードを与えがちになる．さらに間食として与えるフードも1日に必要な栄養量を考慮されることが少ないため，結果としてはフードの給与量が多くなり，犬のエネルギー摂取量を増加させてしまうことになる．肥満した犬では，四肢への負担が増加したり，内臓諸器官の機能に支障をきたすことになる．
　犬の脂肪細胞は，出生時に一定数を保っているが，エネルギー摂取量が過剰になると脂肪細胞の数を増加させたり，

図2．肥満した犬の外観（ビーグル犬の例）

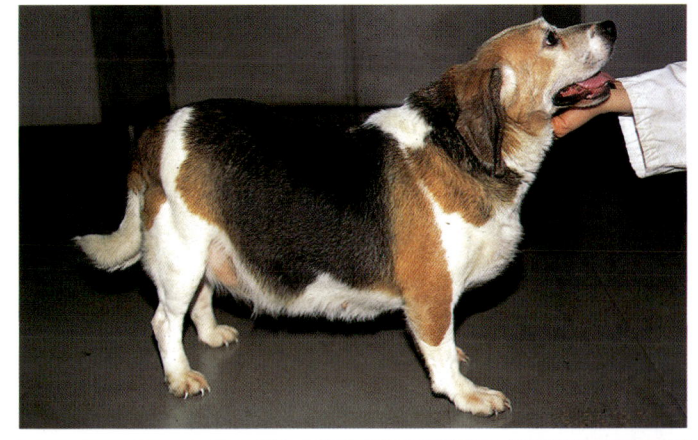

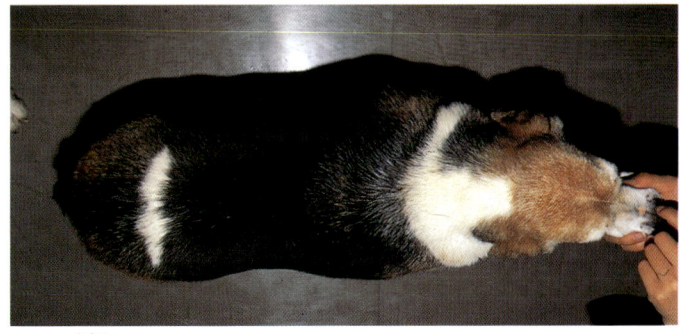

腹部の下垂（上）．肩および腰部への皮下脂肪の蓄積（下）．

〔写真提供：左向敏紀先生（日本獣医畜産大学）〕

脂肪細胞を肥大させることによって脂肪を体内に蓄積させる．一般に若齢期には脂肪細胞を増加させる傾向にあり，また成犬期以降では脂肪細胞を肥大化させていく．このことは肥満が成犬期以降にだけみられるものではなく，肥満のパターンが若齢期と成犬期以降では異なっていることを示している．

犬の肥満は，ヒトの場合と同じように容易に改善することができない．また計画的に減量処方を用いても短期間のうちには効果が現われない．犬の減量には最低でも6週間以上の期間が必要となり，うまく減量できた場合でもその後の飼育管理にも注意することが必要である．減量の方法としては，無理のない目標体重を設定し，現在のフードの摂取量またはエネルギー摂取量を段階的に少なくしていくことになる．

【糖尿病】

エネルギー源となる炭水化物の中で，ショ糖や砂糖（菓子類）の摂取量が過剰になると血糖を維持するためのインスリン分泌が高くなる．また肥満によりインスリン感受性が低下したり，脂肪過多のフード習慣が続くと，インスリン依存性の糖尿病をひきおこす要因となる．糖尿病の原因としては，遺伝的要因，ホルモン，免疫力，薬物，ウイルスなどさまざまである．若齢性糖尿病はジャーマン・シェパード・ドッグ，ラブラドール・レトリーバー，プードルなど特定の犬種でみられるが，発生率からみると成犬でのインスリン依存性糖尿病が多い．

食餌療法としては，デンプンのような易利用性炭水化物の給与量を少なくしたり，トウモロコシのような消化の遅いタイプのデンプンを食材として利用する方法がある．またフード中の繊維質を多くし，フード全体のエネルギー量を抑制することも同時に行われる．基本的には，フードの脂肪量を多くすることはできないが，飽和脂肪酸の多い畜肉は避け，中鎖あるいは短鎖脂肪の多い植物油を用いる．またタンパク質からの糖新生機能により血糖値を維持するため，フードのタンパク質量を高く設定する必要がある．

付表1．犬用市販フードの形態，用途及び原産国別製品数

形態	ドライタイプ				ウェットタイプ			半生タイプ	
原産国／用途	幼犬	成犬	老齢犬	肥満犬	幼犬	成犬	老齢犬	成犬	計
日本	3	8	2	4	2	14	0	9	42
アメリカ	5	16	1	5	2	14	2	0	45
カナダ	1	1	1	1	1	3	1	0	9
フランス	2	1	0	0	0	0	0	0	3
デンマーク	0	0	0	0	0	3	0	0	3
オーストラリア	2	5	1	2	0	13	0	0	23
不明	2	2	2	0	0	0	0	0	6
計	15	33	7	12	5	47	3	9	131

付表2．犬用市販フードの成分組成（乾物％）

形態	ドライタイプ			ウェットタイプ		半生タイプ	
成分組成	幼犬	成犬	肥満犬	幼犬	成犬	成犬	計
粗タンパク質	29.7	24.7	22.2	41.5	48.9	21.1	
粗脂肪	13.3	10.5	6.9	17.9	16.7	6.2	
NFE*	46.4	54.2	59.9	30.8	23.0	64.2	
粗繊維	2.3	2.8	4.4	1.7	1.8	1.4	
粗灰分	8.3	7.8	6.6	8.0	9.6	7.1	
製品数	15	33	12	5	47	9	121
会社数	13	16	10	4	12	4	59

*可溶性無窒素物

付表3．犬用市販フードの価格（円／乾物100g）

形態	ドライタイプ				ウェットタイプ			半生タイプ
原産国／用途	幼犬	成犬	老齢犬	肥満犬	幼犬	成犬	老齢犬	成犬
日本	112	76	95	94	603	475		105
アメリカ	111	112	105	137	236	307	215	
カナダ	93	81		82	559	482	511	
フランス	105	104						
デンマーク						400		
オーストラリア	93	59	66	74		571		
平均	103	87	88	97	446	447	363	105
製品数	13	29	6	11	5	47	2	9

健康管理

伝染病とワクチン接種

細菌，ウイルスなどの目にみえない微生物がときにひどい伝染病をひきおこすことがある．そのなかでも犬にとってとくに注意すべき病気を次に紹介する．

【ジステンパー】

パラミキソウイルスがおこす疾患で，死亡率も高い．鼻腔粘膜，気管，肺，腸管などに感染し，発熱，咳，膿が混じった鼻汁，下痢などの症状をおこす．また脳などの中枢神経にも感染し，てんかん様発作や麻痺などの神経症状をおこすこともある．

【パルボウイルス感染症】

パルボウイルスによっておきる．小腸や骨髄細胞に感染し，発熱，激しい血便，嘔吐，白血球減少などをおこし，致死的になることも多い．また心臓に感染し，子犬に突然死をおこす場合もある．

【パラインフルエンザウイルス感染症】

パラインフルエンザウイルスの感染でおきる上部気道炎および肺炎である．発咳がめだち，発熱する場合も多い．実際にはこのウイルスに加え，アデノウイルス2型などの他のウイルスや細菌が同時に感染している場合が多く，これらの混合感染をケンネルコフとよぶ．

【伝染性肝炎】

アデノウイルス1型によっておきる．肝炎をおこし，発熱，嘔吐，下痢，腹痛などの症状がみられる．また回復するときに目が青く濁ることがある．ケンネルコフの原因の1つとなるアデノウイルス2型と類似しているため，ワクチンとしてはアデノウイルス2型由来の成分のみで2つのウイルス疾患が予防できる．

【レプトスピラ症】

レプトスピラ属に含まれる細菌によっておきる．おもにこの属に含まれる2種類の細菌が関与していて，肝臓や腎臓に感染し，発熱，嘔吐，下痢，出血などの症状が現われる．黄疸出血型では黄疸が出ることが多い．この病気はネズミが媒介し，ヒトにも感染する．

【狂犬病】

ラブドウイルスによりおきる．ヒトを含む哺乳類に広く感染し，犬やヒトには致命的である．現在日本には存在しないとされているが，海外ではまだ大きな問題となっている．多くの動物が海外から輸入されるため，現在もワクチンの接種が法律で義務づけられている（狂犬病予防法）．

以上の病気はいずれも強い伝染力をもっており，感染してからの治療よりも予防が重要となってくる．そしてそのもっとも有効な予防策がワクチンである．

ワクチンは実際の病気に感染することなく免疫力をつけ

◆ワクチン接種と免疫のしくみ

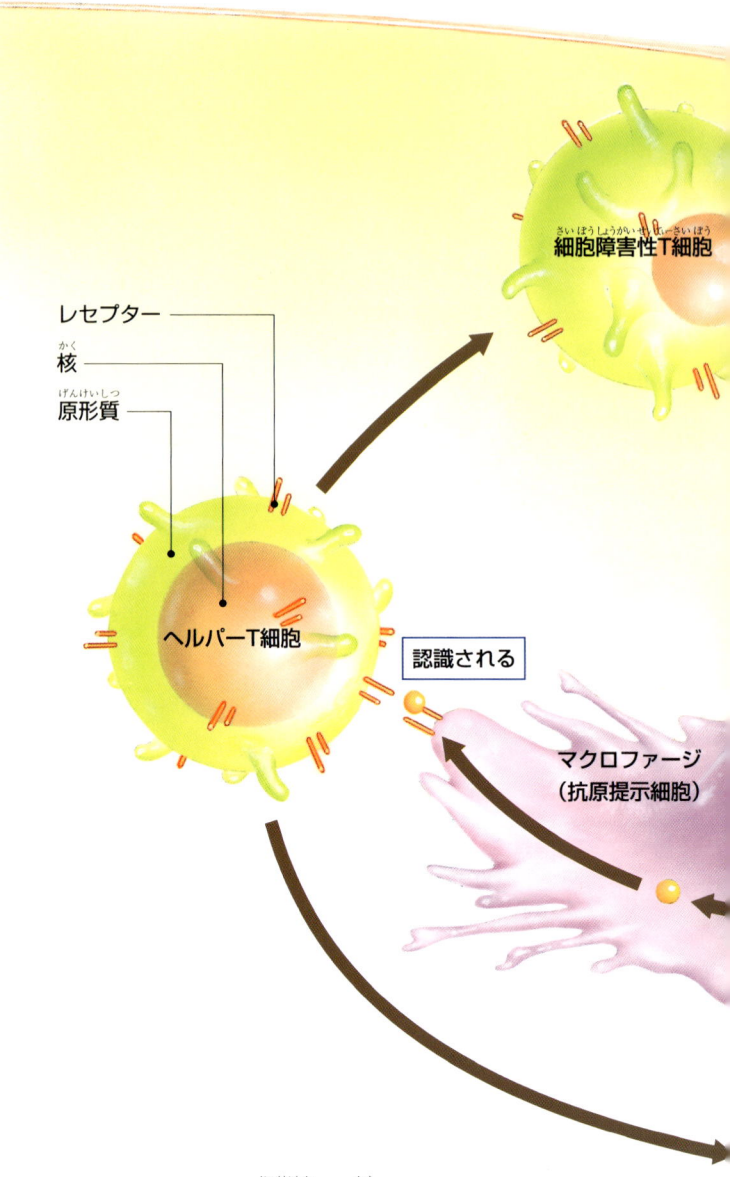

ウイルスに対するワクチンは弱毒化した生ワクチン，細菌に対してはホルマリンなどの薬品でウイルスや細菌を殺した（死菌化した）不活化ワクチンがおもに使用されている．これらのワクチンを接種すると，ウイルスでは「細胞性免疫」といって，リンパ球系の細胞（ナチュラルキラー細胞，細胞障害性T細胞）がウイルスに感染した細胞を破壊する．一方，細菌に対しては白血球系のマクロファージという細胞を介してリンパ球系のB細胞が病原体に抵抗する抗体を作り出す．この抗体が病原体（抗原）を破壊する．これらの病原体に対する免疫力をつけるためにワクチン接種が行われる．

るのを目的としている．実際には不活化した病原体または弱毒化した病原体を注射し，免疫を刺激することによって，病気に対する抵抗力を誘導するのである．

ワクチン成分は病原体に対する免疫応答を誘導するものであるため，非常に若齢の子犬や体調不良のために免疫力が落ちている動物では，ワクチンを接種してもその効力が十分得られないので注意が必要である．

とくに子犬に関しては，母親から与えられた抗体（移行抗体）がワクチンに影響して効果が弱まることがある．そのため移行抗体がなくなると同時にワクチンを接種するのが理想的とされる．ところが実際には犬によって移行抗体のなくなる時期にかなりの差があるため，複数回，間隔を

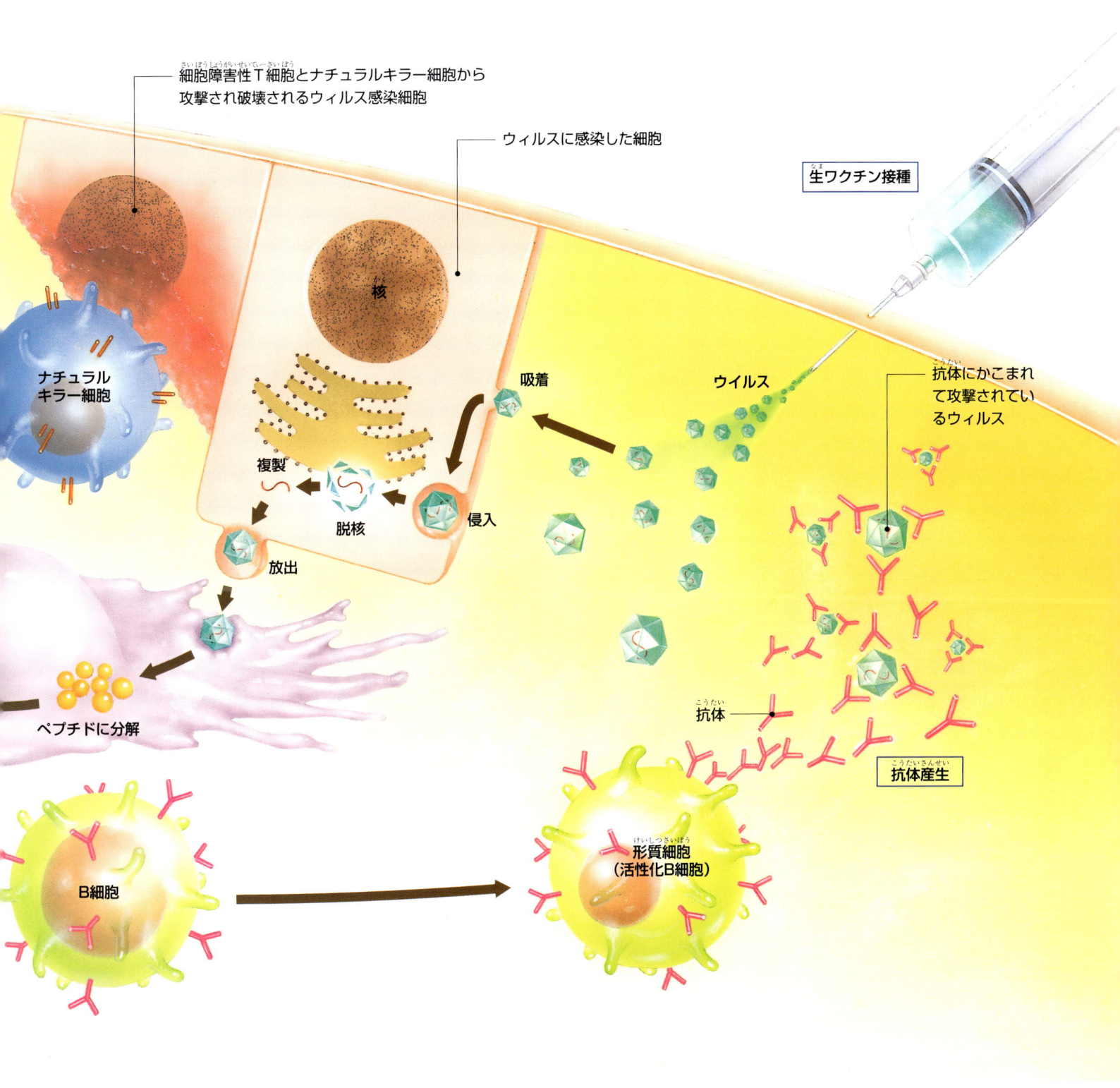

細胞障害性T細胞とナチュラルキラー細胞から攻撃され破壊されるウィルス感染細胞

ウィルスに感染した細胞

生ワクチン接種

ナチュラルキラー細胞

核

吸着

ウイルス

抗体にかこまれて攻撃されているウィルス

複製

脱核

侵入

放出

ペプチドに分解

抗体

抗体産生

B細胞

形質細胞（活性化B細胞）

あけてワクチンを接種し，確実に免疫力をつけることが必要である．成犬になっても免疫力を持続するためには一般的に一年に一度の追加接種をすることが推奨されている．

また，ワクチン接種後にはショック，発熱，嘔吐，じんま疹などの過敏反応（副反応）がおきることがあるので十分に観察する．

現在主流となっているのが狂犬病以外の前出の病気を含む7種混合ワクチン，さらにレプトスピラ2種を除いた5種混合ワクチン，および狂犬病ワクチンである．

ペットホテルなど，多くの犬が集まる場所に飼い犬をつれていくことがある場合にはこれらのワクチン接種は必須である．

表．おもな犬のワクチン

7種混合ワクチン	①ジステンパー
	②パルボウイルス感染症
	③パラインフルエンザ感染症
	④伝染性肝炎
	⑤アデノウイルス2型感染症
	⑥レプトスピラ症（2種類）
5種混合ワクチン	①ジステンパー
	②パルボウイルス感染症
	③パラインフルエンザ感染症
	④伝染性肝炎
	⑤アデノウイルス2型感染症
狂犬病ワクチン	狂犬病

健康管理 85

寄生虫の予防と駆除

おもな犬の寄生虫は大きく分けて，心臓血管系に寄生するもの（犬糸状虫），腸管に寄生するもの（回虫，鉤虫，鞭虫，瓜実条虫など），体の外部に寄生するもの（ダニ，ノミなど）がある．寄生虫の予防と駆除に関してはそれぞれのライフサイクル（生活環）をよく理解することが重要なポイントになる．

【犬糸状虫（フィラリア）】

犬糸状虫は犬の心臓に寄生するソウメン状の線虫で体長30cmに達する．全身の血液循環が障害され，慢性症では咳，息切れ，失神，浮腫，腹水などが，また，少数に見られる急性症では突然赤色尿を排出したり，喀血して急死することもある．

感染した犬の心臓に寄生する成虫からは血液中に子虫（ミクロフィラリア）が産出されるが，この犬から蚊が吸血する際に同時に吸い込まれ，蚊の体内で成長する．子虫は蚊が別の動物を吸血するときにいっしょに侵入し，侵入した犬の体内を約2ヵ月間循環しながら成長して心臓へたどりついて成虫になる．

この犬糸状虫は予防薬を定期的に投与することで，子虫が心臓へ到達するまでに殺滅することができる．現在の予防薬は蚊の出現時期の約1ヵ月後（5～6月ごろ）から，蚊が出現しなくなって1ヵ月後（11～12月ごろ）まで月に1回与えるタイプのものが中心である．この予防薬の投与時期については各地域の蚊の発生状況を考慮して決める．

成虫が心臓に寄生した場合は薬物により駆除する方法があるが，虫体が肺に栓塞し重篤な症状をひきおこす危険がある．症状によっては外科的に心臓から摘出する場合もあるが，これも危険をともなう．さらに子虫（ミクロフィラリア）保有犬に予防薬を与えると，ショック症状が出現することがあるので注意を要する．

【腸管の寄生虫】

腸管には線虫（回虫，鉤虫，鞭虫など）や条虫（瓜実条虫）などが寄生し，重度寄生では下痢，腹痛，貧血，発育不良などをひきおこす．

いずれの寄生虫も感染源（感染幼虫や成熟卵または条虫ではノミ）を経口的に摂取することにより感染するので，糞便の処理やノミの駆除を確実に行うことが重要である．

また犬回虫は母犬から胎盤感染することもある．したがって定期的に糞便検査を行い，検出された寄生虫の駆虫を行うべきである．一般に成犬では感染しても症状を示すことは少ないが，幼若な個体では治療を必要とする場合が多い．いずれの腸管寄生虫に対しても駆虫薬の投与が有効である．

【外部寄生虫】

犬によく見られる外部寄生虫はマダニとノミである．これらは宿主の体表に寄生し吸血するだけでなく，マダニはバベシア病やライム病，またノミは瓜実条虫の媒介者として重要な役割を果たしている．またノミの吸血にはかゆみがともない，アレルギー性皮膚炎をおこす．マダニは野外の草の上で犬を待ちうけているものが多く，一方ノミは環境中（犬舎や寝床）で非寄生期をすごす．マダニとノミの寄生に対する予防と駆除の薬剤には首輪型，シャンプー型，スプレー型，滴下式などさまざまな形状のものがあるので，目的と寄生の重症度に応じて選択が可能である．またノミに対しては昆虫成長調整剤の内服や環境中のノミの駆除も有効である．

◆寄生虫の寄生部位

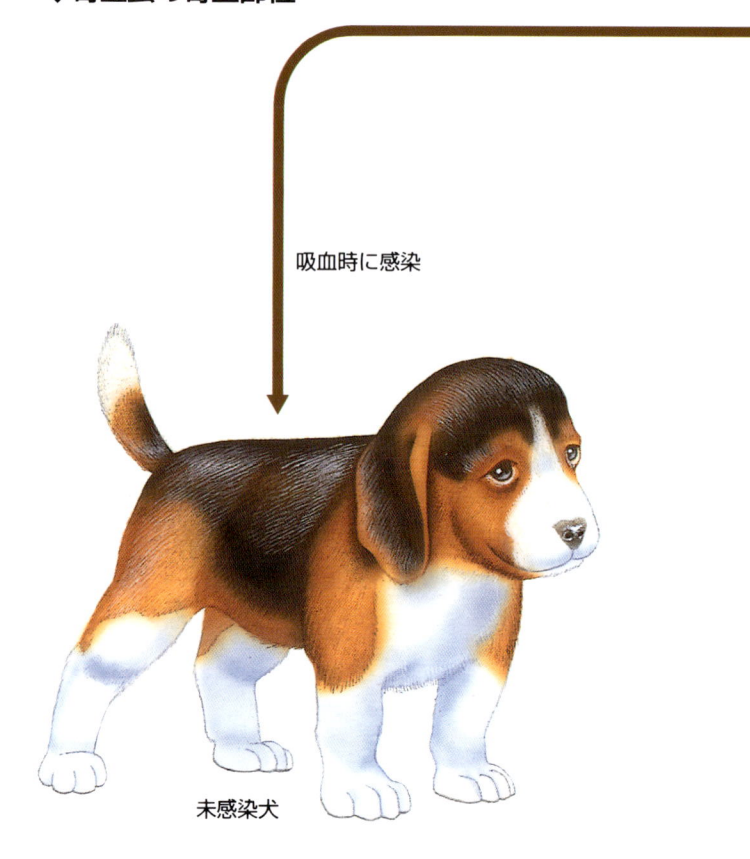

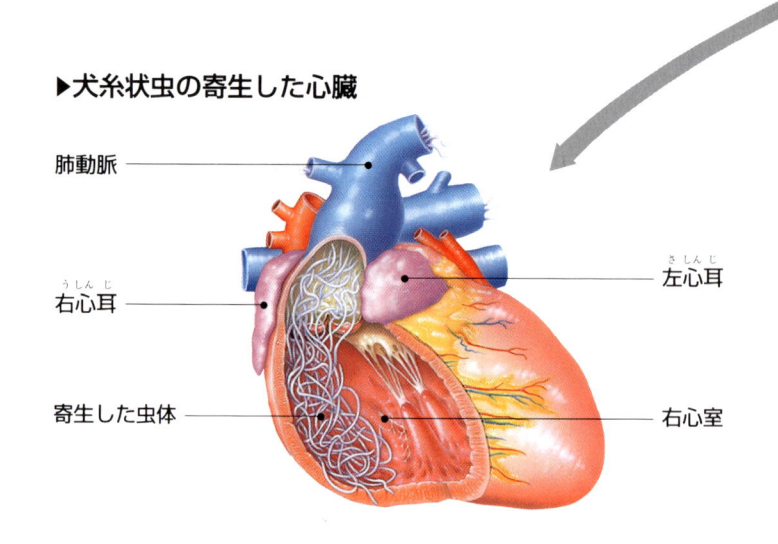

吸血時に感染

未感染犬

▶犬糸状虫の寄生した心臓

肺動脈
右心耳
左心耳
寄生した虫体
右心室

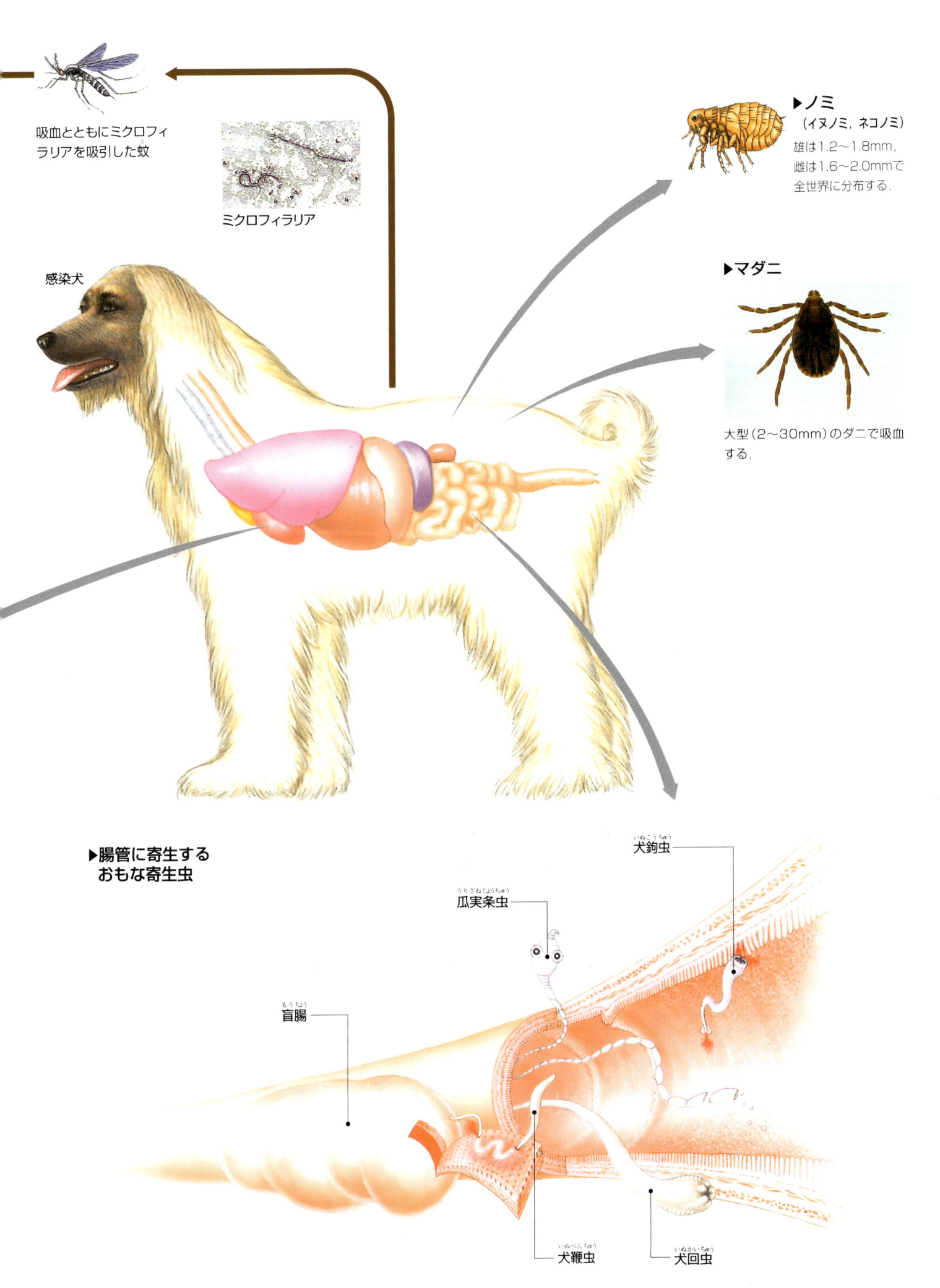

吸血とともにミクロフィラリアを吸引した蚊

ミクロフィラリア

感染犬

▶ノミ（イヌノミ，ネコノミ）
雄は1.2～1.8mm，雌は1.6～2.0mmで全世界に分布する．

▶マダニ
大型（2～30mm）のダニで吸血する．

▶**腸管に寄生するおもな寄生虫**

盲腸（もうちょう）

瓜実条虫（うりざねじょうちゅう）

犬鉤虫（いぬこうちゅう）

犬鞭虫（いぬべんちゅう）

犬回虫（いぬかいちゅう）

健康管理 87

よくみられる皮膚と耳の病気

犬の皮膚病には大きく分けてかゆみをともなうものとともなわないものがある．

●かゆみをともなう皮膚病

【ノミアレルギー】
犬にもっともよくみられる代表的な寄生虫にはノミ，犬疥癬，毛包虫がある．ノミによる皮膚病変はノミに刺されるという物理的な刺激以外にノミの唾液中に含まれるタンパク質に対するアレルギー反応によってもおこる．そのため，一匹のノミに刺されただけでもかゆみをともなう重篤な皮膚症状を起こす．

【疥癬症】
疥癬症は犬疥癬が皮膚内に寄生しておこる皮膚疾患であり，その病変は耳介周辺部や肘によくみられる．

【毛包虫症】
毛包虫症では毛包虫が毛包のなかに寄生して毛包を破壊し，細菌などによる二次感染をひきおこす．
いずれの疾患も寄生虫を駆除することが必要である．

【膿皮症】
膿皮症は細菌が皮膚に感染して膿疱を形成する皮膚病である．ジャーマン・シェパード・ドッグやボクサーなどの犬種ではとくに重篤な症状を呈することがある．細菌が膿疱を形成する部位の深さによって表面性，浅層性，深在性に分類される．ほとんどの場合，抗生物質の内服や抗菌シャンプーによる治療に反応するが，アトピー性皮膚炎が基礎疾患として存在する場合はその治療も必要である．

【真菌症】
皮膚真菌症は皮膚に真菌（カビ）が感染しておこる皮膚病である．皮膚に感染する真菌の代表的なものは皮膚の表層に感染する皮膚糸状菌である．真菌の感染部位にはその病態の進行程度によって脱毛，丘疹，痂皮（かさぶた）がみられる．治療には生活環境の改善とともに外用または内服の抗真菌剤の投与や薬用シャンプーの使用が必要である．

【アトピー性皮膚炎】
アトピー性皮膚炎は何らかの遺伝的な要因に加えて，花粉，ダニなどの抗原に対して過剰なアレルギー反応をおこすことによって発症する．犬の皮膚病でもっともよくみられるものである．3歳未満でほとんどが発症する．好発犬種としてはテリア系，アイリッシュ・セッター，ジャーマン・シェパード・ドッグ，ダルメシアン，ミニチュア・シュナウザーなどが有名である．症状は強いかゆみが特徴で，皮膚病変は経過によってさまざまな段階を示し，また寄生虫あるいは細菌の感染などを併発するために他の皮膚病と誤診されやすい．耳にアトピー性皮膚炎がおこった場合には外耳炎をひきおこす．外耳炎が重度となったときは耳道がふさがってしまうこともあり，このときは外科手術などが必要となる．治療は，かゆみを抑えることを目的とした副腎皮質ステロイドホルモン剤の投与による対症療法と，根治治療として抗原液の注射によってアレルギー反応を低下させる減感作療法がある．

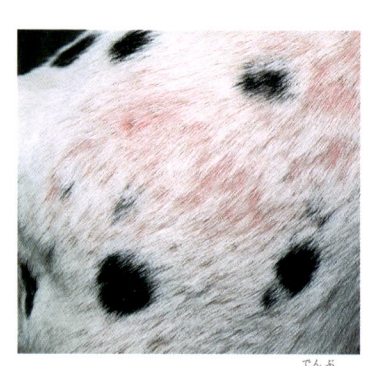

◆皮膚病の治癒過程
紅斑に始まり，丘疹，小水疱，びらん，痂皮，落屑，苔癬化などをたどって治癒するが，すべてが同一の過程をとるのではなく，紅斑から落屑を経て治癒する場合もある．

図1．ノミアレルギーにみられる殿部の丘疹と脱毛．

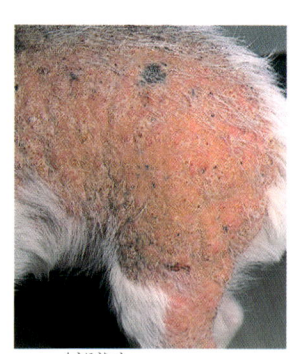

図2．毛包虫による病変．体幹部から大腿部にかけて脱毛と膿痂疹がみられる．

●かゆみをともなわない皮膚病

【ホルモン異常による皮膚病】
甲状腺ホルモン異常（甲状腺機能低下症），副腎皮質ホルモン異常（副腎皮質機能亢進症），成長ホルモン異常（成

◆**外耳炎**
垂直耳道と水平耳道が炎症をおこしている．

落屑 → 治癒
痂皮（かさぶた）
苔癬化

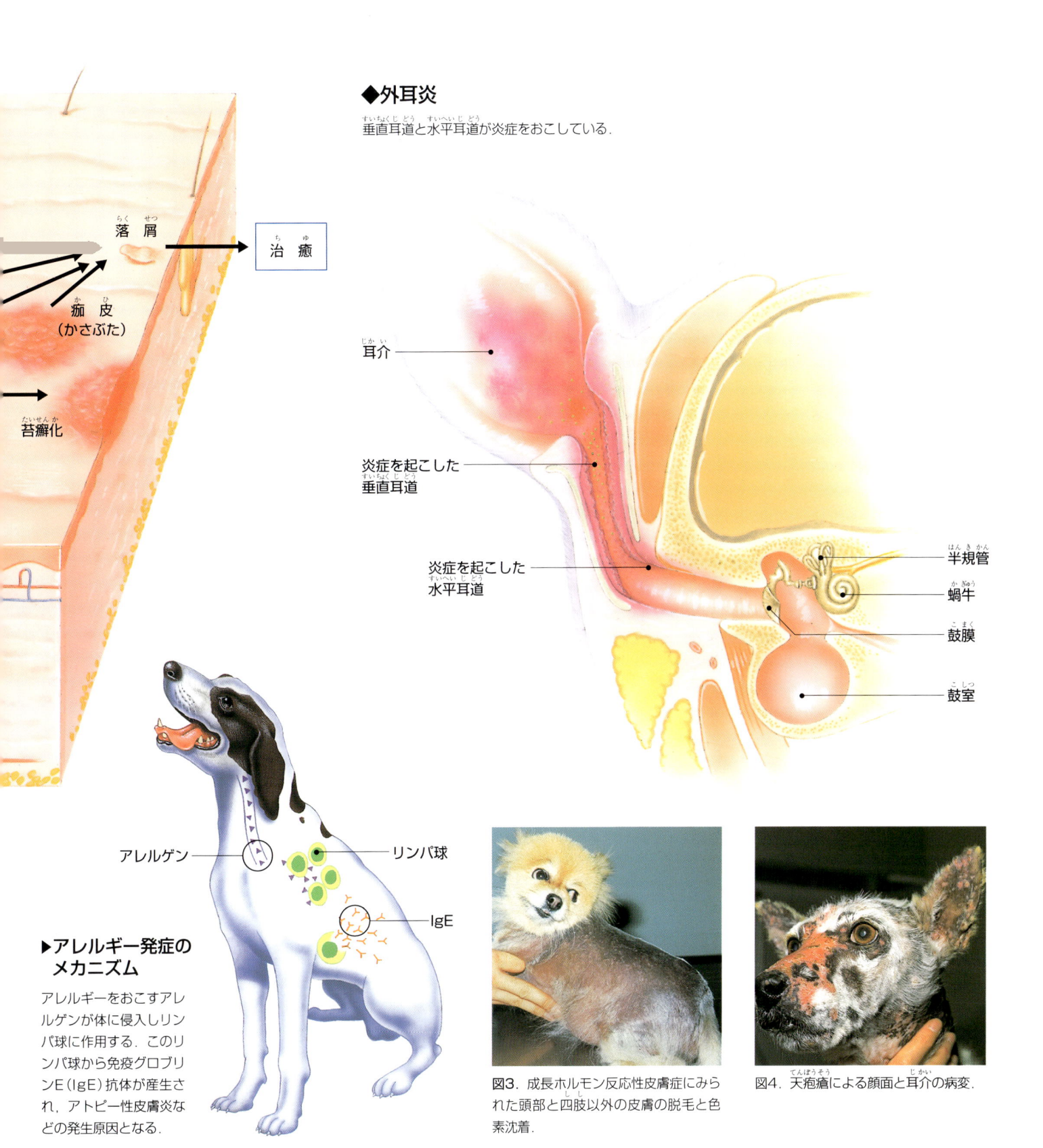

耳介
炎症を起こした垂直耳道
炎症を起こした水平耳道
半規管
蝸牛
鼓膜
鼓室

アレルゲン
リンパ球
IgE

▶**アレルギー発症のメカニズム**
アレルギーをおこすアレルゲンが体に侵入しリンパ球に作用する．このリンパ球から免疫グロブリンE（IgE）抗体が産生され，アトピー性皮膚炎などの発生原因となる．

図3．成長ホルモン反応性皮膚症にみられた頭部と四肢以外の皮膚の脱毛と色素沈着．

図4．天疱瘡による顔面と耳介の病変．

長ホルモン反応性皮膚症），性ホルモン異常（去勢または避妊後の脱毛）などがあげられる．

　ホルモン異常による皮膚症状は，被毛の新陳代謝が悪いために抜け落ちやすくなって起こる左右対称性の脱毛である．これらの脱毛は頭部や四肢端にはみられず，体幹部に現われる傾向がある．また，甲状腺機能低下症や成長ホルモン反応性皮膚症にみられる脱毛部には色素沈着がおこることが多い．

　治療はホルモン剤の投与あるいはホルモン分泌を抑制する薬剤の投与によって行う．

【免疫異常による皮膚病】
　免疫異常が関与する皮膚病のなかでよくみられるものに自己免疫疾患がある．自己免疫疾患には，天疱瘡，紅斑性狼瘡，類天疱瘡などがある．皮膚の細胞に対する抗体（自己抗体）ができることによって皮膚自体に障害をもたらすとされる．自己抗体が攻撃する部位，病変の現われ方によって天疱瘡，紅斑性狼瘡，類天疱瘡などに分類される．その中でもっとも頻度が高いものは天疱瘡であり，顔面や耳介に痂皮をともなった膿皮症に類似した皮膚炎を生じる．これらの自己免疫疾患の治療には免疫抑制剤が使用される．

健康管理 89

よくみられる眼の病気

【乾性角結膜炎・角膜炎・角膜潰瘍】

　角膜は外界と接している部分で，その表層には涙液があり，角膜を保護し栄養を供給している．この涙液が減少する病気を乾性角結膜炎という．また，角膜が種々の原因で炎症をおこした状態を角膜炎といい，さらに炎症が角膜表層から深層へ達し角膜の一部が欠損した状態を角膜潰瘍という．

　涙液は3層，すなわち，脂質層，水溶性涙液，粘液層からなるが，乾性角結膜炎は水溶性涙液が減少する病気である．正常な涙の量は10mm／分以上であるが，この病気にかかると涙液量はこれ以下の数値となる．原因の多くは不明であるが，涙腺の外傷による損傷，第三眼瞼腺の除去，免疫疾患，神経障害，ジステンパーなどにより発生する．症状としては角膜の輝きが消失し，眼脂（めやに），結膜炎，さらには角膜炎をともなうこともある．

　角膜炎は細菌感染，外傷，涙液の減少，免疫疾患，睫毛異常，全身性疾患などにより発生する．角膜潰瘍は炎症が進行し角膜実質までおよび，その部分の角膜は壊死し潰瘍化したものである．認められる症状は痛み，涙目，眼瞼痙攣，角膜の白濁，角膜血管侵入などであるがときに角膜が穿孔する場合もある．

【白内障】

　白内障は眼の中の水晶体がなんらかの原因で，一部または全部が白濁し進行すれば視力障害をひきおこす病気である．

　白内障は先天性白内障と後天性白内障に分類される．後天性白内障は老年性の変化，糖尿病など代謝性の変化，外傷性，中毒性，網膜症などにより発生する．白内障の発生には犬種が関係しており，アメリカン・コッカー・スパニエル，プードル，ビーグル，アフガン・ハウンド，柴犬などに発生が多い．臨床的には白内障の程度により初期白内障，未成熟白内障，成熟白内障，過熟白内障に分類され，初期白内障では視力はさほど障害されないが，未成熟以上の白内障では外科的治療が必要となる．

【緑内障】

　眼球内には房水が循環しており，産生と排出は一定に保たれていて眼球内部の圧（眼圧）が維持されている．緑内障とは何らかの原因で房水の排出が阻害され眼圧が上昇した状態をいう．

　緑内障は先天性緑内障，原因不明の原発性緑内障，他の病気が原因でおこる続発性緑内障にわけられる．原発性緑内障は犬種と関係しており，アメリカン・コッカー・スパニエル，シベリアン・ハスキー，バセット・ハウンド，スプリンガー・スパニエル，柴犬などの犬種でその発生が多い．本症は両眼性に発生することが多い．

◆角膜潰瘍の進行

小野憲一郎ほか編，イラストでみる犬の病気，p.11，講談社（1996）より

- 角膜上皮
- 角膜固有層
- デスメ膜
- 角膜内皮
- 角膜の欠損がおこり潰瘍が形成されている

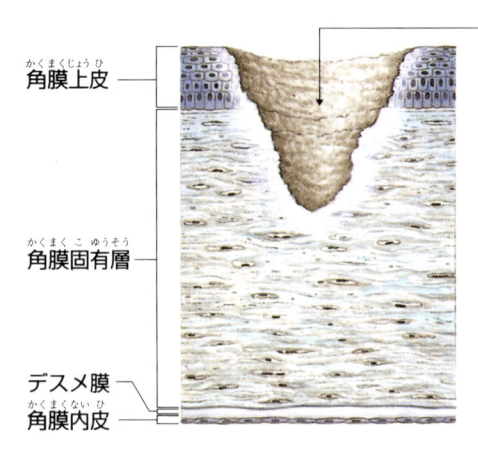

◆白内障の病勢の進行過程

小野憲一郎ほか編，イラストでみる犬の病気，p.12，講談社（1996）より

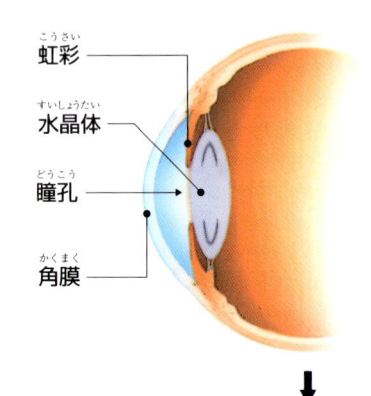

- 虹彩
- 水晶体
- 瞳孔
- 角膜

❶初期白内障
水晶体の一部に白濁した部分がみられる．

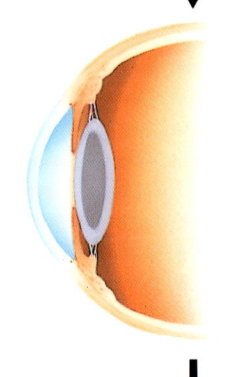

❷未成熟白内障
水晶体の白濁が水晶体のほとんどの部分に広がる．視力も低下する．

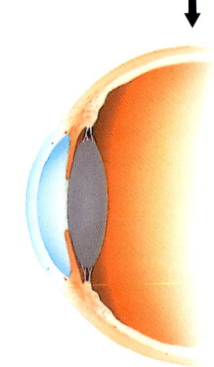

❸成熟白内障
水晶体全域が完全に白濁し，無色透明だった水晶体が灰白色に変色する．

　緑内障の急性期には痛みをともない，角膜が白くみえたり（角膜浮腫），結膜が赤く充血（上強膜血管の充血）したり，瞳が広がったり（散瞳）する症状が認められる．眼圧の上昇が持続した状態が続くと網膜や視神経が障害され失明する．また，長期に眼圧上昇が続くと眼球が拡大したり（牛眼），水晶体が脱臼することがある．

◆緑内障の発生と房水の流れ

小野憲一郎ほか編，イラストでみる犬の病気，p.13，講談社（1996）より

正常な房水の流れ（図中の矢印）

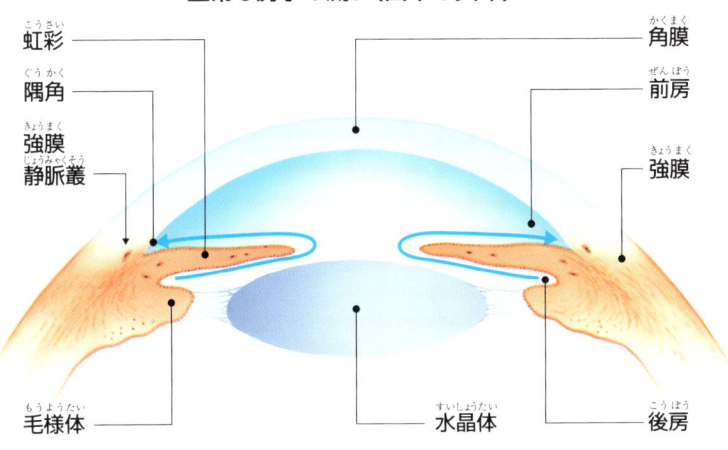

- 虹彩
- 隅角
- 強膜静脈叢
- 角膜
- 前房
- 強膜
- 毛様体
- 水晶体
- 後房

房水は毛様体で作られ，後房，前房を経由して隅角の強膜静脈叢から眼の外側に流出し，眼内の房水の量は正常時にはつねに一定の量である．

（沖坂重邦，病気の地図帳，講談社，1992を参考にして作図）

房水の貯留による緑内障

- 強膜静脈叢周囲の組織障害
- 虹彩根部の隅角の閉塞

開放隅角緑内障
隅角に異常はなく，強膜静脈叢周辺の組織に異常があって房水が眼の外側に流出できず，眼内に貯留して視神経を圧迫する．

閉塞隅角緑内障
虹彩根部の位置異常などで，隅角が狭くなり，強膜静脈叢への進入路が閉鎖される．その結果，房水が貯留して視神経を圧迫する．

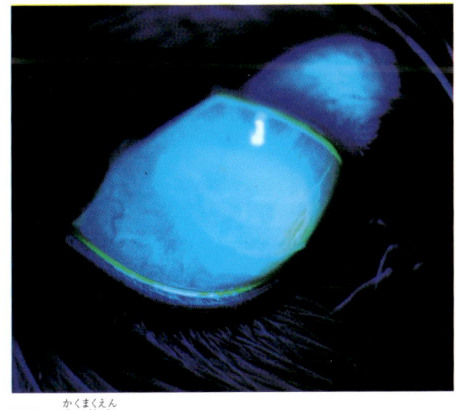

図1．角膜炎
角膜炎を特殊な色素で染色したもので，中央部に認められる緑色に染まった部分が角膜表層が欠損している部分である．通常，角膜が正常であれば色素に染まることはない．

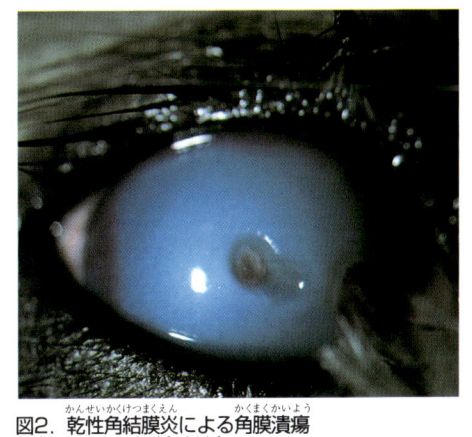

図2．乾性角結膜炎による角膜潰瘍
角膜中央部に潰瘍（陥凹している部分）がみられ，炎症が角膜全体に広がっているため角膜浮腫（角膜がすりガラス状にみえる部分）も認められる．また，角膜輪部（角膜と結膜の境目の部分）から血管が侵入していることより時間が経過していることがわかる．

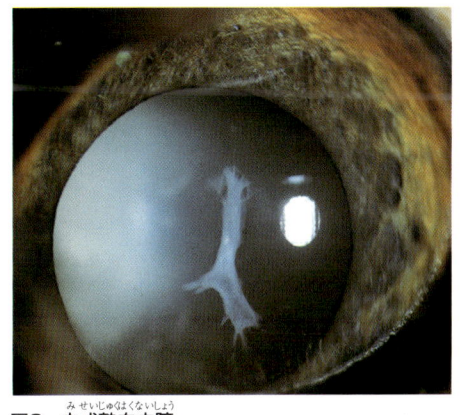

図3．未成熟白内障
水晶体の中央部の白い部分（Yを逆にしたような形）が白内障である．水晶体はひとつの塊でなく，実際には3つ部分が組み合わさって構成されており，白くみえる部分はその接合部である．また，その後方にみえる白い部分も白内障である．この犬では水晶体の前と後ろの2ヵ所に白内障がみられる．

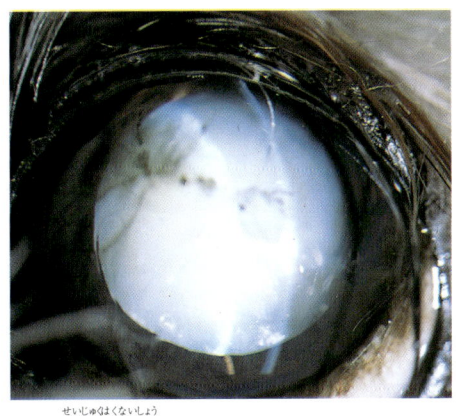

図4．成熟白内障
水晶体全体が白く検眼鏡で検査しても眼底はみることはできない．完全に視力は障害されている．

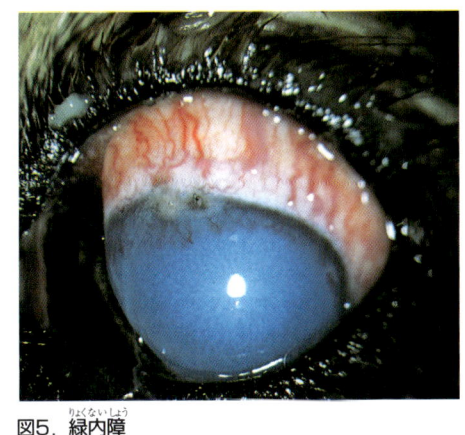

図5．緑内障
眼圧が非常に高く上昇しているため，角膜は青白く（角膜浮腫），結膜の上強膜の血管は充血している．正常な眼圧は犬では10～25mmHgといわれており，眼圧が40mmHg以上に上昇すると角膜は写真のように角膜浮腫となる．

図6．水晶体脱臼
緑内障により眼球が拡大したため，水晶体は眼球の中央部にチン小帯という線維でつられており，その赤道部（周辺部）をみることはできない．写真では水晶体が上方に変位しているため水晶体下方の赤道部がみえる．

健康管理 91

歯の管理

　歯の管理には，ホームケアが重要であり，その励行で早期に異常を発見することができれば，検査・治療により，障害の発生を阻止し正常な機能を維持することが可能となる．

【乳歯と永久歯】
　生まれたばかりの子犬には歯が生えておらず，生後3週くらいから乳歯が生えはじめ8週目までに28本が生えそろう．ついで，生後3～7ヵ月の間に徐々に永久歯に生え変わり，最終的には42本となる．

【歯の構造と機能】
　歯は口腔内に出ている部分でエナメル質でおおわれた歯冠，歯冠と歯根の間のくびれている部分で歯肉に隠れている歯頸，および顎の骨の穴（歯槽）におさまっている部分でセメント質でおおわれた歯根から構成され，中心に神経や血管を通す歯髄がある．歯根は歯根膜とよばれるコラーゲン線維で歯槽骨とつながっている．

【ホームケアの方法】
　口腔衛生の管理には，家庭での歯磨きが大きな役割を果たすが，その基本は歯垢の除去と歯肉のマッサージである．
　歯垢の除去にはいろいろな方法がある．おもちゃ（ロープをよったものなど）を使う方法，骨や蹄をかませる方法は確かに効果はあるが，歯の磨滅や破折，歯肉の損傷などの危険をともなう可能性があるので，もっとも安全で効果のある方法は歯磨きといえる．歯磨きの際には飼い主が口腔内を観察することになるので，異常の早期発見の助けともなる．歯磨きは，指にガーゼを巻いて歯と歯肉をこすることから始め，慣れてきたら歯ブラシを用いる．歯ブラシは，柔らかめの材質で切歯2～3本分の大きさのものが使いやすいと思われるが，乾いたガーゼやブラシをこすりつけると痛みが生じるので，潤滑剤として市販されている動物用のペースト状・液状ハミガキを少量用いるとよい．

　以下に歯磨きのホームトレーニングの方法を示した．
(1) 吻部を軽くつかんで口を閉じさせ，その状態でいることに慣れさせる．
(2) 静かに口唇をめくりあげで切歯部を調べ，さらに口角を尾側にひいて臼歯部を調べる．
(3) 口の周囲をさわらせたり歯を見せることに抵抗しなくなったら，指にガーゼを巻き，歯と歯肉を軽くこする（まず切歯部の外側だけを，慣れたら臼歯部を行う）．
(4) 唾液の分泌が促されるので，唾液を飲み込ませるために休みながら少しずつ行う．
(5) 歯ブラシの使用を開始する．歯ブラシを歯と歯肉の境界に約45°の角度であて，円を描くように歯と歯肉をマッサージする．
(6) 切歯部・臼歯部の外側のブラッシングが行えるようになったら，舌側面（内側）もブラッシングする．

▶乳歯遺残

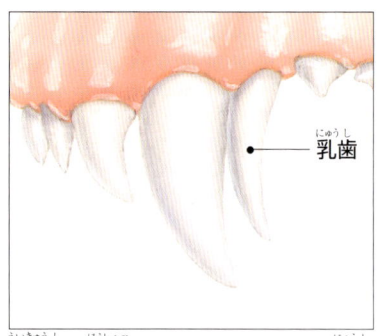

永久歯の萌出があったにもかかわらず乳歯が残った状態．不正咬合の原因となる．

▶歯髄壊死

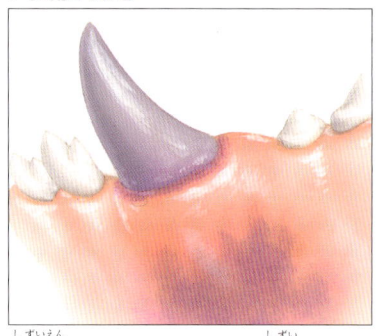

歯髄炎などが進行した結果，歯髄が死んでしまった状態．歯牙は灰色になっている．

▶歯肉炎

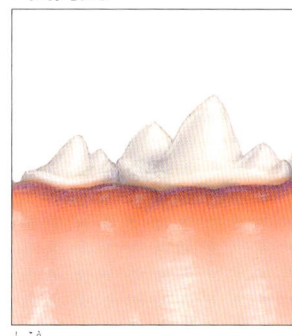

歯垢がたまってその中の細菌により歯肉に炎症がおき，歯周病の始まりとなる．

　歯磨きは，乳歯の時期から開始し，リラックスさせた状態で定期的（毎日）に行うのが理想的である．乳歯が生えそろう生後2ヵ月齢ごろ，永久歯に生え変わりはじめる4～5ヵ月齢ごろ，永久歯が生えそろう8～10ヵ月齢ごろ，その後は年に1回は歯科検診を受けるようにする．

【口腔内に障害が発生したことが予想される症状】
　次にあげるような症状がみられた場合，口腔内になんらかの障害が発生している可能性があるので診察を受ける．
(1) 餌の前には行くが，食べない
(2) 食べ方の異常（食べたり飲んだりすることを突然止めてしまう，こぼす，片側で食べるなど）
(3) 柔らかいものを好んで食べ堅い物を嫌がる
(4) よだれが多く，口のまわりがよごれる（口臭がある）
(5) 前足で口をぬぐうような動作をする
(6) 大きな口を開けることができない
(7) 口唇や歯肉がはれたり，出血している
(8) くしゃみや鼻水がでる
(9) 顔が腫れる

【口腔内に生じるおもな障害】
　ここでは口腔内に原発するおもな疾患をあげた．

〔歯周病（歯肉炎，歯周炎，歯肉過形成症など）〕
　歯垢中の細菌が産生する菌体毒素により歯周組織が破壊され歯が脱落してしまう進行性疾患．上顎の犬歯や切歯が重度の歯周病におかされた場合，口鼻漏管が形成され，く

▶根尖膿瘍

歯根に炎症がおき膿瘍が形成され外部に排膿された状態．

▶歯石

歯垢が長期にわたって歯の周囲に沈着したもの．歯周病の原因である．

▶エナメル質減形成

いろいろな原因でエナメル質形成が不十分なもの．状態はウ蝕（虫歯）と似ている．

▶破折露髄

歯が折れて歯髄が露出した状態．出血する．

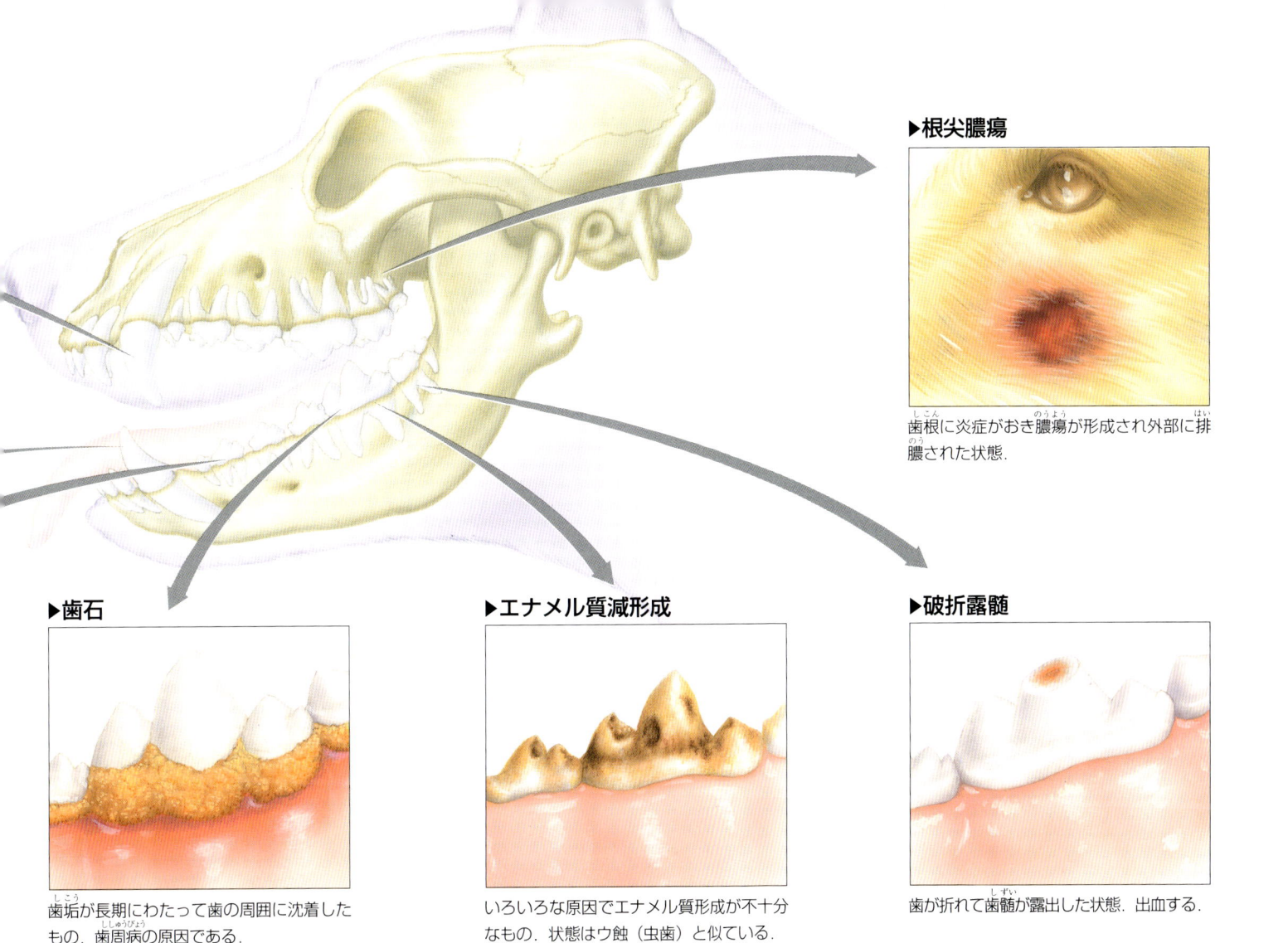

表．乳歯と永久歯の生え変わりの時期と各歯種の機能

	乳歯		永久歯		
	週齢	片側の上顎の本数	週齢	片側の上顎の本数	歯の機能
切歯	4〜6	3	12〜16	3	切る，とらえる，ちぎる
犬歯	3〜5	1	12〜16	1	とらえる，引き裂く
前臼歯	5〜6	3	16〜20	4	切る，とらえる，剪断する（裂肉歯）
後臼歯			16〜24	2(3*)	すりつぶす
上下左右合計本数		28		42	

裂肉歯とよばれる上顎第4前臼歯と下顎第1後臼歯は，強い剪断力をもち，食べ物をかみ切るため特に重要な歯である．
＊上顎後臼歯は2本，下顎後臼歯は3本．

しゃみや鼻水，膿，鼻血が出ることがある．

（エナメル質減形成）

ウ蝕（虫歯）に類似した歯の崩壊と着色．胎生期や生後に，薬や発熱，栄養不良などの影響でエナメル質の形成が障害を受けることにより発生する．犬ではウ蝕の発生は少ない．

（歯牙の破折）

堅い物をかんだり顔面をぶつけて，歯が折れたりかけたりすることがある．歯髄が露出（出血が認められるが，気づかないこともある）した場合，断髄などの適切な処置を施さないと歯髄炎をおこし，抜歯が必要になることもある．

（歯髄炎・歯髄壊死）

歯牙破折や歯周病による細菌感染や打撲・温熱による刺激が原因で歯髄炎がおこる．歯牙はピンク色で，痛みのためよだれや食欲の低下などの症状がみられる．炎症が進み歯髄組織が死滅する（歯髄壊死）と歯牙は灰色に変色する．

抜髄し根管治療を施せば，歯牙を残すことも可能である．

（根尖膿瘍）

歯周病や歯髄炎がおもな原因で，根尖（歯根の先端部）に炎症がおき膿瘍が形成される．上顎歯の場合は顔面に，下顎歯の場合は下顎に，腫脹や排膿がみられる．治療は原因歯の抜去である．

（不正咬合による軟組織の損傷）

乳歯は永久歯の生えた後に抜ける傾向が強く，双方が同時に存在している時期が比較的長い（とくに小型犬種）．乳歯が遺残していると，永久歯が生えにくく不正咬合が生じやすいので，永久歯が生えだしても乳歯が残っている場合，早めに乳歯を抜いたほうがよい．

（口腔内腫瘍）

口腔内に発生する腫瘍には，黒色腫，扁平上皮がん，線維肉腫，歯肉腫や乳頭腫などがある．

嘔吐と下痢

◆嘔吐や下痢の原因となる消化器の障害

▶胃の障害

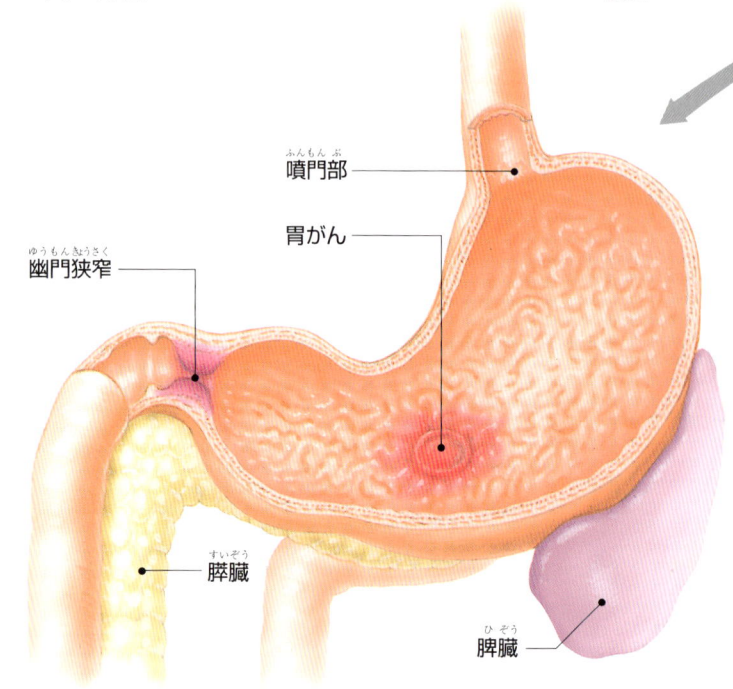

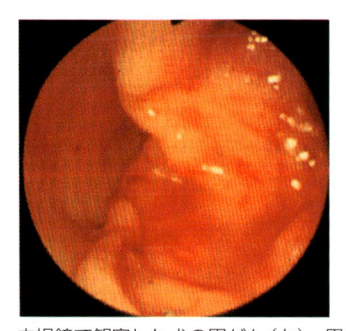

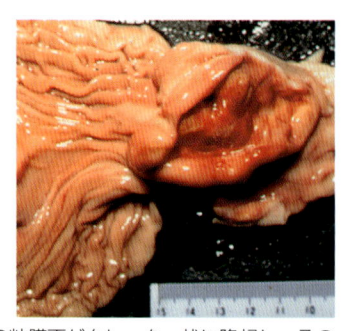

咽頭
気管
食道
噴門部
胃がん
幽門狭窄
膵臓
脾臓

内視鏡で観察した犬の胃がん（左）．胃の粘膜面がクレーター状に隆起し，その内部が潰瘍化している．また右の写真は摘出した胃の粘膜面．

【嘔吐および吐出】

　食餌を吐き戻すとのことで来院する動物は，嘔吐（胃や十二指腸の内容物が口から吐き出されること）あるいは吐出（胃に到達する以前の食物が逆流して吐き出されること）のいずれかが考えられる．すなわち嘔吐は胃，十二指腸以降の問題であり，吐出は食道や咽喉頭の異常であるといえる．

　また嘔吐を示したとしても必ずしもすぐに治療が必要なもの（すなわち病気である）とはいいきれず，いろいろな原因で嘔吐が起こることを理解しておく必要がある．嘔吐が起こる原因として次のようなものがある．

(1)食事の問題（急な食事内容の変化や異物を食べてしまった，急いで食べすぎた）
(2)薬物
(3)中毒性物質によるもの
(4)糖尿病，副腎皮質機能低下症，腎不全，肝不全などの代謝性疾患にともなうもの
(5)胃内の異常（胃内異物や幽門部の狭窄，胃炎や胃潰瘍，胃捻転，腫瘍など）
(6)小腸の異常（寄生虫や慢性腸炎，異物，腸捻転，腸重積など）
(7)膵炎や腹膜炎，腫瘍など腹腔内の異常
(8)ウイルス性の伝染病

　吐いたあと何ごともないかのように普通にしていて食欲がある場合には，様子をみておいてもさしつかえないが，何度も嘔吐したり，苦しみながら嘔吐したり，吐いたものの中に血液や異常なものが入っていた場合には，すみやかに獣医師の診察を受けるようにするべきである．

　嘔吐があった場合に注意する事項として，嘔吐は急性か慢性であるか，1回だけか複数回であるか，嘔吐後の状態はどうか，嘔吐は食後何分あるいは何時間後であるか，吐物は何か，中に血液や異常なものはみられないか，消化の状態は下痢をともなうか，下痢には血液が混じるか，餌の種類や最近餌が変わったかどうか，予防注射はしてあるか，飼育環境は異物や中毒性物質を食べてしまう環境にあるか，などである．

【下痢】

　また下痢についても嘔吐同様にさまざまな原因によっておこり，すぐに病院で受診しなくてはならない下痢と，しばらく様子をみてからでも遅くないものとがある．

　軽い症状の下痢で回数も少ない場合には1日絶食をさせてその後消化のよい食餌を与えるだけで良くなってしまうものもあるが，回数が多かったり，内容物に血液が混ざったり，嘔吐をともなっているような場合にはすみやかに獣医師の診察を受けるべきである．

　下痢には小腸性の下痢と大腸性の下痢とに大きく分けられる．小腸性の下痢は黒色便や脂肪便を呈し，嘔吐や脱水および小腸での吸収障害による体重減少などが認められる．一方，大腸性の下痢は排便回数の著しい増加およびしぶりを呈し，粘液便や血便が見られることが多い．また水分の吸収は低下するので水様便になるが体重減少はあまり認められない．

　下痢の原因としては食餌に関連するもの，寄生虫・細菌・ウイルスに関連するものや膵臓の消化酵素の減少によるものなどがあげられる．食餌の問題は，食物アレルギーや急な食餌内容の変更などにともなって下痢が見られる場合が

▶巨大食道

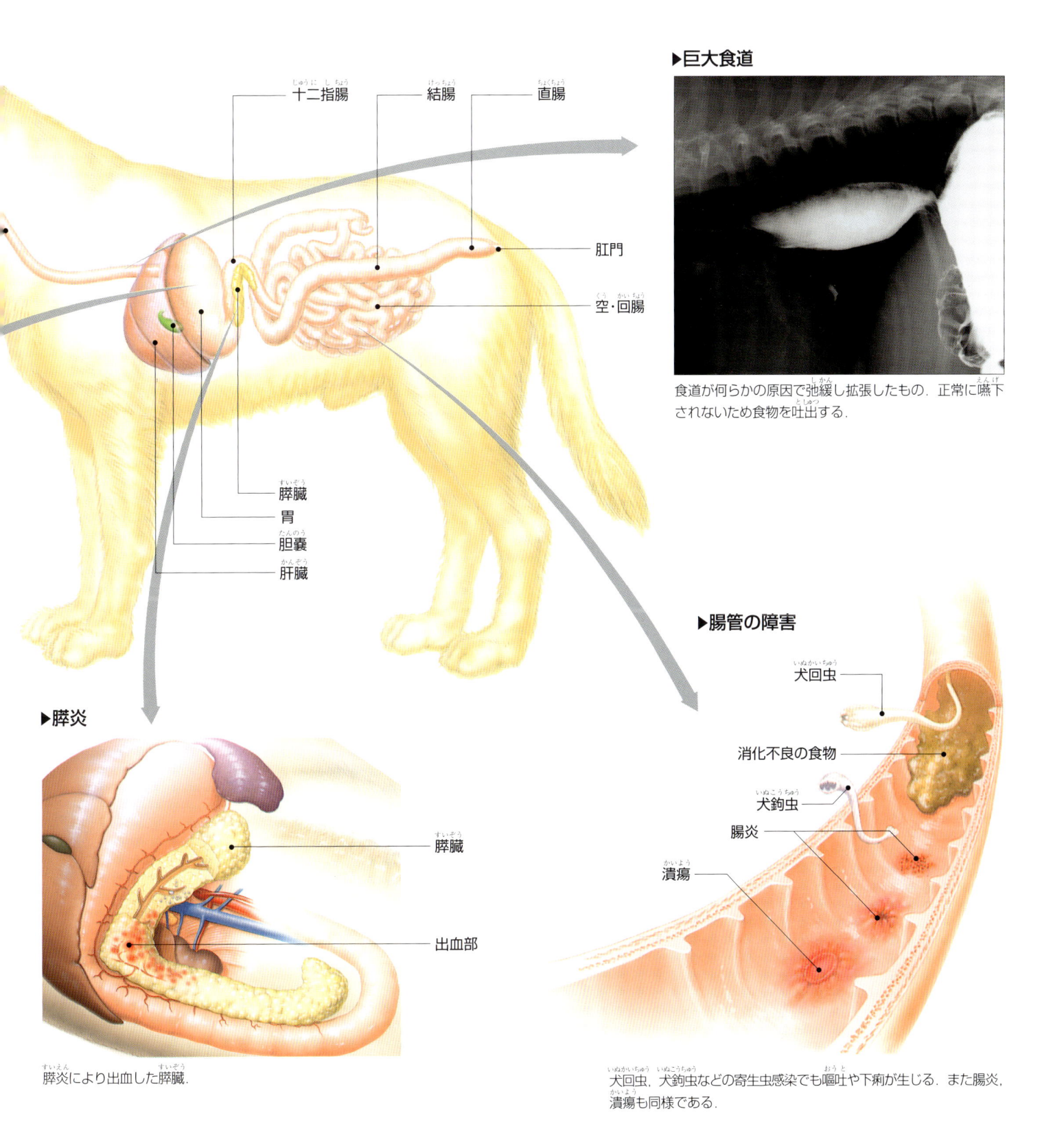

食道が何らかの原因で弛緩し拡張したもの．正常に嚥下されないため食物を吐出する．

図中ラベル：十二指腸／結腸／直腸／肛門／空・回腸／膵臓／胃／胆嚢／肝臓

▶膵炎

膵臓／出血部

膵炎により出血した膵臓．

▶腸管の障害

犬回虫／消化不良の食物／犬鉤虫／腸炎／潰瘍

犬回虫，犬鉤虫などの寄生虫感染でも嘔吐や下痢が生じる．また腸炎，潰瘍も同様である．

ある．消化管内に寄生する寄生虫には回虫，鉤虫，鞭虫，条虫やコクシジウムという原虫などがあげられる．これらの寄生虫症では下痢のほか，貧血や吸収不良による体重減少，嘔吐などがみられる場合がある．動物に下痢が認められた場合には，まず最初に糞便中の虫卵検査を行うことが必要であるが，1回の検査では不十分で，陰性であっても日を変えて何回か行う必要がある．

ウイルス性の下痢には，犬ではとくにパルボウイルス感染症やジステンパーウイルス感染症などが重要である．これらの場合には，急激な下痢や血様便，嘔吐などとともに発熱がみられる．これらは致死率も高く，すみやかな治療を行っても救命することが困難な場合もあるため，ワクチンによる予防の必要がある．

また膵臓の消化酵素が減少する病気では，食欲は旺盛であるにもかかわらず，脂肪の混じった白色の下痢便を呈して，吸収不良による体重減少を特徴とする．この場合には長期間あるいは一生にわたって，膵臓の酵素製剤を食餌とともに与える必要がある．また無理に体重を増加させようとして食餌量を増やすとコントロールがうまくいかなくなる場合がある．

命にかかわるがん

　伝染病や寄生虫病，そしてその他の多くの病気のコントロールが可能となった現在，がん（本来は上皮系由来の悪性腫瘍を指すが，ここでは悪性腫瘍全体を示すこととする）は命にかかわる病気としてもっとも重要である．がんが発生した場合には一般的に食欲減退や体重減少が認められる．またがんが外から見える部位に発生する場合には，飼い主ががんの発生をみつけることもできる．命にかかわるがんは，体のどの部位にも発生しうるが，犬においてはリンパ腫，乳腺腫瘍，皮膚腫瘍，骨肉腫などがよく認められる代表的ながんである．

【リンパ腫】

　一般的に5～8歳くらいの中年齢の犬に多く，レトリーバー系などでは2～3歳の若い成犬にも多く発生する．もっとも多い特徴的な症状は，全身性かつ左右対称性の体表リンパ節の腫大で，さわるとやや硬い"しこり"として認められる．その他，胸腔内や腹腔内に腫瘍ができるパターンもある．治療を行わない場合，リンパ腫の症例のほとんどは3ヵ月以内に死亡する．抗がん剤による化学療法によって治療すると，多くの場合，強い副作用なしで高率に寛解を導入することができる．その場合，リンパ節の腫大も認められなくなり，1～2年間良好な状態を維持できることも多いが，最終的には死亡する．

【乳腺腫瘍】

　比較的高齢の雌犬に非常に多い．最初のまたは2回目の発情以前に避妊手術をした場合，乳腺腫瘍の発生率が低下

▶リンパ腫

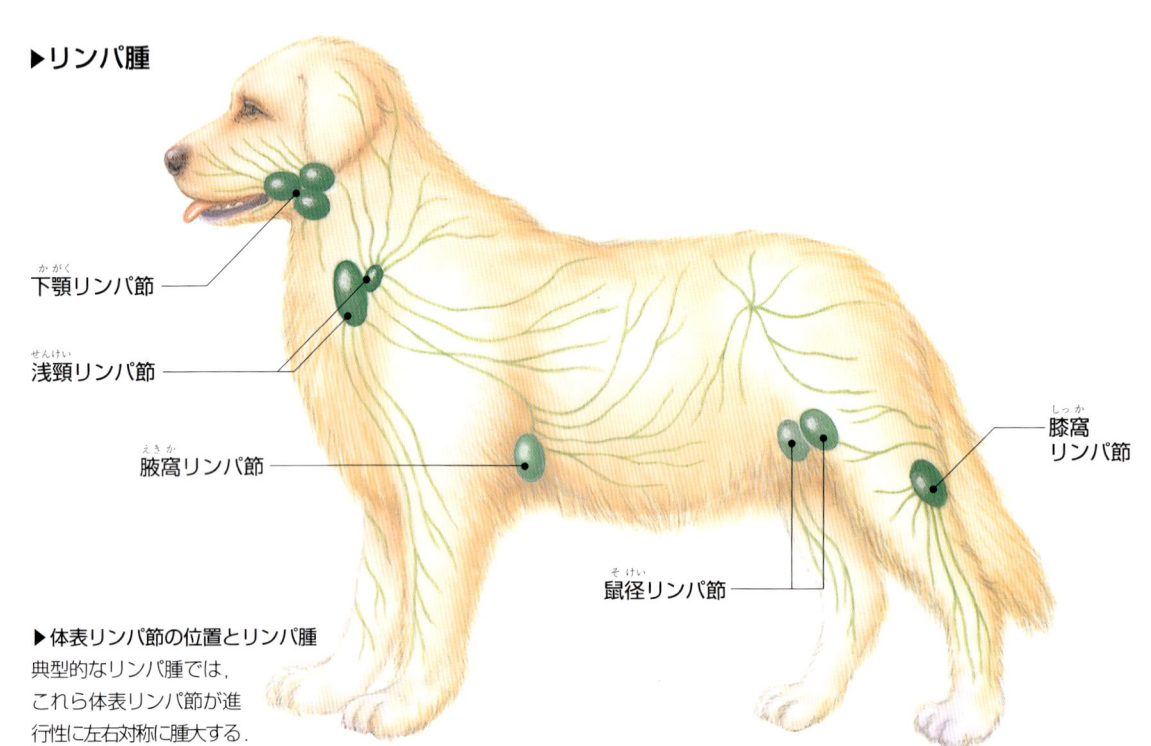

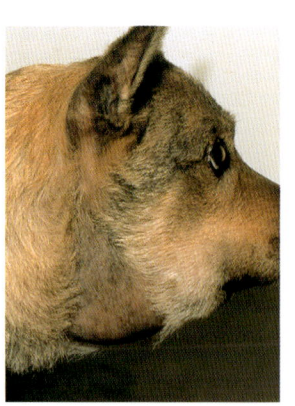

下顎リンパ節
浅頸リンパ節
腋窩リンパ節
鼠径リンパ節
膝窩リンパ節

▶体表リンパ節の位置とリンパ腫
典型的なリンパ腫では，これら体表リンパ節が進行性に左右対称に腫大する．

図1．リンパ腫
リンパ腫の症例に認められた下顎リンパ節の腫大．

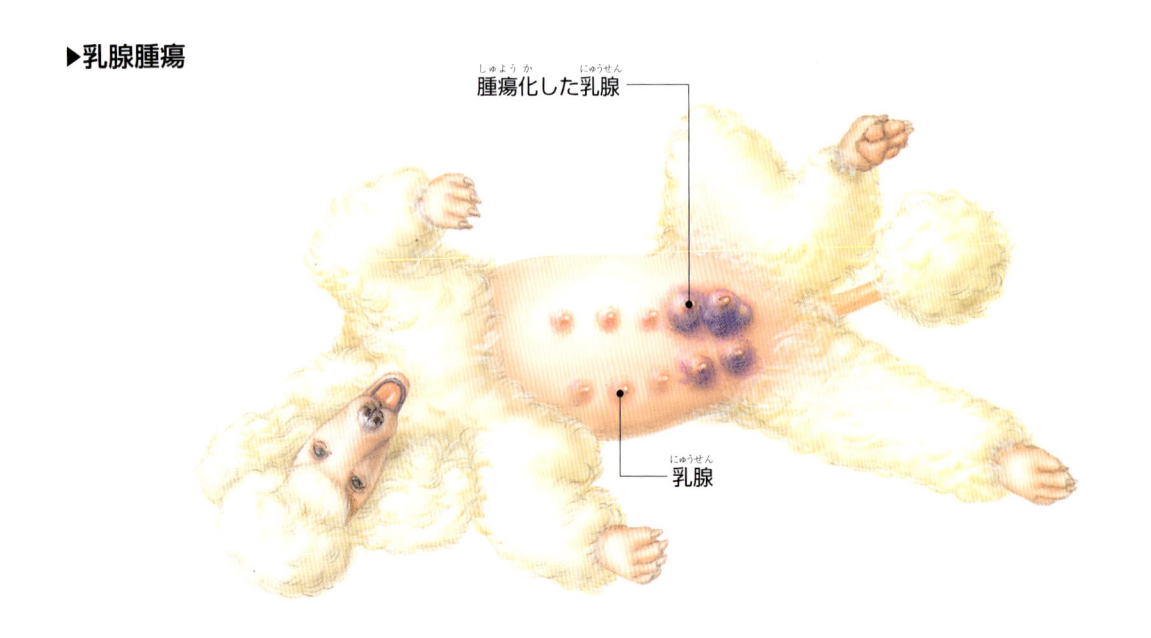

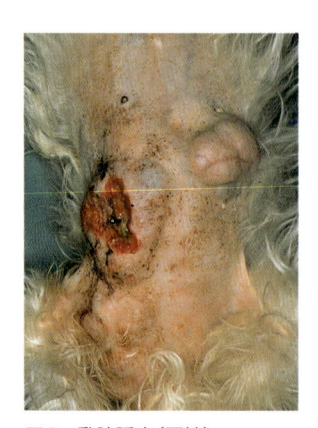

▶乳腺腫瘍

腫瘍化した乳腺
乳腺

図2．乳腺腫瘍（悪性）
乳腺腫瘍（悪性）の症例に認められた乳腺部の腫瘤（しこり）．複数の腫瘤のうち，1つは表面が潰瘍化し，出血している．

することが知られている．乳腺腫瘍が発生すると，1〜数カ所の乳腺にいわゆる"しこり"が認められ，手でよくさわれば小さいうちから乳腺腫瘍の存在がわかる．乳腺腫瘍の約50％は悪性で，残りの約50％は良性である．いずれも，腫瘍が認められる乳腺およびそのそばの乳腺を含む広い範囲の摘出手術をすることがすすめられる．悪性の場合，手術が遅れると，肺などへの転移によって致死的となる．

【皮膚腫瘍】

犬の腫瘍を発生部位別にみると，もっとも多いのは皮膚腫瘍である．皮膚腫瘍の多く（2/3以上）は良性の腫瘍であるが，その約1/3は悪性であり，致死的なこともある．犬においてよく認められる悪性の皮膚腫瘍としては，肥満細胞腫瘍，扁平上皮がん，線維肉腫，悪性組織球症などがある．これら皮膚の悪性腫瘍は，比較的高齢の犬に多く，どの部位の皮膚にも発生しうるが，体幹（背部，胸部，腹部），四肢に発生することが多い．皮膚のしこりが，急速に大きくなったり，数が増えたり，周囲との境界がはっきりせず，表面が潰瘍化している場合には悪性の皮膚腫瘍を疑う．各々の型の腫瘍によって予後は異なり，摘出手術によって完治することもあるが，摘出不可能で死亡することも多い．

【骨肉腫】

犬では他の動物種に比べて骨肉腫の発生が多い．とくに超大型犬（体重35kg以上）および大型犬（20〜35kg）においてその発生率が高い．中〜高年齢の犬において多いが，超大型犬では2〜3歳の若い犬にもしばしば認められる．骨肉腫は四肢の骨に発生することが多いため，跛行（足をひきずること），足の痛みやはれといった症状が認められる．骨肉腫と診断された場合，腫瘍が発生した脚を断脚しても，半年後には半数以上の症例は死亡する．断脚と抗がん剤による治療によってその生存期間が延長する．

▶皮膚腫瘍

▶骨肉腫

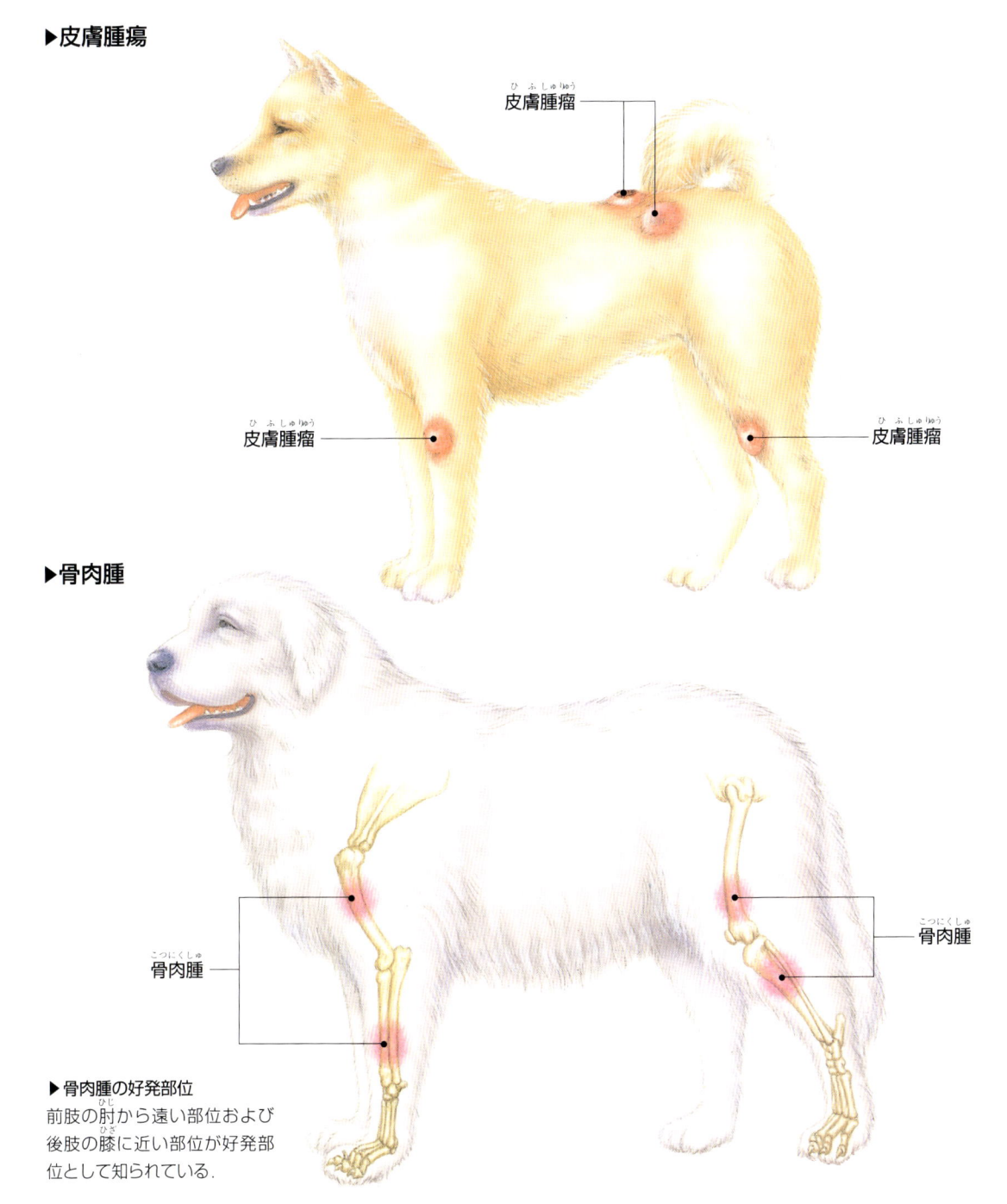

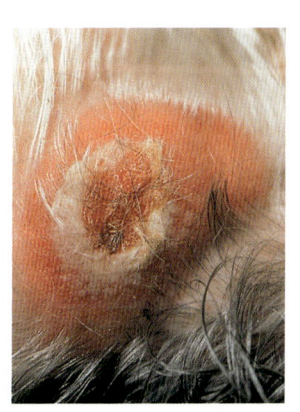

▶骨肉腫の好発部位
前肢の肘から遠い部位および後肢の膝に近い部位が好発部位として知られている．

図3．悪性の皮膚腫瘍
悪性の皮膚腫瘍（悪性組織球症）の症例に認められた皮膚の腫瘤．腫瘤の中央部の皮膚は潰瘍化し，滲出物によって固まっている．

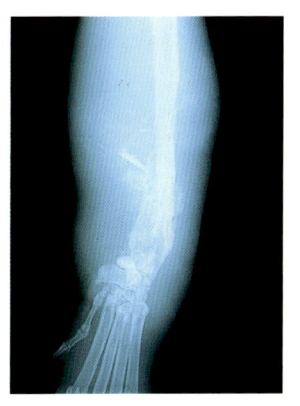

図4．骨肉腫の症例のX線写真
骨肉腫によって前肢の骨が破壊されて骨折し，周囲の組織のはれが認められる．

健康管理 97

老齢期に多い病気

　近年，動物の飼育管理の進歩・充実などによって動物の高齢化が認められるようになってきた．動物もヒトと同様に高齢化の問題は避けてとおることはできず，加齢にともなうさまざまな疾患と向きあっていかなくてはならなくなってきた．では，犬では老齢とは何歳くらいからいうのであろうか？　一般に小型犬は大型犬よりも長生きするため，大型犬のほうが早く老齢に達すると考えられる．25kg未満の中型犬や小型犬では11歳以上を老齢とよぶのに対し，25kg以上の大型犬では8歳以上で老齢犬だとする見方もある．また寿命の残り1/3〜1/4に達したものを老齢とみなすという考え方もある．

　加齢にともなう生体の変化としては，全身の筋骨格系の容積の減少，代謝率の低下，循環器系の機能低下，内分泌系の異常，免疫系の異常，神経・感覚器系の異常などさまざまなものがおこりうる．

　とくに老齢になるとさまざまな腫瘍ができやすくなったり，白内障や歯周病，慢性腎不全などが非常に多くみられるようになる．

　さらに心臓の僧帽弁の変性による僧帽弁逸脱症の発症が多く認められる．また最近ではヒトの老年痴呆と同様の痴呆症などが認められている．

【僧帽弁逸脱症（僧帽弁閉鎖不全症）】

　本疾患は小型犬から中型犬の成犬から老犬において多く認められる疾患である．左心房と左心室の間の弁（僧帽弁）が変性した結果，その閉鎖不全によって，全身の循環不全がおき，さまざまな障害がひきおこされる疾患である．僧帽弁における血液の逆流によって左心房は拡大し，気管支が圧迫を受ける．

　また肺静脈もうっ血し，咳をするようになる．症状がひどくなると肺の実質（肺胞）にまで水分が貯留し，肺水腫を呈するようになる．これにより全身の低酸素症がおこり，運動不耐性，呼吸促迫や，呼吸困難などをひきおこすことになる．さらに循環血液量の低下は心不全をひきおこし，末梢循環の悪化によりつぎつぎと増悪するようになる．

　治療法は運動制限や食餌管理のほか，最近では症状のほとんどない時期からの降圧剤（血管拡張剤：ACE阻害剤）の投与が試みられている．症状の軽いうちに治療をすることによって，心不全の進行が遅らせられるのではないかと考えられている．

　僧帽弁逸脱症は小型犬の成犬では多くの個体がかかると考えられるため，ワクチン接種などの際に定期的な健康診断を受け，心雑音が聴取されたならばX線検査や超音波検査などをして，確定診断することがすすめられる．

【老犬の痴呆症】

　老犬の痴呆は15歳齢以上の犬にときどき認められる疾患であるが，飼い主にとってこの病気の動物を飼うためにはかなりの労力と覚悟が必要となる．その症状としては(1)飼い主のいうことを聞かなくなったり，認識できなくなる，(2)喜びを示さなくなる，(3)むだ吠えをし，一晩中続く場合もある，(4)食べ物をむやみに食べ続ける，(5)トイレ以外の場所で排便排尿をしてしまう，などがあげられる．

▶脳のMRI写真

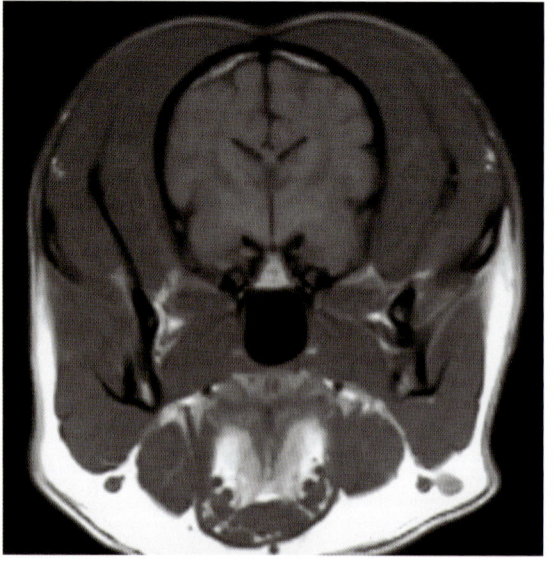

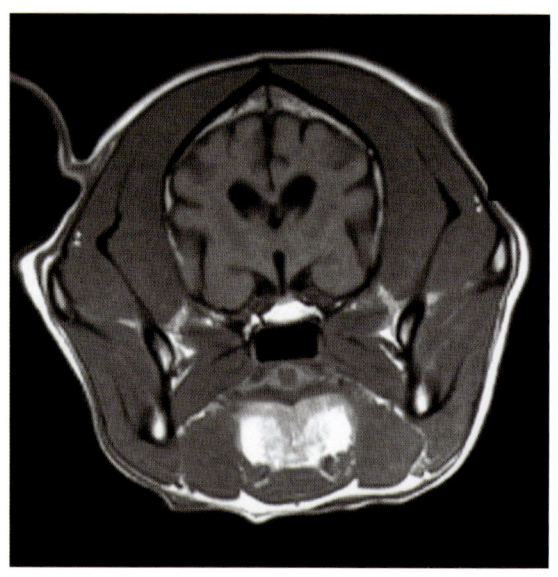

正常な脳（上）に比べ，老齢犬の脳（下）は萎縮して脳実質が薄くなっている．

▶歯垢の付着

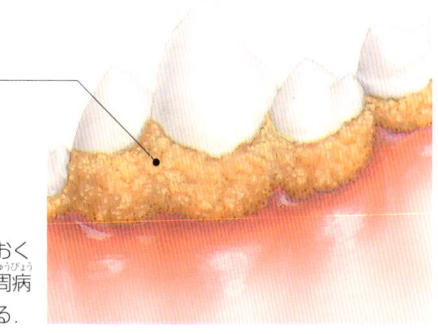

歯垢

歯垢が付着したままにしておくと，歯垢中の細菌により歯周病をひきおこし，歯が脱落する．

◆老化にともなう体の変化

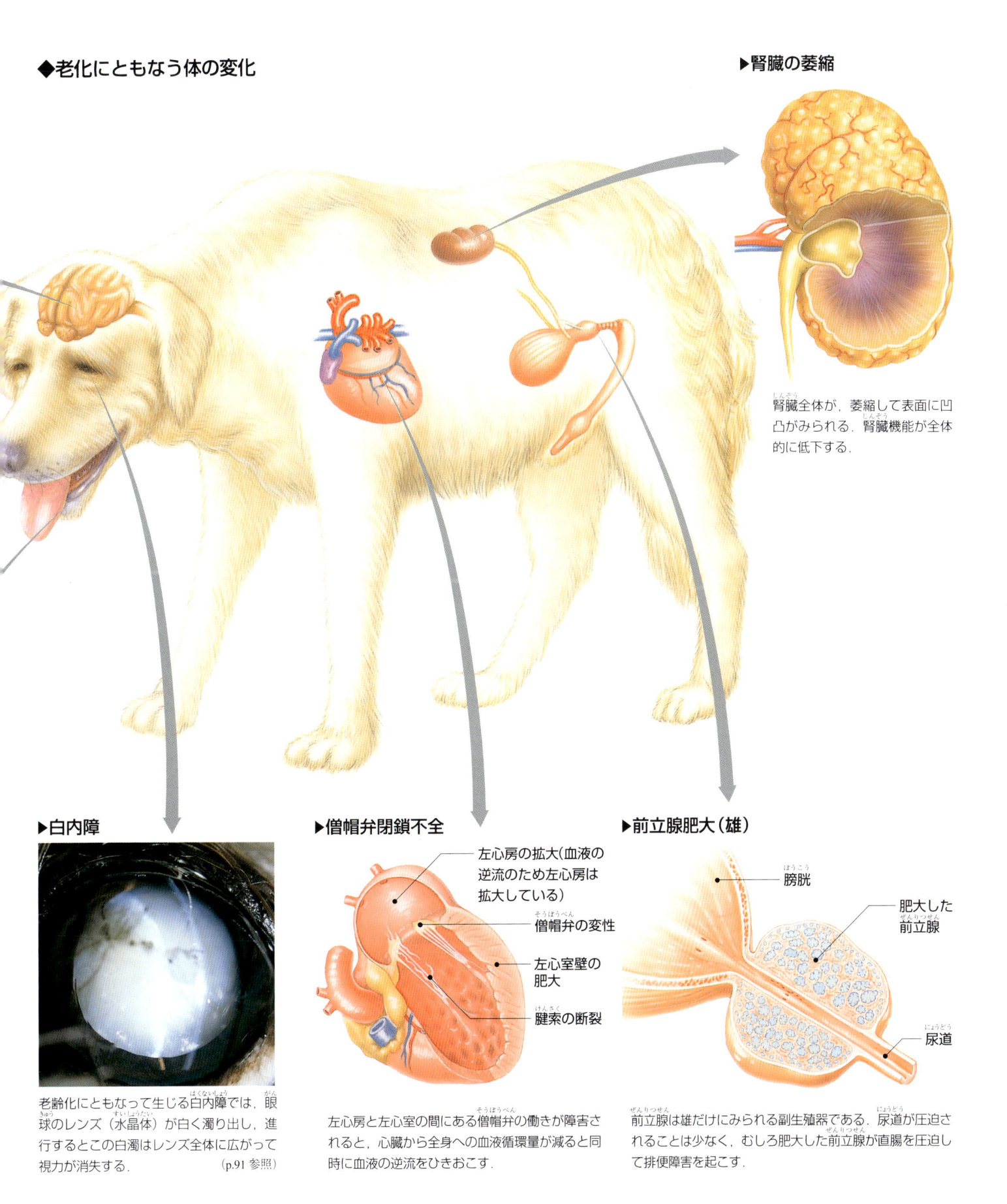

▶腎臓の萎縮
腎臓全体が，萎縮して表面に凹凸がみられる．腎臓機能が全体的に低下する．

▶白内障
老齢化にともなって生じる白内障では，眼球のレンズ（水晶体）が白く濁り出し，進行するとこの白濁はレンズ全体に広がって視力が消失する．（p.91参照）

▶僧帽弁閉鎖不全
- 左心房の拡大（血液の逆流のため左心房は拡大している）
- 僧帽弁の変性
- 左心室壁の肥大
- 腱索の断裂

左心房と左心室の間にある僧帽弁の働きが障害されると，心臓から全身への血液循環量が減ると同時に血液の逆流をひきおこす．

▶前立腺肥大（雄）
- 膀胱
- 肥大した前立腺
- 尿道

前立腺は雄だけにみられる副生殖器である．尿道が圧迫されることは少なく，むしろ肥大した前立腺が直腸を圧迫して排便障害を起こす．

これらの動物は血液検査などでは特定の異常を示さないが，脳のCTやMRI検査によって脳の萎縮とそれにともなう脳室の拡大などの所見がみられる．また死後の病理組織検査ではヒトにみられるものと類似した老人斑が認められている．

動物がこのような症状を示してしまった場合には適切に治療できる方法はないため，ヒトと同様に介護が必要になる．症状が軽度の場合には睡眠剤や鎮静剤の投与を行ったり，おふろマットでサークルをつくりそのなかに入れるなどの方法がとられているようである．重度の痴呆に陥ってしまった場合には，飼育をあきらめたり，最悪の場合は安楽死を選択せざるをえなくなる場合も出てくる．

緊急を要する事故

【異物を飲み込んだ】

犬は，いろいろな異物を飲み込んでしまうことがある．犬種によって飲み込みやすい品種もあり，若いゴールデン・レトリーバーなどはその代表格である．釣り針，竹串，ゴルフボール，大きな果物の種，ひも（あるいはひも状のもの）などは，強い障害をおこしやすいのでとくに注意が必要である．また一度異物を飲み込んだ犬は，何度も飲み込むことが多いので，犬の周囲に飲み込みそうなものを置かないよう十分注意する．

【車にはねられた】

犬が車にはねられた場合，人間は出血している部分や骨折している部分に気をとられがちになるが，よりこわいのは，頭部や脊椎の損傷，胸腔や腹腔内の出血や臓器の損傷などである．なるべく早く動物病院に運ぶ．このとき痛みが強かったり興奮したりして，体に触れようとすると強くかむことがあるので注意しなければならない．どのようにしてはねられたかは重要な情報であるが，そのほかに動物の意識や呼吸の状態はどうか，どの部分にもっとも痛みが強そうか，尿はしたかまた血尿はないかなどに注意する．

【ベランダから落ちた】

猫に比べると少ないが，犬も高いところから落ちることがある．基本的な注意点は車にはねられた場合と共通している．病院に運ぶときには，布を担架として使ったり，箱に入れたりするとよい．

【目が飛び出した】

短頭種（ペキニーズ，パグ，狆，シー・ズーなど鼻の短い犬種）では，頭を強く叩かれたり，喧嘩したりあるいは

▶異物を飲み込んだ

▶車にはねられた

100　栄養と健康

保定時に強く暴れたりすると眼球が飛び出して戻らなくなることがある．時間が経過すると腫れがひどくなって戻しにくくなるだけでなく，視力の回復がむずかしくなるので，濡れたガーゼなどでおおってなるべく早く病院に連れていく．

【電気のコードをかじって感電した】

子犬でよくみられる．コードをくわえたままの場合は，まず電源を切るか身体を離す．息をしていないようであれば，舌を引っぱり出してリズミカルに胸を押す．すぐに病院に運ぶ．

【散歩中に足の裏を切って血が止まらない】

まず落ち着いて，どのあたりから出血しているかを確認し，その周囲をタオルなどでしばらく圧迫する．3～5分ぐらい続けて押さえるとよい．途中で何度も手を離すとなかなか止まらない．そのまま病院に運ぶ．実際には出血がひどそうにみえても，すぐに命にかかわるほどのことはあまり多くない．

【暑い日に犬を車の中においていたらぐったりした】

熱射病にかかっている可能性が高く，適切な治療をしないと命にかかわる場合が少なくない．風通しのよい日かげに運び，全身（頭を除く）に水をどんどんかけ，頭を氷などで冷やすなどしてできるだけ早く病院に運ぶ．短頭種，毛が密生している犬種（チャウ・チャウ，アラスカン・マラミュートなど）は熱射病にかかりやすいのでとくに注意する．

【やけどした】

犬もいろいろな原因でやけどをすることがある．広範囲のやけどをおった場合には，まずその部位を水でどんどん冷やしたうえで病院に運ぶ．

毛の密な犬では，やけどをした直後ははっきりしなくても時間がたつと皮膚が広範囲に壊死していることもあるので，十分注意する．

▶電気のコードをかじって感電した

▶暑い日に犬を車の中においておいたらぐったりした

犬から人に感染する病気

犬に感染する病原体の一部はヒトにも感染する．ヒトと犬の生活の場が共通であることから，犬からヒトへ感染する病気に対して注意をする必要がある．

【狂犬病】

狂犬病ウイルス（リッサウイルス属）感染によって中枢神経系がおかされる致死的な病気である．狂犬病ウイルスに感染した犬などにかまれたヒトは，唾液中に含まれるウイルスに感染して発病する．ヒトをはじめ多くの動物で発生がみられる．（※）

※狂犬病の発症症状や病勢の進行はヒトや犬において，かなり似た経過をたどる．ヒトが感染すると100％の致死率を示す急性脳炎をおこすおそろしい病気である．国際交流の盛んな現在では，犬をはじめとした多くの動物が国外からもち込まれているので，飼い犬に対しては必ず狂犬病予防のためのワクチン接種を行う必要がある．

わが国では1957年以降，狂犬病の発生はみられていないが，ヨーロッパや北米，一部のアジア地区では現在も狂犬病が発生している．わが国においては狂犬病予防法に基づいてワクチン接種が実施されている．

一般にウイルスに感染した動物にかまれてから発症するまでの潜伏期間は1ヵ月程度であるが，かまれた部位によって発症するまでの期間には幅がある．初めにみられる症状（前駆症状）は不安感，発熱，感染部位の疼痛などである．その後病勢の進行にともなって延髄がおかされた症状（食餌や唾液などの嚥下障害），異嗜（食物以外のものを食べたり飲んだりする）がみられ，唾液・涙・汗などが多量に分泌され，反射亢進（必要以上に反応する），恐水発作（液体をみただけで恐怖状態となる）などを示す狂躁期を迎える．この時期はすべてに対して狂暴となるが，3～4日で終息する．その後，全身に麻痺が生じ全身の痙攣，呼吸停止となって一般に1週間以内に死亡する（麻痺期）．

【パスツレラ症】

パスツレラ（*Pasteurella multocida*）は犬の口腔内の常在細菌で，犬から咬傷や引っかき傷を受けたヒトの皮膚が化膿することがある．多くの犬が口腔内にこの細菌を保有しているので，犬にかまれたら，ただちに患部の洗浄・消毒を行う．ときによっては肺炎をおこしたりするので注意が必要である．

【回虫症】

犬に寄生する犬回虫（*Toxocara canis*）がヒトに感染して幼虫移行症をおこし，幼虫の移行した部位によっては激しい症状をおこす．ヒトへ感染する場合は，犬の糞便中の虫卵が土壌や犬の被毛などを汚染し，それをさわったヒトが手を洗わずに食物を食べたりすると，虫卵を経口摂取してしまう．また，犬回虫に感染しているウシ・ニワトリなどの肉や肝臓を生で食べたりすると感染する．

予防として子供が砂場で遊んだときや，犬をさわった後には必ず手洗いを行う．また肉の生食はしないようにする．犬の糞便中に回虫卵が認められたら，フェンベンダゾールなどで駆虫を行う．

【皮膚糸状菌症】

真菌に属する皮膚糸状菌が皮膚に感染して，ヒトの場合は白癬，しらくも，水虫などとよばれる病気をおこす．犬の皮膚糸状菌症の代表菌としては，犬小胞子菌や毛瘡白

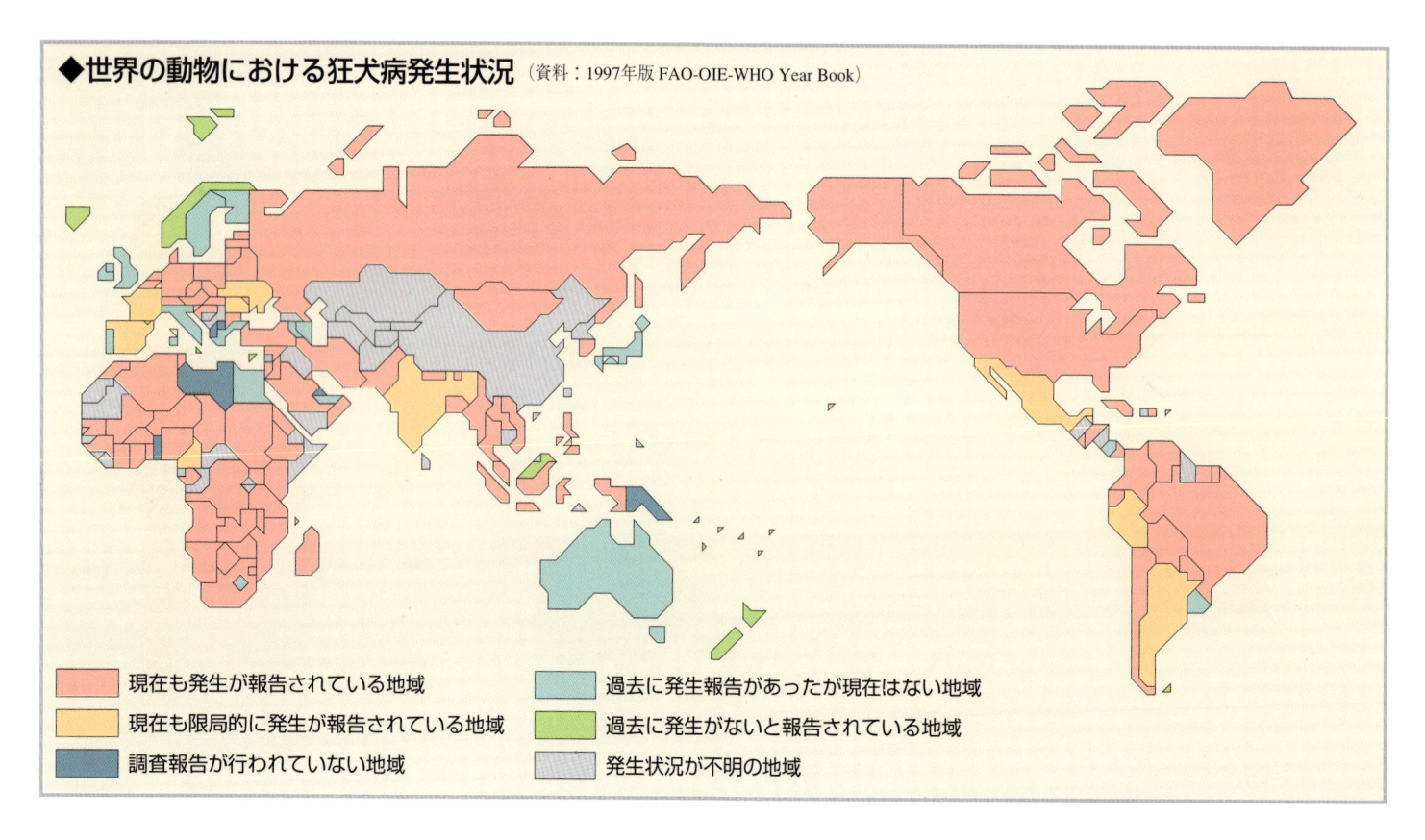

◆世界の動物における狂犬病発生状況 （資料：1997年版 FAO-OIE-WHO Year Book）

- 現在も発生が報告されている地域
- 現在も限局的に発生が報告されている地域
- 調査報告が行われていない地域
- 過去に発生報告があったが現在はない地域
- 過去に発生がないと報告されている地域
- 発生状況が不明の地域

癬菌が知られており，ヒトにも感染する．これらの菌は，ヒトや動物の被毛などを栄養源とするために，被毛が多く存在する塵芥や土壌中に生息している．また健康な犬や猫の被毛に常在している場合もある．そのため，犬が汚染した地域を通行したり，保菌や感染が認められる他の犬と接触した場合に感染すると考えられる．

犬では顔面や四肢に発生することが多く，脱毛に始まってふけが多くなり，また発赤する．ヒトがこの感染犬に接触すると皮膚糸状菌症にかかることが多い．皮膚に円形の発赤，脱毛がみられ鱗屑，水疱などの症状がみられる．

感染した犬から抜け落ちた被毛上にはこの皮膚糸状菌が付着しているので，犬舎や生活場所に散乱する脱落した毛などを直接手でさわらないように回収し，清掃と消毒を行う必要がある．

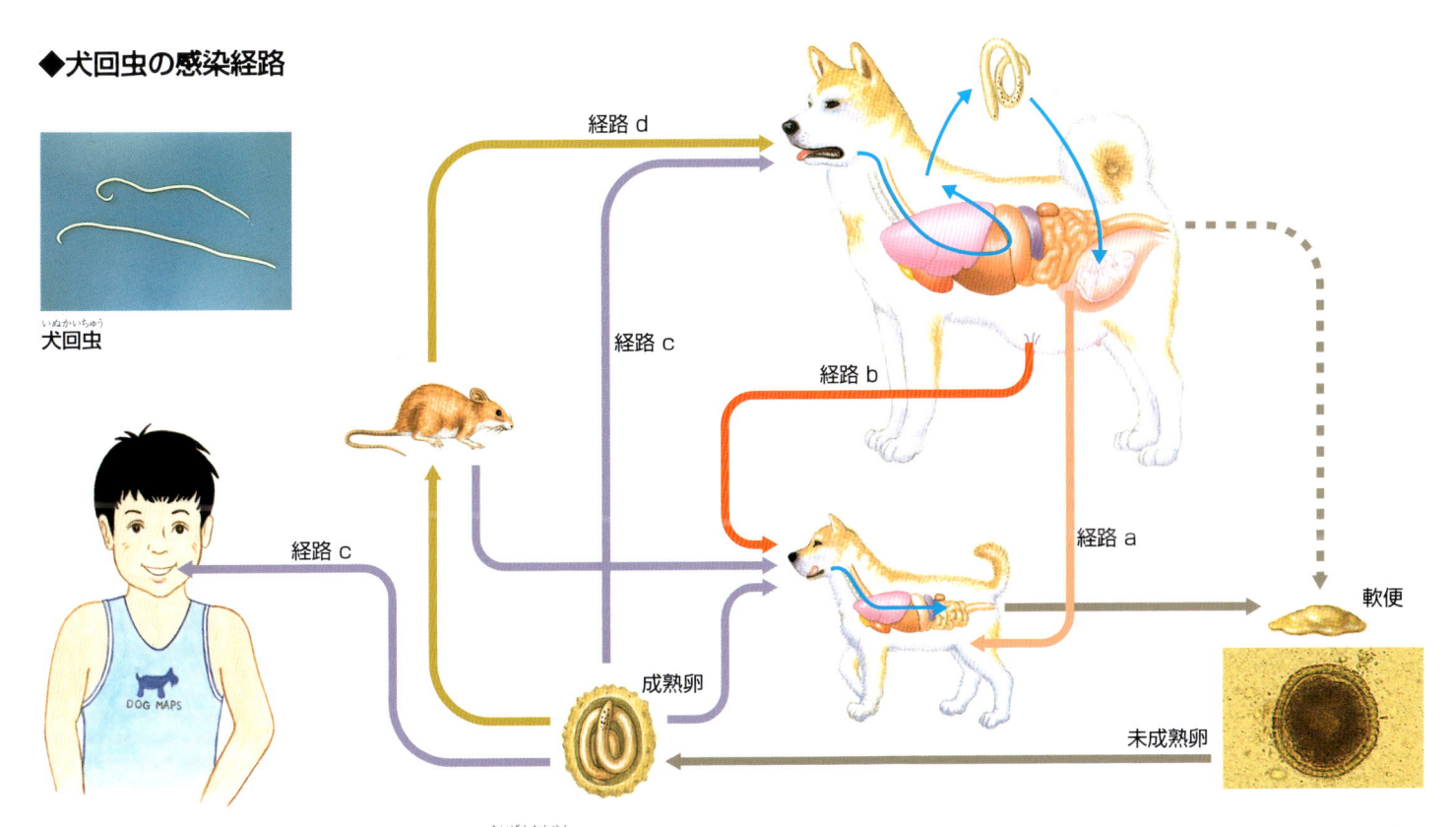

◆犬回虫の感染経路

感染経路は母犬の組織・臓器中の幼虫が胎児に移行する胎盤感染(経路a)が主で，そのほか母乳から幼虫が感染する乳汁感染(経路b)，おもに幼犬の糞便中に排泄された未熟卵が3〜4週間で感染幼虫を含む成熟卵となり，これを犬やヒトが摂取する経口感染(経路c)，成熟卵を摂取したネズミなど(体内に幼虫が潜む)を摂取することによる感染(経路d)がある．90日齢以上の犬が感染すると，腸管腔で孵化した幼虫は小腸に侵入したのち，肝臓，心臓，肺をへて全身の諸臓器に達し，そこで発育せずにとどまる．犬が妊娠するとこの幼虫は胎児に移行する．60〜90日齢以下の子犬が経路b，cあるいはdにより感染すると，90日齢以上の犬と同じ経路で肺に到達したのち気管支→気管→喉頭→胃→小腸へと移行し，感染後約30日で産卵をはじめる．経路aによる感染では，母犬由来の幼虫は子犬の出生時までは肝臓にとどまっており，出生後気管を経由して小腸で成虫となる．　小野憲一郎ほか編，イラストでみる犬の病気，p.118，講談社(1996)より

◆皮膚糸状菌症の起因菌

犬小胞子菌	石膏状小胞子菌	毛瘡白癬菌
大分生子	大分生子	大分生子
毛上の胞子	毛上の胞子	毛上の胞子

小野憲一郎ほか編，イラストでみる犬の病気，p.135，講談社(1996)より

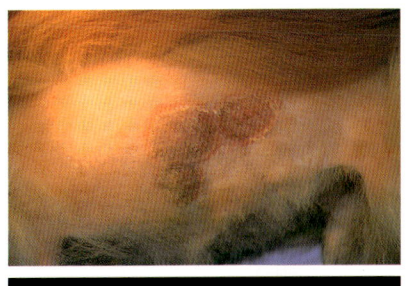

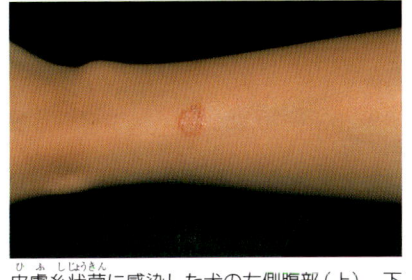

皮膚糸状菌に感染した犬の左側腹部(上)．下は皮膚糸状菌感染症の犬から感染したヒトの症例．

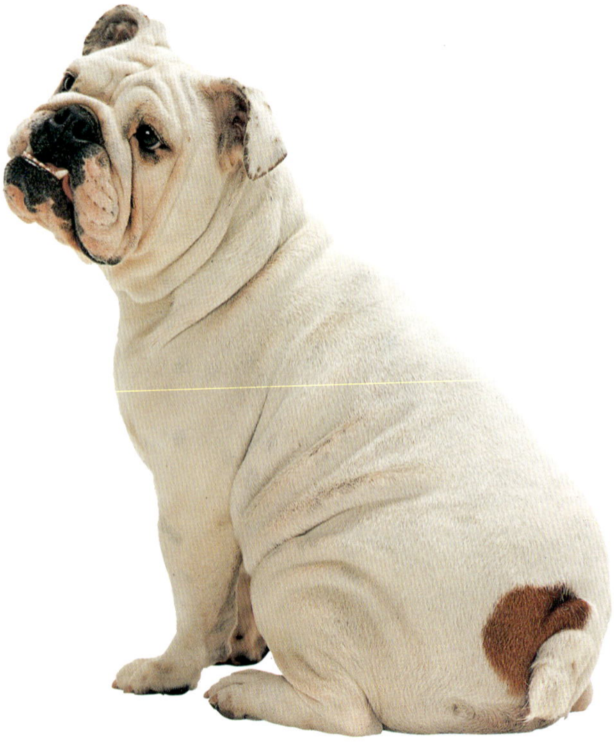

付　録

- 犬体名称
- 用途別分類
- 犬種名の由来
- 関連諸団体
- 動物に関する法律

犬体名称

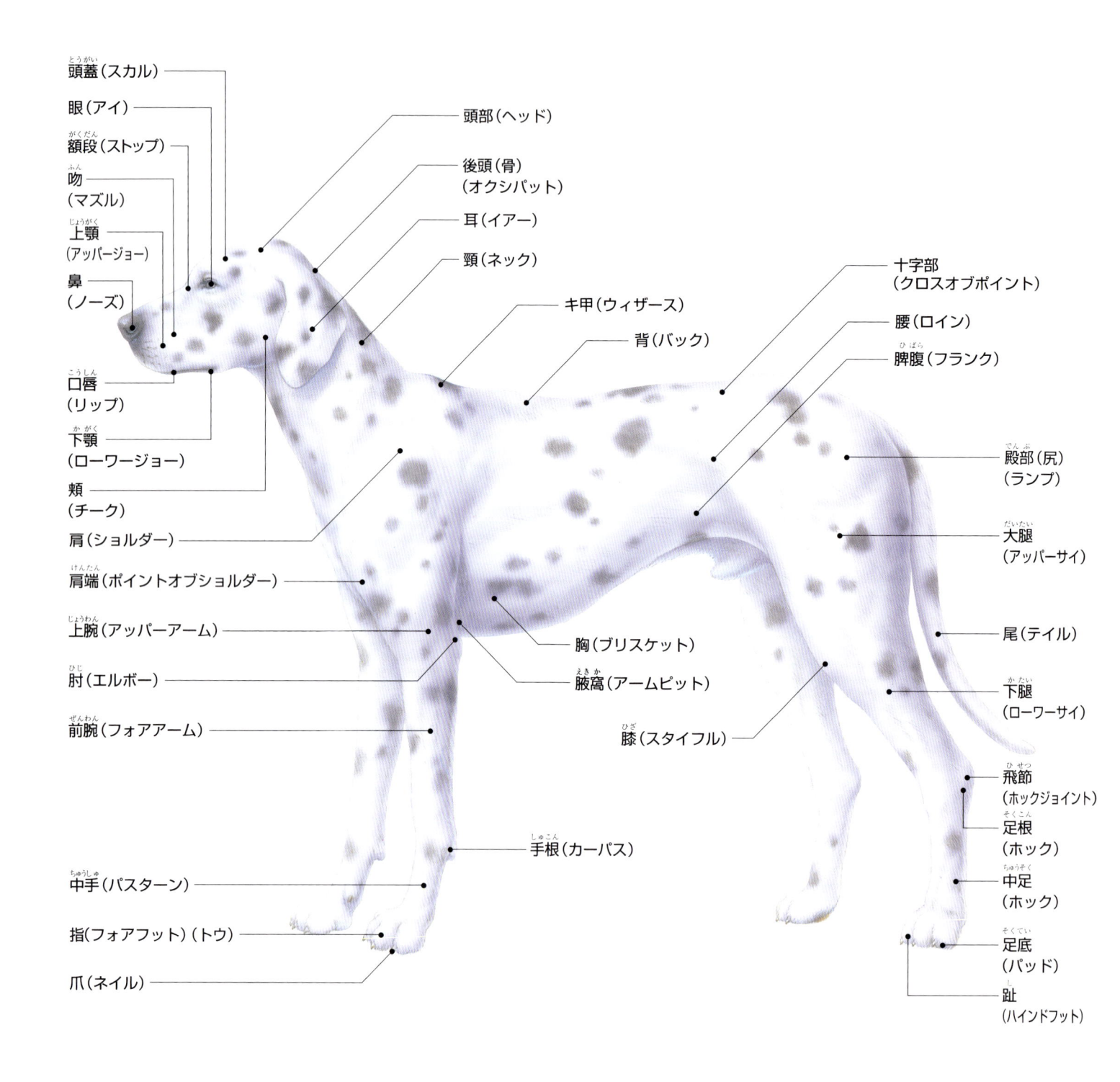

- 頭蓋(スカル)
- 眼(アイ)
- 額段(ストップ)
- 吻(マズル)
- 上顎(アッパージョー)
- 鼻(ノーズ)
- 口唇(リップ)
- 下顎(ローワージョー)
- 頬(チーク)
- 肩(ショルダー)
- 肩端(ポイントオブショルダー)
- 上腕(アッパーアーム)
- 肘(エルボー)
- 前腕(フォアアーム)
- 中手(パスターン)
- 指(フォアフット)(トウ)
- 爪(ネイル)
- 頭部(ヘッド)
- 後頭(骨)(オクシパット)
- 耳(イアー)
- 頸(ネック)
- キ甲(ウィザース)
- 背(バック)
- 胸(ブリスケット)
- 腋窩(アームピット)
- 手根(カーパス)
- 十字部(クロスオブポイント)
- 腰(ロイン)
- 脾腹(フランク)
- 殿部(尻)(ランプ)
- 大腿(アッパーサイ)
- 尾(テイル)
- 下腿(ローワーサイ)
- 膝(スタイフル)
- 飛節(ホックジョイント)
- 足根(ホック)
- 中足(ホック)
- 足底(パッド)
- 趾(ハインドフット)

(外部形態名称はp.16参照)

用途別分類

番犬		人間が犬に対して最初に利用した仕事といわれている．もともとは，なわばりを守るという犬の本能から，野生の肉食獣の存在を知らせたり追い払ったりしてくれた．これによって犬は家畜化されたともいわれている． 現在では家庭の番犬から店舗や工場の警備など幅広く利用されている．先に述べたようにもともとは犬の本能だったが，現在では様々な犬種に改良された結果，向き不向きがあり，よく吠える防衛本能の強い犬種が適している．
猟犬		猟犬は，鳥猟犬（ガンドッグ）タイプと獣猟犬（ハウンド）タイプに分けられ，性質も本能も大きく異なる．
	鳥猟犬	鳥猟犬は仕事内容によって以下のように分けられる． ①地面で休んでいる鳥を発見して，にらみつけることで鳥を動けなくし，あとは主人の合図を待って鳥を飛び立たせる． 　昔の鉄砲は一発ずつしか撃つことができなかったのでこのような仕事をさせていたが，近年では鉄砲の改良によりこのような使われ方は減少している． 　おもにイングリッシュ・ポインターやイングリッシュ・セターなどが使われている． ②主人が撃ち落とした鳥を探して持ってくる． 　この仕事に使われている犬種は，物をくわえて運ぶことを得意とし，水鳥などは泳いで持ってこなければならないので泳ぎもうまい犬種が多い． 　おもにゴールデン・レトリーバーやフラットコーテッド・レトリーバーなどのレトリーバー種が多く使われている．ちなみにレトリーバーとは「回収する」（レトリーブ）に由来している． ③鳥を追いたてて，思った方向に飛び立たせる． 　猟師の待ち構えている方向に鳥が飛ぶように追いたてたり，網を張ってある方向に飛び立たせたりしていた． 　おもに，イングリッシュ・スプリンガー・スパニエルやウェルシュ・スプリンガー・スパニエルなどが使われている． ④仕事内容は①・②を行なうが，特にシギ（コック）猟に使用したのが，アメリカン・コッカー・スパニエルやイングリッシュ・コッカー・スパニエルなどである．
	獣猟犬	獣猟犬は獲物の発見および捕らえ方で大きく二つに分けられる． ①獲物が通った跡を鋭い嗅覚を利用して追跡し，追いつめたり捕らえたりするタイプで，嗅覚ハウンド（セントハウンド）とよばれている．この仕事はもともと犬の本能なのでひじょうに多くの犬種が使用されている． 　代表的な犬種はビーグルやブラッドハウンドなどであるが，テリア種，ダックスフンド種や多くの日本原産犬種もこれに該当する． ②眼で獲物を発見し，ハイスピードでいっきに追走して捕らえるタイプで，視覚ハウンド（サイトハウンド／ゲイズハウンド）とよばれている．このタイプには，遠くをみるための発達した視力と高い体高，いっきに捕らえるためのスピードが求められるので，大型で細身の犬種がほとんどである． 　代表的な犬種は，アフガン・ハウンドやボルゾイなどである．
牧羊・牧畜犬		4000年くらいまえから使われている仕事で，もともとは家畜を肉食獣から守るための番犬だったが，現在では監視や誘導などの仕事もするようになり，国によっては，ヒツジやウシだけではなく，アヒルやニワトリなどの家禽類のめんどうもみるように訓練されている．よく訓練された犬では，3～4頭で800～1000頭くらいのヒツジの群れをまとめることができる． この仕事に使用される犬種は，狩猟欲を弱め防衛力を高められた犬種であり，代表的な犬種は，ボーダー・コリーやオールド・イングリッシュ・シープドッグなどである．
そり犬		もともとは極寒地方での移動手段として使われていたが，車やスノーモービルなどの発達により移動手段としてよりも，スポーツ化されたものが主流となってきている． 世界最大の犬ぞりレースは，アラスカで毎年行われる「アイディタロッド・レース」で1900kmの距離を約2週間かけて行われる．このレースは，1925年にアラスカのノームでジフテリアが流行し，血清を送るためにいくつもの町で犬ぞりが結成され，リレー方式で輸送されたことをきっかけに行われるようになった． またこの時の犬たちを代表して，最終チームのリーダードッグをつとめた「バルト」の銅像がニューヨークのセントラルパークに建てられている． そり犬は，寒さに耐える密集したダブルコートの被毛をもち，長時間そりを引くだけの体力，持久力，スピードを兼ね備えていなければならなく，代表的な犬種には，シベリアン・ハスキーやアラスカン・マラミュートなどがいる．
警察犬		犯罪捜査やパトロールなどに使う犬で，すぐれた嗅覚を利用して犯人の追跡を行ったり，指導手の指示により犯人を襲撃したりする．日本で警察犬が初めて導入されたのは1907（明治40）年で，神奈川県警本部が使用した．現在日本では，

	直轄警察犬と嘱託警察犬の2種類があり，直轄警察犬は警察が直接管理しているもの，嘱託警察犬は民間人所有の訓練犬で，必要なときに借りて使用するものである． 日本警察犬協会（PD）では指定警察犬種を定めており，ジャーマン・シェパード・ドッグ，ドーベルマン，エアデール・テリア，ボクサー，コリー，ゴールデン・レトリーバー，ラブラドール・レトリーバーの7犬種である．
盲導犬	1916年にドイツで，戦傷盲人などのために考案されたのが始まりで，日本では1957年に，現在アイメイト協会理事長である塩谷賢一氏により第1号が作出された（ジャーマン・シェパード・ドッグの「チャンピー」）． 基本的な仕事としては，目の不自由な人を誘導し，段差や交差点，障害物や危険などを知らせる．しかし，それだけではなく精神的な心の支えとなっている部分もひじょうに大きいという．現在日本では800～900頭の盲導犬が実働しているが，まだまだ不足しているのが現状である（アメリカでは約1万頭，イギリスでは約4千頭）． また盲導犬を育成するためには，数多くのボランティアの協力が必要であり，協会によって異なるが，盲導犬の繁殖を手伝う「ブリーディングウォーカー」，子犬を1年間預かり育てる「パピーウォーカー」，盲導犬としての適正審査で不合格になってしまった犬を引き取る「リジェクトウォーカー」，引退した盲導犬の老後のめんどうをみる「リタイアウォーカー」などがある．現在日本では，ゴールデン・レトリーバー，ラブラドール・レトリーバー，ジャーマン・シェパード・ドッグの3犬種および，ゴールデン・レトリーバーとラブラドール・レトリーバーのF1（雑種）が使用されている．
聴導犬	耳の不自由な人のためにチャイムや電話のベル，めざまし時計などのさまざまな音を知らせるように訓練された犬である．1976年にアメリカで，自分の娘のために両親が愛犬を訓練士に依頼したのが始まりだといわれている． 日本では1981年から訓練が開始され，1984年に第1号が誕生した（シェットランド・シープドッグの「ロッキー」）． 1996年には，「ジャパン聴導犬協会」（現在は日本聴導犬協会に改名）が長野県伊那保健所の推進を受けて発足し，本来ならば殺処分されてしまう犬の中から適性のある犬を選別し，育成・訓練している． このほかにも「ヒアリングドッグを育てる会」などもあるが，日本での実働数は現在20頭にも満たないといわれており，認知度の低さをものがたっている（アメリカでは約3000頭，イギリスでは約500頭）． また，聴導犬を育成するためのボランティアとしては，子犬を数ヵ月間育てるボランティアや，各種のイベントを手伝うボランティアなどがある． 使用犬種はさまざまで，現在は雑種が中心となっている．
介助犬	さまざまな障害を抱えている人の補助をする犬で，車いすを引いたり，落としたものを拾ったり，障害者一人一人のニーズに合わせた訓練を行う．また，広義では盲導犬や聴導犬など，人の生活を補助する犬全般を指すこともある． 1975年にアメリカで考案されたのが始まりであり，日本では1990年に「パートナードッグを育てる会」（現在は「日本パートナードッグ協会」に改名）が設立され，1992年にアメリカから貸与され第1号が誕生した（チェサピーク・ベイ・レトリーバーの「ブルース」）． このほかに，「介助犬を育てる会」や「日本介助犬アカデミー」，「日本介助犬協会」などいくつかの団体が設立されているが，実働数は数頭というのが現状である． 現在，使用犬種はさまざまで障害にあわせて選択されている． 「動物介在療法（アニマルアシステッドセラピー：AAT）」および「動物介在活動（アニマルアシステッドアクティビティー：AAA）」 セラピーとアクティビティーとの厳密な境はないが，治療目的および医療効果を高めるために動物を使用することをセラピーと呼び，精神面によい影響を与えたり，社会生活を豊かにするために動物を使用し，いろいろな施設などを訪問することをアクティビティーとしている．ただし日本では総称してアニマルセラピーといわれることが多い． 現在さまざまな動物が使用されており，乗馬によるものが有名だがその中の一つとして犬も使用されている．活動場所としては，精神科医療，老人医療，小児医療，機能回復訓練施設，障害者施設，児童福祉施設，老人ホームなどである． 日本では（社）日本動物病院福祉協会が行っている，「コンパニオン・アニマル・パートナーシップ・プログラム：CAPP」活動や日本障害者乗馬協会，日本乗馬療法協会，乗馬療法協会ジャパンなどの乗馬によるものが有名である．これらの活動もボランティアの協力により，各種の福祉施設を訪問したりふれあいの場を設けたりして，老人や児童，心身に障害のある方達を対象に精神面や社会面，リハビリテーションなどの手助けの一環として行われている．
闘　犬	1500～1600年代ごろから行われていたという記録があり，競技としての闘犬は，雄ウシと闘わせたヨーロッパのブルベイティングが始まりといわれている． ウシをはじめとしてさまざまな動物や犬どうしを闘わせていたが，現在では動物愛護の精神から，多くの国で禁止となっている．

	使用されていた犬種は，ブルドッグ，ブル・テリア，ボクサーなどがいる．日本では，土佐犬どうしを闘わせる土佐闘犬が有名であり，この競技は相撲のように倒れたから負けというわけではなく，「鳴き声や吠え声を上げたり」，「相手に背を向けて逃げだそうとしたり」，「一定時間押えこまれたり」したら負けという一定のルールの下に行われている．また，相撲と同じように横綱審議規定があり，さまざまな条件をクリアした犬に横綱の称号が与えられる．
軍用犬	歴史はひじょうに古く，古代ギリシャ・ローマ時代にはすでに使われていたといわれており，犬によろいを着せびょうを打った首輪をはめて敵に突進させたりしていた．この当時の使用犬種は，現在のマスティフタイプの祖先犬だといわれている．近代戦で初めて使用されたのは第一次世界大戦の時にドイツ軍が使用したもので，伝令，歩哨, 捜索，運搬などがおもな仕事だった． 使用犬種はジャーマン・シェパード・ドッグ，ドーベルマン，グレート・デーンなどだった．なかでもジャーマン・シェパード・ドッグの活躍はめざましいものがあったといわれ，第二次世界大戦での敗戦後にドイツでは占領軍がこの犬種の飼育を禁止したほどだといわれている．また，この戦争の影響で，イギリスではこの犬種名をアルサシアンと改名したともいわれている（ジャーマンという名に対する嫌悪からと思われる）．
競走犬	ドッグレースを行うための犬である．一般的なレースではダミーのウサギなどを走らせ，それを追いかけさせるトラックレースで，300～400ヤードの距離を走らせる．人間よりもはるかに速く，100m換算の世界記録は1971年にオランダのレース場で出された記録で5秒37である． 現在は，ほとんどの国でグレーハウンドを使用している．
救助犬	救助犬は活動内容や場所によって，「水（海）難救助犬」，「山岳救助犬」，「災害救助犬」に分けられる． ① 水（海）難救助犬は，海や湖などでおぼれている人を救助するための犬で，レスキュー隊員といっしょに水に入り，隊員はおぼれている人を抱え犬の背中のハーネスにつかまり，犬は二人を岸まで泳いで連れて行く．泳ぐことがひじょうにうまく，もともとは漁船を引き上げる作業をしていたニューファンドランドを訓練したのが始まりといわれている． 現在，日本では「日本レスキュー協会」だけが育成を行っている． ② 山岳救助犬はおもに雪山で遭難した人間を，鋭い嗅覚を利用して発見・救助する犬で，もともとはアルプス山中でセント・バーナードが使用されていたが，現在ではさまざまな犬種が使用されている． セント・バーナードの置物によくみられる胸元にぶら下った「たる」は，救助犬がブランデーやワインなどを入れて持っていったことから着けられている． ③ 災害救助犬は各種の災害で被害にあった人間を，鋭い嗅覚を利用して発見・救助をする犬で，1974年にドイツで誕生した．ひじょうに困難な状況で仕事をするために，犬が集中していられるのは20分くらいといわれており，何頭かを交代制で使用する． 日本では1991年に「災害救助犬協会富山」が第1号として発足し，阪神・淡路大震災にも出動している．現在では，日本災害救助犬協会や日本レスキュー協会などいくつかの団体も発足し，災害救助犬の必要性が認められてきている． 日本ではジャーマン・シェパード・ドッグとラブラドール・レトリーバーが中心だが，海外ではいろいろな犬種が使用されている．
税関犬	税関で使用されている犬のことで「麻薬探知犬」と「火薬探知犬」の2種類がある． ① 麻薬探知犬は，麻薬をはじめとする薬物を鋭い嗅覚を利用して発見する犬である．始まりはアメリカで，日本では1979年に東京税関で使用されたのが最初である．麻薬探知犬には2種類あり，一つはアグレッシブドッグとよばれ，荷物に隠されている薬物を発見するタイプで，もう一つはパッシブドッグとよばれ，薬物を身に着けている人を発見するタイプである． 麻薬探知犬の訓練は本物の麻薬を使用するために，一般の訓練所では行えず，現在は千葉県成田市にある麻薬探知犬訓練センター1ヵ所だけで行われており，専門の税関職員が行う．日本では，ジャーマン・シェパード・ドッグ，ラブラドール・レトリーバー，ゴールデン・レトリーバー，アメリカン・コッカー・スパニエルなどを使用している． ② 火薬探知犬は，テロリスト対策で，爆発物等を発見するための犬である．税関としてだけではなく，警察犬としても活躍している． 日本ではジャーマン・シェパード・ドッグなどを使用している．
演技犬	もともとはサーカスで活躍していた犬のことで，宙返りや玉乗り，逆立ちなどの曲芸をしていたものが始まりといわれている．現在では，おもに映画やテレビに出演しタレント犬ともよばれており，これに伴って動物専門のプロダクションなどもできてきている．

犬種名の由来

犬種名(和名)	犬種名(英名)	由来
アーフェンピンシャー	Affenpinscher	ピンシャーからつくられた．ドイツ語でアーフェンはサルのようなの意味．顔がサルに似ていたため
アイリッシュ・ウルフハウンド	Irish Wolfhound	アイルランド原産でオオカミ(ウルフ)狩りに使用されていた
アフガン・ハウンド	Afghan Hound	古い犬種の一つでアフガニスタン原産ということによる
アメリカン・コッカー・スパニエル	American Cocker Spaniel	アメリカでつくられたマールボロー系の鴨(コック＝シギ)猟用スパニエル種であることによる
アラスカン・マラミュート	Alaskan Malamute	アラスカで生活しているマラミュート族が日常生活に使用していた
イングリッシュ・コッカー・スパニエル	English Cocker Spaniel	イギリスで鴨(ウッドコック＝山シギ)猟用スパニエル種であることによる．アメリカン・コッカー・スパニエルの祖先
ウィペット	Whippet	むち犬の意味．走る姿勢が馬を鞭打って駆けるようにみえることによる
オーストラリアン・ケルピー	Australian Kelpie	ケルピーとはスコットランドの伝説の水の精のこと．オーストラリアでスコットランドの人々がその作出にかかわったからといわれている
甲斐犬	Kai	山梨県甲斐地方の土着の犬からつくられた．別名に甲斐虎犬もある
キースホンド	Keeshond	18世紀，オランダの愛国党党首ケース・ド・ギズラーが愛育し党のシンボルにしたことによる
キャバリア・キング・チャールズ・スパニエル	Cavalier King Charles Spaniel	キャバリアとは中世の騎士．キング・チャールズ・スパニエルからつくられた
キング・チャールズ・スパニエル	King Charles Spaniel	チャールズⅠ世・Ⅱ世に愛されたことに由来
クランバー・スパニエル	Clumber Spaniel	ノワイユ公爵がイギリスのクランバーに住むニューカッスル公爵Ⅱ世に贈ったことから，またはもともとそこで飼育していたからともいわれる
グレート・デーン	Great Dane	フランスでの呼び名グラン・ダノワ(デンマークの大犬)を英語にしたもの
グレート・ピレニーズ	Great Pyrenees	ピレネー山中で飼われていた山岳犬でその地名からつけられた
グレーハウンド	Greyhound	グリーク(ギリシャ)に由来，または毛色にグレーが多かったという説もある
ケアーン・テリア	Cairn Terrier	岩場の穴や積石(ケアーン)の中に入って小獣を追い出していたことに由来
ケリー・ブルー・テリア	Kerry Blue Terrier	もとはアイリッシュ・ブルー・テリアとよばれていたが，アイルランドのケリー州にちなみ，ケリー州の青いテリアと命名
コリー	Collie	顔と肢が黒い羊をコリー(アングロサクソン語の黒)とよび，牧羊犬も黒が主流だったのでコリー・ドックとよばれ，後にコリーとよばれるようになった
サモエド	Samoyed	サモエド族が日常生活に使用していた
サルーキ	Saluki	滅亡したアラビアの町サクル，もしくは他の地名に由来するともいわれている
シー・ズー	Shih Tzu	神の使者として神聖視され，獅子狗(シー・ズー・クウ)とよばれていたことによる
シッパーキー	Schipperke	フランドル語で小さな船長の意味，運河のはしけのマスコットだったことによる
柴犬	Shiba	日本の古語でシバとは小さなものの意．日本土着犬の中でいちばん小さかったからである
シベリアン・ハスキー	Siberian Husky	シベリア地方のチュクチ族が飼育．シベリアン・チュチースとよばれていたが，後に遠吠えがしわがれていたのでハスキーとよばれるようになった
シャー・ペー	Shar-Pei	中国語で垂れ下がった皮膚の意．全身皺だらけのこの犬の特徴を表わしている
スコティッシュ・ディア・ハウンド	Scottish Deerhound	スコットランド原産で大鹿(ディア)狩りに使用されていた
セント・バーナード	St. Bernard	バーナードという僧侶が飼育していたから，またはグラン・サン・ベルナール寺院で飼育されていて，寺院名を英語読みにしたともいわれる
タイ・リッジバック・ドッグ	Thai Ridgeback Dog	タイ原産で，背中の中心に逆毛(リッジ)があることによる
ダックスフンド	Dachshund	ドイツ語でダックスはアナグマ，フンドは犬の意味
ダルメシアン	Dalmatian	ダルメシアン地方の土着犬
ダンディ・ディンモント・テリア	Dandie Dinmont Terrier	文学作品(1814年発行『ガイ・マナリング』)の登場人物の名ダンディ・ディンモントに由来
チェサピーク・ベイ・レトリーバー	Chesapeak Bay Retriever	チェサピーク湾で船が難破した際救護にあたったジョージ・ロー氏へ進呈した犬から作出されたといわれる

犬種名（和名）	犬種名（英名）	由来
チベタン・スパニエル	Tibetan Spaniel	チベット原産のスパニエル．プレイヤー（祈祷）・スパニエルともよばれる
チャイニーズ・クレステッド・ドッグ	Chinese Crested Dog	中国原産ということではなく，この犬の頭頂部の毛が中国清朝時代の男性の冠に似た頭髪の形に似ている犬という意味
チャウ・チャウ	Chow Chow	古くはそり（中国語でチャウ）犬として使用され，東インド会社の商人らが港で使用した言葉が訛って「チャウ・チャウ」となった
チワワ	Chihuahua	メキシコのチワワ市に由来するとされている
ドーベルマン	Dobermann	ルイス・ドーベルマン氏が作出したことによる
日本スピッツ	Japanese Spitz	シベリア原産のスピッツ系の犬サモエドの小型化をはかって日本でつくられたことによる
ノヴァ・スコシア・ダック・トーリング・レトリーバー	Nova Scootia Duck Tolling Retriever	カナダのノヴァ・スコシア半島原産でアヒル猟用のレトリーバーであることによる
バーニーズ・マウンテン・ドッグ	Bernese Mountain dog	バーニーズはスイスのベルン市．マウンテン・ドッグは山岳地の活動に耐えられる犬の意味
パグ	Pug	ラテン語の握り拳（頭部の形がそれに似ている）から，または中国語の覇向（パー・クウ：いびきをかいて寝る王様）のようだからともいわれている
バセット・ハウンド	Basset Hound	バセットはフランス語で足が短いの意．この犬の長胴短肢の特徴を指している
パピヨン	Papillon	フランス語で蝶の意味．耳が蝶の羽のようにみえることから，バタフライ・スパニエルともいわれる
ビアデッド・コリー	Bearded Collie	口髭（ビアデッド）があることによる
ビーグル	Beagle	ビーグルとはフランス語の小さいからきている
ビション・フリーゼ	Bichon Frise	フランス語でビションは飾る，フリーゼは縮れた毛．もじゃもじゃの巻毛に飾られた犬の意味
ビズラ	Vizsla	ビズラの語源は不明．ハンガリアン・ポインターともよばれる
プードル	Poodle	ドイツ語で，水鳥回収時の水のはねる音に由来している
ブラック・アンド・タン・クーンハウンド	Black and Tan Coonhound	ブラック・アンド・タンは黒地に黄褐色の毛色のこと，クーンはアライグマの意味
ブラッドハウンド	Bloodhound	傷ついて血を流している獲物を追うから，または純血の犬種という意味に由来するともいわれる
ブリタニー・スパニエル	Brittany Spaniel	ブルターニュの森林地帯でブルターニュ族が飼育していたフレンチ・スパニエルからつくられた
ブルドッグ	Bulldog	ブルはブルベイティング（雄ウシとの闘犬）から，または雄ウシのようなを意味する
ボーダー・コリー	Border Collie	ボーダーは国境や県境の意味．辺境の牧羊犬（コリー）とされた
ボクサー	Boxer	闘犬のときの前脚を上げて戦う様子がボクシングに似ていたことによる
ボルゾイ	Borzoi	ロシア語で俊敏，機敏を意味する．もとはルシアン・ウルフハウンド
マスティフ	Mastiff	力強いというようなラテン語に由来
メキシカン・ヘアレス・ドッグ	Mexican Hairless Dog	メキシコ原産の無毛犬（ヘアレス・ドッグ）
ラサ・アプソ	Lhasa Apso	チベットのラサで僧侶たちに愛されたこと，アプソはチベット語でヤギに似ているから
ラブラドール・レトリーバー	Labrador Retriever	カナダのラブラドール半島へわたった犬のこと
ラポニアン・ハーダー	Lapponian Herder	ラポニアンはラップランド産，ハーダーは家畜の番犬の意味
ローデシアン・リッジバック	Rhodesian Ridgeback	南アフリカ東部ローデシア原産で背中に逆毛（リッジ）がある
ワイマラナー	Weimaraner	ドイツのワイマール地方で作出されたことに由来

資料：菱籔豊作 監修，最新犬種スタンダード図鑑，p.139〜155，学習研究社（1994）

関連諸団体

(五十音順)

代表的な畜犬団体

名称（略称）	住所	電話
(公社)秋田犬保存会(秋保)	〒017-8691 秋田県大館市三ノ丸13-1	0186-42-2502
(一社)ジャパンケネルクラブ(JKC)	〒101-8552 東京都千代田区神田須田町1-5	03-3251-1651～1656
(一社)全日本狩猟倶楽部(全猟)	〒170-0003 東京都豊島区駒込4-12-7 駒込サニーハイツ202	03-5972-4187
(公社)日本警察犬協会(PD)	〒110-0015 東京都台東区東上野4-13-7 警察犬会館内	03-5828-2521
(公社)日本犬保存会(日保)	〒101-0054 東京都千代田区神田錦町2-5-1 神田坂田ビル2F	03-3291-6035
(一社)日本コリークラブ(J.C.C)	〒104-0045 東京都中央区銀座6-1-10 築地USビル5F	03-3544-0700
(公社)日本シェパード犬登録協会(JSV)	〒113-0033 東京都文京区本郷3-37-15 プロムナード深瀬2	03-3816-7431
特定非営利活動法人(NPO法人)日本社会福祉愛犬協会(KCJ)	〒110-0015 東京都台東区東上野4-13-7 警察犬会館6F	03-3847-5297

盲導犬協会

名称	住所	電話
(公財)アイメイト協会	〒177-0051 東京都練馬区関町北5-8-7	03-3920-6162
(公財)関西盲導犬協会	〒621-0027 京都府亀岡市曽我部町犬飼未ケ谷18-2	0771-24-0323
(社福)中部盲導犬協会	〒455-0066 愛知県名古屋市港区寛政町3-41-1	052-661-3111
(公財)東日本盲導犬協会	〒321-0342 栃木県宇都宮市福岡町1285	028-652-3883
(公財)日本盲導犬協会	〒150-0045 東京都渋谷区神泉町21-3 カームテラス神泉3F	03-5452-1266
(社福)日本ライトハウス	〒538-0042 大阪府大阪市鶴見区今津中2-4-37	06-6961-5521
(公財)九州盲導犬協会	〒819-1122 福岡県糸島市東702-1	092-324-3169
(公財)北海道盲導犬協会	〒005-0030 北海道札幌市南区南30条西8丁目1-1	011-582-8222

各種団体

名称	住所	電話
(社福)日本介助犬協会	〒222-0033 神奈川県横浜市港北区新横浜2-5-9 新横浜フジカビル3F	045-476-9005
特定非営利活動法人(NPO法人)全国災害救助犬協会	〒939-8195 富山県富山市上野332-3	076-429-8139
(一社)日本聴導犬推進協会	〒356-0051 埼玉県ふじみ野市亀久保2201-5	049-262-2333
(社福)日本聴導犬協会	〒399-4301 長野県上伊那郡宮田村7030-1	0265-85-4615/5290
特定非営利活動法人(NPO法人)日本救助犬協会	〒164-0001 東京都中野区中野3-47-13 シグマウエストビル501	03-6304-8787
(一社)日本小動物獣医師会(JSAVA)	〒105-0004 東京都港区新橋5-12-2 鴻盟社ビル5F	03-5843-7548
(公社)日本動物病院福祉協会(JAHA)	〒103-0021 東京都中央区日本橋本石町3-2-7 常盤ビル7F	03-6262-5252
特定非営利活動法人(NPO法人)日本レスキュー協会	〒664-0832 兵庫県伊丹市下河原2-2-13	072-770-4900
特定非営利活動法人(NPO法人)日本ヒアリングドッグ協会	〒444-3173 愛知県岡崎市滝町字外浦251	0564-46-4385(FAX)

全国の大学附属動物病院併設(国・公・私立)大学

大学名	住所	電話
【国　立】		
岩手大学動物病院	〒020-8550 岩手県盛岡市上田3-18-8	019-621-6238
帯広畜産大学動物医療センター	〒080-8535 北海道帯広市稲田町西3線14	0155-49-5683
鹿児島大学共同獣医学部附属動物病院	〒890-0065 鹿児島県鹿児島市郡元1-21-24	099-285-8750
岐阜大学応用生物科学部附属動物病院	〒501-1193 岐阜県岐阜市柳戸1-1	058-293-2962/2963
東京大学附属動物医療センター	〒113-8657 東京都文京区弥生1-1-1	03-5841-5420
東京農工大学動物医療センター	〒183-0054 東京都府中市幸町3-5-8	042-367-5785
鳥取大学農学部附属動物医療センター	〒680-8553 鳥取県鳥取市湖山町南4-101	0857-31-5441
北海道大学動物医療センター	〒060-0819 北海道札幌市北区北19条西10丁目	011-706-5239
宮崎大学農学部附属動物病院	〒889-2192 宮崎県宮崎市学園木花台西1-1	0985-58-7286
山口大学動物医療センター	〒753-8515 山口県山口市吉田1677-1	083-933-5931
【公　立】		
大阪府立大学生命環境科学域附属獣医臨床センター	〒598-8531 大阪府泉佐野市りんくう往来北1-58	072-463-5082
【私　立】		
麻布大学附属動物病院	〒229-8501 神奈川県相模原市淵野辺1-17-71	042-769-2363
北里大学獣医学部附属動物病院	〒034-8628 青森県十和田市東23番町35-1	0176-24-9436
日本獣医生命科学大学付属動物医療センター	〒180-8602 東京都武蔵野市境南町1-7-1	0422-90-4000
日本大学生物資源科学部動物病院(ANMEC)	〒252-0813 神奈川県藤沢市亀井野1866	0466-84-3900
酪農学園大学付属動物医療センター	〒069-8501 北海道江別市文京台緑町582	011-386-1213

(2025年1月現在)

動物に関する法律

(最終改正：二〇二〇年六月一日施行)

第一章　総則
（目的）
第一条　この法律は、動物の虐待及び遺棄の防止、動物の適正な取扱いその他動物の健康及び安全の保持等の動物の愛護に関する事項を定めて国民の間に動物を愛護する気風を招来し、生命尊重、友愛及び平和の情操の涵養に資するとともに、動物の管理に関する事項を定めて動物による人の生命、身体及び財産に対する侵害並びに生活環境の保全上の支障を防止し、もつて人と動物の共生する社会の実現を図ることを目的とする。
（基本原則）
第二条　動物が命あるものであることにかんがみ、何人も、動物をみだりに殺し、傷つけ、又は苦しめることのないようにするのみでなく、人と動物の共生に配慮しつつ、その習性を考慮して適正に取り扱うようにしなければならない。
2　何人も、動物を飼養し又は保管する場合には、その飼養又は保管の目的の達成に支障を及ぼさない範囲で、適切な給餌及び給水、必要な健康の管理並びにその動物の種類、習性等を考慮した飼養又は保管を行うための環境の確保を行わなければならない。
（普及啓発）
第三条　国及び地方公共団体は、動物の愛護と適正な飼養に関し、前条の趣旨にのっとり、相互に連携を図りつつ、学校、地域、家庭等における教育活動、広報活動等を通じて普及啓発を図るように努めなければならない。
（動物愛護週間）
第四条　ひろく国民の間に命あるものである動物の愛護と適正な飼養についての関心と理解を深めるようにするため、動物愛護週間を設ける。
2　動物愛護週間は、九月二十日から同月二十六日までとする。
3　国及び地方公共団体は、動物愛護週間には、その趣旨にふさわしい行事が実施されるように努めなければならない。

第二章　基本指針等
（基本指針）
第五条　環境大臣は、動物の愛護及び管理に関する施策を総合的に推進するための基本的な指針（以下「基本指針」という。）を定めなければならない。
2　基本指針には、次の事項を定めるものとする。
一　動物の愛護及び管理に関する施策の推進に関する基本的な方向
二　次条第一項に規定する動物愛護管理推進計画の策定に関する基本的な事項
三　その他動物の愛護及び管理に関する施策の推進に関する重要事項
3　環境大臣は、基本指針を定め、又はこれを変更しようとするときは、あらかじめ、関係行政機関の長に協議しなければならない。
4　環境大臣は、基本指針を定め、又はこれを変更したときは、遅滞なく、これを公表しなければならない。
（動物愛護管理推進計画）
第六条　都道府県は、基本指針に即して、当該都道府県の区域における動物の愛護及び管理に関する施策を推進するための計画（以下「動物愛護管理推進計画」という。）を定めなければならない。
2　動物愛護管理推進計画には、次の事項を定めるものとする。
一　動物の愛護及び管理に関し実施すべき施策に関する基本的な方針
二　動物の適正な飼養及び保管を図るための施策に関する事項
三　災害時における動物の適正な飼養及び保管を図るための施策に関する事項
四　動物の愛護及び管理に関する施策を実施するために必要な体制の整備（国、関係地方公共団体、民間団体等との連携の確保を含む。）に関する事項
3　動物愛護管理推進計画には、前項各号に掲げる事項のほか、動物の愛護及び管理に関する普及啓発に関する事項その他動物の愛護及び管理に関する施策を推進するために必要な事項を定めるように努めるものとする。
4　都道府県は、動物愛護管理推進計画を定め、又はこれを変更しようとするときは、あらかじめ、関係市町村の意見を聴かなければならない。
5　都道府県は、動物愛護管理推進計画を定め、又はこれを変更したときは、遅滞なく、これを公表するように努めなければならない。

第三章　動物の適正な取扱い
第一節　総則
（動物の所有者又は占有者の責務等）
第七条　動物の所有者又は占有者は、命あるものである動物の所有者又は占有者として動物の愛護及び管理に関する責任を十分に自覚して、その動物をその種類、習性等に応じて適正に飼養し、又は保管することにより、動物の健康及び安全を保持するように努めるとともに、動物が人の生命、身体若しくは財産に害を加え、生活環境の保全上の支障を生じさせ、又は人に迷惑を及ぼすことのないように努めなければならない。この場合において、その飼養し、又は保管する動物について第七項の基準が定められたときは、動物の飼養及び保管については、当該基準によるものとする。
2　動物の所有者又は占有者は、その所有し、又は占有する動物に起因する感染性の疾病について正しい知識を持ち、その予防のために必要な注意を払うように努めなければならない。
3　動物の所有者又は占有者は、その所有し、又は占有する動物の逸走を防止するために必要な措置を講ずるよう努めなければならない。
4　動物の所有者は、その所有する動物の飼養又は保管の目的等を達する上で支障を及ぼさない範囲で、できる限り、当該動物がその命を終えるまで適切に飼養すること（以下「終生飼養」という。）に努めなければならない。
5　動物の所有者は、その所有する動物がみだりに繁殖して適正に飼養することが困難とならないよう、繁殖に関する適切な措置を講ずるよう努めなければならない。
6　動物の所有者は、その所有する動物が自己の所有に係るものであることを明らかにするための措置として環境大臣が定めるものを講ずるように努めなければならない。
7　環境大臣は、関係行政機関の長と協議して、動物の飼養及び保管に関しよるべき基準を定めることができる。
（動物販売業者の責務）
第八条　動物の販売を業として行う者は、当該販売に係る動物の購入者に対し、当該動物の種類、習性、供用の目的等に応じて、その適正な飼養又は保管の方法について、必要な説明をしなければならない。
2　動物の販売を業として行う者は、購入者の購入しようとする動物の飼養及び保管に係る知識及び経験に照らして、当該購入者に理解されるために必要な方法及び程度により、前項の説明を行うよう努めなければならない。
（地方公共団体の措置）
第九条　地方公共団体は、動物の健康及び安全を保持するとともに、動物が人に迷惑を及ぼすことのないようにするため、条例で定めるところにより、動物の飼養及び保管について動物の所有者又は占有者に対する指導をすること、多数の動物の飼養及び保管に係る届出をさせることその他の必要な措置を講ずることができる。

第二節　第一種動物取扱業者
（第一種動物取扱業の登録）
第十条　動物（哺乳類、鳥類又は爬虫類に属するものに限り、畜産農業に係るもの及び試験研究用又は生物学的製剤の製造の用その他政令で定める用途に供するために飼養し、又は保管しているものを除く。以下この節から第四節までにおいて同じ。）の取扱業（動物の販売（その取次ぎ又は代理を含む。次項及び第二十一条の四において同じ。）、保管、貸出し、訓練、展示（動物との触れ合いの機会の提供を含む。第二十二条の五を除き、以下同じ。）その他政令で定める取扱いを業として行うことをいう。以下この節、第三十七条の二第二項第一号及び第四十六条第一号において「第一種動物取扱業」という。）を営もうとする者は、当該業を営もうとする事業所の所在地を管轄する都道府県知事（地方自治法（昭和二十二年法律第六十七号）第二百五十二条の十九第一項の指定都市（以下「指定都市」という。）にあつては、その長とする。以下この節から第五節まで（第二十五条第七項を除く。）において同じ。）の登録を受けなければならない。
2　前項の登録を受けようとする者は、次に掲げる事項を記載した申請書に環境省令で定める書類を添えて、これを都道府県知事に提出しなければならない。
一　氏名又は名称及び住所並びに法人にあつては代表者の氏名
二　事業所の名称及び所在地
三　事業所ごとに置かれる動物取扱責任者（第二十二条第一項に規定する者をいう。）の氏名
四　その営もうとする第一種動物取扱業の種別（販売、保管、貸出し、訓練、展示又は前項の政令で定める取扱いの別をいう。以下この号において同じ。）並びにその種別に応じた業務の内容及び実施の方法
五　主として取り扱う動物の種類及び数
六　動物の飼養又は保管のための施設（以下この節から第四節までにおいて「飼養施設」という。）を設置しているときは、次に掲げる事項
イ　飼養施設の所在地
ロ　飼養施設の構造及び規模
ハ　飼養施設の管理の方法
七　その他環境省令で定める事項
3　第一項の登録の申請をする者は、犬猫等販売業（犬猫等（犬又は猫その他環境省令で定める動物をいう。以下同じ。）の販売を業として行うことをいう。以下同じ。）を営もうとする場合には、前項各号に掲げる事項のほか、同項の申請書に次に掲げる事項を併せて記載しなければならない。
一　販売の用に供する犬猫等の繁殖を行うかどうかの別
二　販売の用に供する幼齢の犬猫等（繁殖を併せて行う場合にあつては、幼齢の犬猫等及び繁殖の用に供し、又は供する目的で飼養する犬猫等。第十二条第一項において同じ。）の健康及び安全を保持するための体制の整備、販売の用に供することが困難となつた犬猫等の取扱いその他環境省令で定める事項に関する計画（以下「犬猫等健康安全計画」という。）

（登録の実施）
第十一条　都道府県知事は、前条第二項の規定による登録の申請があつたときは、次条第一項の規定により登録を拒否する場合を除くほか、前条第二項第一号から第三号まで及び第五号に掲げる事項並びに登録年月日及び登録番号を第一種動物取扱業者登録簿に登録しなければならない。
2　都道府県知事は、前項の規定による登録をしたときは、遅滞なく、その旨を申請者に通知しなければならない。
（登録の拒否）
第十二条　都道府県知事は、第十条第一項の登録を受けようとする者が次の各号のいずれかに該当するとき、同条第二項の規定による登録の申請に係る同項第四号に掲げる事項が動物の健康及び安全の保持その他動物の適正な取扱いを確保するため必要なものとして環境省令で定める基準に適合していないと認めるとき、同項の規定による登録の申請に係る同項第六号ロ及びハに掲げる事項が環境省令で定める飼養施設の構造、規模及び管理に関する基準に適合していないと認めるとき、若しくは犬猫等販売業を営もうとする場合にあつては、犬猫等健康安全計画が幼齢の犬猫等の健康及び安全の確保並びに犬猫等の終生飼養の確保を図るため適切なものとして環境省令で定める基準に適合していないと認めるとき、又は申請書若しくは添付書類のうちに重要な事項について虚偽の記載があり、若しくは重要な事実の記載が欠けているときは、その登録を拒否しなければならない。
一　心身の故障によりその業務を適正に行うことができない者として環境省令で定める者
二　破産手続開始の決定を受けて復権を得ない者
三　第十九条第一項の規定により登録を取り消され、その処分のあつた日から五年を経過しない者
四　第十条第一項の登録を受けた者（以下「第一種動物取扱業者」という。）で法人であるものが第十九条第一項の規定により登録を取り消された場合において、その処分のあつた日前三十日以内にその第一種動物取扱業者の役員であつた者でその処分のあつた日から五年を経過しないもの
五　第十九条第一項の規定により業務の停止を命ぜられ、その停止の期間が経過しない者
五の二　禁錮以上の刑に処せられ、その執行を終わり、又は執行を受けることがなくなつた日から五年を経過しない者
六　この法律の規定、化製場等に関する法律（昭和二十三年法律第百四十号）第十条第二号（同法第九条第五項において準用する同法第七条に係る部分に限る。）若しくは第三号の規定、外国為替及び外国貿易法（昭和二十四年法律第二百二十八号）第六十九条の

七　第一項第四号（動物に係るものに限る。以下この号において同じ。）若しくは第五号（動物に係るものに限る。以下この号において同じ。）、第七十条第一項第三十六号（同法第四十八条第三項又は第五十二条の規定に基づく命令の規定による承認（動物の輸出又は輸入に係るものに限る。）に係る部分に限る。以下この号において同じ。）若しくは第七十二条第一項第三号（同法第六十九条の七第一項第四号及び第五号に係る部分に限る。）若しくは第五号（同法第七十条第一項第三十六号に係る部分に限る。）の規定、狂犬病予防法（昭和二十五年法律第二百四十七号）第二十七条第一号若しくは第二号の規定、絶滅のおそれのある野生動植物の種の保存に関する法律（平成四年法律第七十五号）の規定、鳥獣の保護及び管理並びに狩猟の適正化に関する法律（平成十四年法律第八十八号）の規定又は特定外来生物による生態系等に係る被害の防止に関する法律（平成十六年法律第七十八号）の規定により罰金以上の刑に処せられ、その執行を終わり、又は執行を受けることがなくなつた日から五年を経過しない者
七　暴力団員による不当な行為の防止等に関する法律（平成三年法律第七十七号）第二条第六号に規定する暴力団員又は同号に規定する暴力団員でなくなつた日から五年を経過しない者
七の二　第一種動物取扱業に関し不正又は不誠実な行為をするおそれがあると認めるに足りる相当の理由がある者として環境省令で定める者
八　法人であつて、その役員又は環境省令で定める使用人のうちに前各号のいずれかに該当する者があるもの
九　個人であつて、その環境省令で定める使用人のうちに第一号から第七号の二までのいずれかに該当する者があるもの
2　都道府県知事は、前項の規定により登録を拒否したときは、遅滞なく、その理由を示して、その旨を申請者に通知しなければならない。
（登録の更新）
第十三条　第十条第一項の登録は、五年ごとにその更新を受けなければ、その期間の経過によつて、その効力を失う。
2　第十条第二項及び第三項並びに前二条の規定は、前項の更新について準用する。
3　第一項の更新の申請があつた場合において、同項の期間（以下この条において「登録の有効期間」という。）の満了の日までにその申請に対する処分がされないときは、従前の登録は、登録の有効期間の満了後もその処分がされるまでの間は、なおその効力を有する。
4　前項の場合において、登録の更新がされたときは、その登録の有効期間は、従前の登録の有効期間の満了の日の翌日から起算するものとする。
（変更の届出）
第十四条　第一種動物取扱業者は、第十条第二項第四号若しくは第三項第一号に掲げる事項の変更（環境省令で定める軽微なものを除く。）をし、飼養施設を設置しようとし、又は犬猫等販売業を営もうとする場合には、あらかじめ、環境省令で定めるところにより、都道府県知事に届け出なければならない。
2　第一種動物取扱業者は、前項の環境省令で定める軽微な変更があつた場合又は第十条第二項各号（第四号を除く。）若しくは第三項第二号に掲げる事項に変更（環境省令で定める軽微なものを除く。）があつた場合には、前項の場合を除き、その日から三十日以内に、環境省令で定める書類を添えて、その旨を都道府県知事に届け出なければならない。
3　第十条第一項の登録を受けて犬猫等販売業を営む者（以下「犬猫等販売業者」という。）は、犬猫等販売業を営むことをやめた場合には、第十六条第一項に規定する場合を除き、その日から三十日以内に、環境省令で定める書類を添えて、その旨を都道府県知事に届け出なければならない。
4　第十一条及び第十二条の規定は、前三項の規定による届出があつた場合に準用する。
（第一種動物取扱業者登録簿の閲覧）
第十五条　都道府県知事は、第一種動物取扱業者登録簿を一般の閲覧に供しなければならない。
（廃業等の届出）
第十六条　第一種動物取扱業者が次の各号のいずれかに該当することとなつた場合においては、当該各号に定める者は、その日から三十日以内に、その旨を都道府県知事に届け出なければならない。
一　死亡した場合　その相続人
二　法人が合併により消滅した場合　その法人を代表する役員であつた者
三　法人が破産手続開始の決定により解散した場合　その破産管財人
四　法人が合併及び破産手続開始の決定以外の理由により解散した場合　その清算人
五　その登録に係る第一種動物取扱業を廃止した場合　第一種動物取扱業者であつた個人又は第一種動物取扱業者であつた法人を代表する役員
2　第一種動物取扱業者が前項各号のいずれかに該当するに至つたときは、第一種動物取扱業者の登録は、その効力を失う。
（登録の抹消）
第十七条　都道府県知事は、第十三条第一項若しくは前条第二項の規定により登録がその効力を失つたとき、又は第十九条第一項の規定により取り消したときは、当該第一種動物取扱業者の登録を抹消しなければならない。
（標識の掲示）
第十八条　第一種動物取扱業者は、環境省令で定めるところにより、その事業所ごとに、公衆の見やすい場所に、氏名又は名称、登録番号その他の環境省令で定める事項を記載した標識を掲げなければならない。
（登録の取消し等）
第十九条　都道府県知事は、第一種動物取扱業者が次の各号のいずれかに該当するときは、その登録を取り消し、又は六月以内の期間を定めてその業務の全部若しくは一部の停止を命ずることができる。
一　不正の手段により第一種動物取扱業者の登録を受けたとき。
二　その者が行う業務の内容及び実施の方法が第十二条第一項に規定する動物の健康及び安全の保持その他動物の適正な取扱いを確保するため必要なものとして環境省令で定める基準に適合しなくなつたとき。
三　飼養施設を設置している場合において、その者の飼養施設の構造、規模及び管理の方法が第十二条第一項に規定する飼養施設の構造、規模及び管理に関する基準に適合しなくなつたとき。
四　犬猫等販売業を営んでいる場合において、犬猫等健康安全計画が第十二条第一項に規定する幼齢の犬猫等の健康及び安全の確保並びに犬猫等の終生飼養の確保を図るため適切なものとして環境省令で定める基準に適合しなくなつたとき。
五　第十二条第一項第一号、第二号、第四号又は第五号の二から第九号までのいずれかに該当することとなつたとき。
六　この法律若しくはこの法律に基づく命令又はこの法律に基づく処分に違反したとき。
2　第十二条第二項の規定は、前項の規定による処分をした場合に準用する。
（環境省令への委任）
第二十条　第十条から前条までに定めるもののほか、第一種動物取扱業者の登録に関し必要な事項については、環境省令で定める。
（基準遵守義務）
第二十一条　第一種動物取扱業者は、動物の健康及び安全を保持するとともに、生活環境の保全上の支障が生ずることを防止するため、その取り扱う動物の管理の方法等に関し環境省令で定める基準を遵守しなければならない。
2　都道府県又は指定都市は、動物の健康及び安全を保持するとともに、生活環境の保全上の支障が生ずることを防止するため、その自然的、社会的条件から判断して必要があると認めるときは、条例で、前項の基準に代えて第一種動物取扱業者が遵守すべき基準を定めることができる。
（感染性の疾病の予防）
第二十一条の二　第一種動物取扱業者は、その取り扱う動物の健康状態を日常的に確認すること、必要に応じて獣医師による診療を受けさせることその他のその取り扱う動物の感染性の疾病の予防のために必要な措置を適切に実施するよう努めなければならない。
（動物を取り扱うことが困難になつた場合の譲渡し等）
第二十一条の三　第一種動物取扱業者は、第一種動物取扱業を廃止する場合その他の業として動物を取り扱うことが困難になつた場合には、当該動物の譲渡しその他の適切な措置を講ずるよう努めなければならない。
（販売に際しての情報提供の方法等）
第二十一条の四　第一種動物取扱業者のうち犬、猫その他の環境省令で定める動物の販売を業として営む者は、当該動物を販売する場合には、あらかじめ、当該動物を購入しようとする者（第一種動物取扱業者を除く。）に対し、その事業所において、当該販売に係る動物の現在の状態を直接見せるとともに、対面（対面によることが困難な場合として環境省令で定める場合には、対面に相当する方法として環境省令で定めるものを含む。）により書面又は電磁的記録（電子的方式、磁気的方式その他人の知覚によつては認識することができない方式で作られる記録であつて、電子計算機による情報処理の用に供されるものをいう。）を用いて当該動物の飼養又は保管の方法、生年月日、当該動物に係る繁殖を行つた者の氏名その他の適正な飼養又は保管のために必要な情報として環境省令で定めるものを提供しなければならない。
（動物に関する帳簿の備付け等）
第二十一条の五　第一種動物取扱業者のうち動物の販売、貸出し、展示その他政令で定める取扱いを業として営む者（次項において「動物販売業者等」という。）は、環境省令で定めるところにより、帳簿を備え、その所有し、又は占有する動物について、その所有し、若しくは占有した日、その販売若しくは引渡しをした日又は死亡した日その他の環境省令で定める事項を記載し、これを保管しなければならない。
2　動物販売業者等は、環境省令で定めるところにより、環境省令で定める期間ごとに、次に掲げる事項を都道府県知事に届け出なければならない。
一　当該期間が開始した日に所有し、又は占有していた動物の種類ごとの数
二　当該期間中に新たに所有し、又は占有した動物の種類ごとの数
三　当該期間中に販売若しくは引渡し又は死亡の事実が生じた動物の当該事実の区分ごと及び種類ごとの数
四　当該期間が終了した日に所有し、又は占有していた動物の種類ごとの数
五　その他環境省令で定める事項
（動物取扱責任者）
第二十二条　第一種動物取扱業者は、事業所ごとに、環境省令で定めるところにより、当該事業所に係る業務を適正に実施するため、十分な技術的能力及び専門的な知識経験を有する者のうちから、動物取扱責任者を選任しなければならない。
2　動物取扱責任者は、第十二条第一項第一号から第七号の二までに該当する者以外の者でなければならない。
3　第一種動物取扱業者は、環境省令で定めるところにより、動物取扱責任者に動物取扱責任者研修（都道府県知事が行う動物取扱責任者の業務に必要な知識及び能力に関する研修をいう。次項において同じ。）を受けさせなければならない。
4　都道府県知事は、動物取扱責任者研修の全部又は一部について、適当と認める者に、その実施を委託することができる。
（犬猫等健康安全計画の遵守）
第二十二条の二　犬猫等販売業者は、犬猫等健康安全計画の定めるところに従い、その業務を行わなければならない。
（獣医師等との連携の確保）
第二十二条の三　犬猫等販売業者は、その飼養又は保管をする犬猫等の健康及び安全を確保するため、獣医師等との適切な連携の確保を図らなければならない。
（終生飼養の確保）
第二十二条の四　犬猫等販売業者は、やむを得ない場合を除き、販売の用に供することが困難となつた犬猫等についても、引き続き、当該犬猫等の終生飼養の確保を図らなければならない。
（幼齢の犬又は猫に係る販売等の制限）
第二十二条の五　犬猫等販売業者（販売の用に供する犬又は猫の繁殖を行う者に限る。）は、その繁殖を行つた犬又は猫であつて出生後五十六日を経過しないものについて、販売のため又は販売の用に供するために引渡し又は展示をしてはならない。
（犬猫等の検案）
第二十二条の六　都道府県知事は、犬猫等販売業者の所有する犬猫等に係る死亡の事実の発生の状況に照らして必要があると認めるときは、環境省令で定めるところにより、犬猫等販売業者に対して、期間を指定して、当該指定期間内にその所有する犬猫等に係る死亡の事実が発生した場合には獣医師による診療中に死亡したときを除き獣医師による検案を受け、当該指定期間が満了した日から三十日以内に当該指定期間内に死亡の事実が発生した全ての犬猫等の検案書又は死亡診断書を提出すべきことを命ずることができる。
（勧告及び命令）
第二十三条　都道府県知事は、第一種動物取扱業者が第二十一条第一項又は第二項の基準を遵守していないと認めるときは、その者に対し、期限を定めて、その取り扱う動物の管理の方法等を改善すべきことを勧告することができる。
2　都道府県知事は、第一種動物取扱業者が第二十一条の四若しくは第二十二条第三項の規定を遵守していないと認めるとき、又は犬猫等販売業者が第二十二条の五の規定を遵守していないと認めるときは、その者に対し、期限を定めて、必要な措置をとるべきことを勧

告することができる。
3　都道府県知事は、前二項の規定による勧告を受けた者が前二項の期限内にこれに従わなかつたときは、その旨を公表することができる。
4　都道府県知事は、第一項又は第二項の規定による勧告を受けた者が正当な理由がなくてその勧告に係る措置をとらなかつたときは、その者に対し、期限を定めて、その勧告に係る措置をとるべきことを命ずることができる。
5　第一項、第二項及び前項の期限は、三月以内とする。ただし、特別の事情がある場合は、この限りでない。
（報告及び検査）
第二十四条　都道府県知事は、第十条から第十九条まで及び第二十一条から前条までの規定の施行に必要な限度において、第一種動物取扱業者に対し、飼養施設の状況、その取り扱う動物の管理の方法その他必要な事項に関し報告を求め、又はその職員に、当該第一種動物取扱業者の事業所その他関係のある場所に立ち入り、飼養施設その他の物件を検査させることができる。
2　前項の規定により立入検査をする職員は、その身分を示す証明書を携帯し、関係人に提示しなければならない。
3　第一項の規定による立入検査の権限は、犯罪捜査のために認められたものと解釈してはならない。
（第一種動物取扱業者であつた者に対する勧告等）
第二十四条の二　都道府県知事は、第一種動物取扱業者について、第十三条第一項若しくは第十六条第二項の規定により登録がその効力を失つたとき又は第十九条第一項の規定により登録を取り消したときは、その者に対し、これらの事由が生じた日から二年間は、期限を定めて、動物の不適正な飼養又は保管により動物の健康及び安全が害されること並びに周辺の生活環境の保全上の支障が生ずることを防止するため必要な勧告をすることができる。
2　都道府県知事は、前項の規定による勧告を受けた者が正当な理由がなくてその勧告に係る措置をとらなかつたときは、その者に対し、期限を定めて、その勧告に係る措置をとるべきことを命ずることができる。
3　都道府県知事は、前二項の規定の施行に必要な限度において、第十三条第一項若しくは第十六条第二項の規定により登録がその効力を失い、又は第十九条第一項の規定により登録を取り消された者に対し、飼養施設の状況、その飼養若しくは保管する動物の管理の方法その他必要な事項に関し報告を求め、又はその職員に、当該者の飼養施設を設置する場所その他関係のある場所に立ち入り、飼養施設その他の物件を検査させることができる。
4　前条第二項及び第三項の規定は、前項の規定による立入検査について準用する。

第三節　第二種動物取扱業者

（第二種動物取扱業の届出）
第二十四条の二の二　飼養施設（環境省令で定めるものに限る。以下この節において同じ。）を設置して動物の取扱業（動物の譲渡し、保管、貸出し、訓練、展示その他第十条第一項の政令で定める取扱いに類する取扱いとして環境省令で定めるもの（以下この条において「その他の取扱い」という。）を業として行うことをいう。以下この条及び第三十七条の二第二項第一号において「第二種動物取扱業」という。）を行おうとする者（第十条第一項の登録を受けるべき者及びその取り扱おうとする動物の数が環境省令で定める数に満たない者を除く。）は、第三十五条の規定に基づき同条第一項に規定する都道府県等が犬又は猫の取扱いを行う場合その他環境省令で定める場合を除き、飼養施設を設置する場所ごとに、環境省令で定めるところにより、環境省令で定める書類を添えて、次の事項を都道府県知事に届け出なければならない。
一　氏名又は名称及び住所並びに法人にあつては代表者の氏名
二　飼養施設の所在地
三　行おうとする第二種動物取扱業の種別（譲渡し、保管、貸出し、訓練、展示又はその他の取扱いの別をいう。以下この号において同じ。）並びにその種別に応じた事業の内容及び実施の方法
四　主として取り扱う動物の種類及び数
五　飼養施設の構造及び規模
六　飼養施設の管理の方法
七　その他環境省令で定める事項
（変更の届出）
第二十四条の三　前条の規定による届出をした者（以下「第二種動物取扱業者」という。）は、同条第三号から第七号までに掲げる事項の変更をしようとするときは、環境省令で定めるところにより、その旨を都道府県知事に届け出なければならない。ただし、その変更が環境省令で定める軽微なものであるときは、この限りでない。
2　第二種動物取扱業者は、前条第一号若しくは第二号に掲げる事項に変更があつたとき、又は届出に係る飼養施設の使用を廃止したときは、その日から三十日以内に、その旨を都道府県知事に届け出なければならない。
（準用規定）
第二十四条の四　第十六条第一項（第五号に係る部分を除く。）、第二十条、第二十一条、第二十三条（第二項を除く。）及び第二十四条の規定は、第二種動物取扱業者について準用する。この場合において、第二十一条中「第十条から前条まで」とあるのは「第二十四条の二の二及び第二十四条の四第一項において準用する第十六条第一項（第五号に係る部分を除く。）」と、「登録」とあるのは「届出」と、第二十三条第一項中「第二十一条第一項又は第二項」とあるのは「第二十四条の四第一項において準用する第二十一条第一項又は第二項」と、同条第三項中「前二項」とあるのは「第一項」と、同条第四項中「第一項又は第二項」とあるのは「第一項」と、同条第五項中「第一項、第二項及び前項」とあるのは「第一項及び前項」と、第二十四条第一項中「第十条から第十九条まで及び第二十一条から前条まで」とあるのは「第二十四条の二の二、第二十四条の三並びに第二十四条の四第一項において準用する第十六条第一項（第五号に係る部分を除く。）、第二十一条及び第二十三条（第二項を除く。）」と、「事業所」とあるのは「飼養施設を設置する場所」と読み替えるものとするほか、必要な技術的読替えは、政令で定める。
2　前項に規定するもののほか、犬猫等の譲渡しを業として行う第二種動物取扱業者については、第二十一条の五第一項の規定を準用する。この場合において、同項中「所有し、又は占有する」とあるのは「所有する」と、「所有し、若しくは占有した」とあるのは「所有した」と、「販売若しくは引渡し」とあるのは「譲渡し」と読み替えるものとする。

第四節　周辺の生活環境の保全等に係る措置

第二十五条　都道府県知事は、動物の飼養、保管又は給餌若しくは給水に起因した騒音又は悪臭の発生、動物の毛の飛散、多数の昆虫の発生等によつて周辺の生活環境が損なわれている事態として環境省令で定める事態が生じていると認めるときは、当該事態を生じさせている者に対し、必要な指導又は助言をすることができる。
2　都道府県知事は、前項の環境省令で定める事態が生じていると認めるときは、当該事態を生じさせている者に対し、期限を定めて、その事態を除去するために必要な措置をとるべきことを勧告することができる。
3　都道府県知事は、前項の規定による勧告を受けた者がその勧告に係る措置をとらなかつた場合において、特に必要があると認めるときは、その者に対し、期限を定めて、その勧告に係る措置をとるべきことを命ずることができる。
4　都道府県知事は、動物の飼養又は保管が適正でないことに起因して動物が衰弱する等の虐待を受けるおそれがある事態として環境省令で定める事態が生じていると認めるときは、当該事態を生じさせている者に対し、期限を定めて、その事態を改善するために必要な措置をとるべきことを勧告することができる。
5　都道府県知事は、前三項の規定の施行に必要な限度において、動物の飼養又は保管をしている者に対し、飼養若しくは保管の状況その他必要な事項に関し報告を求め、又はその職員に、当該動物の飼養若しくは保管をしている者の動物の飼養若しくは保管に関係のある場所に立ち入り、飼養施設その他の物件を検査させることができる。
6　第二十四条第二項及び第三項の規定は、前項の規定による立入検査について準用する。
7　都道府県知事は、市町村（特別区を含む。）の長（指定都市の長を除く。）に対し、第二項から第五項までの規定による勧告、命令、報告の徴収又は立入検査に関し、必要な協力を求めることができる。

第五節　動物による人の生命等に対する侵害を防止するための措置

（特定動物の飼養及び保管の禁止）
第二十五条の二　人の生命、身体又は財産に害を加えるおそれがある動物として政令で定める動物（その動物が交雑することにより生じた動物を含む。以下「特定動物」という。）は、飼養又は保管をしてはならない。ただし、次条第一項の許可（第二十八条第一項の規定による変更の許可があつたときは、その変更後のもの）を受けてその許可に係る飼養又は保管をする場合、診療施設（獣医療法（平成四年法律第四十六号）第二条第二項に規定する診療施設をいう。）において獣医師が診療のために特定動物の飼養又は保管をする場合その他の環境省令で定める場合は、この限りでない。
（特定動物の飼養又は保管の許可）
第二十六条　動物園その他これに類する施設における展示その他の環境省令で定める目的で特定動物の飼養又は保管を行おうとする者は、環境省令で定めるところにより、特定動物の種類ごとに、特定動物の飼養又は保管のための施設（以下この節において「特定飼養施設」という。）の所在地を管轄する都道府県知事の許可を受けなければならない。
2　前項の許可を受けようとする者は、環境省令で定めるところにより、次に掲げる事項を記載した申請書に環境省令で定める書類を添えて、これを都道府県知事に提出しなければならない。
一　氏名又は名称及び住所並びに法人にあつては代表者の氏名
二　特定動物の種類及び数
三　飼養又は保管の目的
四　特定飼養施設の所在地
五　特定飼養施設の構造及び規模
六　特定動物の飼養又は保管の方法
七　特定動物の飼養又は保管が困難になつた場合における措置に関する事項
八　その他環境省令で定める事項
（許可の基準）
第二十七条　都道府県知事は、前条第一項の許可の申請が次の各号に適合していると認めるときでなければ、同条同項の許可をしてはならない。
一　飼養又は保管の目的が前条第一項に規定する目的に適合するものであること。
二　その申請に係る前条第二項第五号から第七号までに掲げる事項が、特定動物の性質に応じて環境省令で定める特定飼養施設の構造及び規模、特定動物の飼養又は保管の方法並びに特定動物の飼養又は保管が困難になつた場合における措置に関する基準に適合するものであること。
三　申請者が次のいずれにも該当しないこと。
イ　この法律又はこの法律に基づく処分に違反して罰金以上の刑に処せられ、その執行を終わり、又は執行を受けることがなくなつた日から二年を経過しない者
ロ　第二十九条の規定により許可を取り消され、その処分のあつた日から二年を経過しない者
ハ　法人であつて、その役員のうちにイ又はロのいずれかに該当する者があるもの
2　都道府県知事は、前条第一項の許可をする場合において、特定動物による人の生命、身体又は財産に対する侵害の防止のため必要があると認めるときは、その必要の限度において、その許可に条件を付することができる。
（変更の許可等）
第二十八条　第二十六条第一項の許可（この項の規定による許可を含む。）を受けた者（以下「特定動物飼養者」という。）は、同条第二項第二号から第七号までに掲げる事項を変更しようとするときは、環境省令で定めるところにより都道府県知事の許可を受けなければならない。ただし、その変更が環境省令で定める軽微なものであるときは、この限りでない。
2　前条の規定は、前項の許可について準用する。
3　特定動物飼養者は、第一項ただし書の環境省令で定める軽微な変更があつたとき、又は第二十六条第二項第一号に掲げる事項その他環境省令で定める事項に変更があつたときは、その日から三十日以内に、その旨を都道府県知事に届け出なければならない。
（許可の取消し）
第二十九条　都道府県知事は、特定動物飼養者が次の各号のいずれかに該当するときは、その許可を取り消すことができる。
一　不正の手段により特定動物飼養者の許可を受けたとき。
一の二　飼養又は保管の目的が第二十六条第一項に規定する目的に適合するものでなくなつたとき。
二　その者の特定飼養施設の構造及び規模並びに特定動物の飼養又は保管の方法が第二十七条第一項第二号に規定する基準に適合しなくなつたとき。
三　第二十七条第一項第三号ハに該当することとなつたとき。
四　この法律若しくはこの法律に基づく命令又はこの法律に基づく処分に違反したとき。
（環境省令への委任）

第三十条　第二十六条から前条までに定めるもののほか、特定動物の飼養又は保管の許可に関し必要な事項については、環境省令で定める。
（飼養又は保管の方法）
第三十一条　特定動物飼養者は、その許可に係る飼養又は保管をするには、当該特定動物に係る特定飼養施設の点検を定期的に行うこと、当該特定動物についてその許可を受けていることを明らかにすることその他の環境省令で定める方法によらなければならない。
（特定動物飼養者に対する措置命令等）
第三十二条　都道府県知事は、特定動物飼養者が前条の規定に違反し、又は第二十七条第二項（第二十八条第二項において準用する場合を含む。）の規定により付された条件に違反した場合において、特定動物による人の生命、身体又は財産に対する侵害の防止のため必要があると認めるときは、当該特定動物に係る飼養又は保管の方法の改善その他の必要な措置をとるべきことを命ずることができる。
（報告及び検査）
第三十三条　都道府県知事は、第二十六条から第二十九条まで及び前二条の規定の施行に必要な限度において、特定動物飼養者に対し、特定飼養施設の状況、特定動物の飼養又は保管の方法その他必要な事項に関し報告を求め、又はその職員に、当該特定動物飼養者の特定飼養施設を設置する場所その他関係のある場所に立ち入り、特定飼養施設その他の物件を検査させることができる。
2　第二十四条第二項及び第三項の規定は、前項の規定による立入検査について準用する。
第三十四条　削除

第四章　都道府県等の措置等
（犬及び猫の引取り）
第三十五条　都道府県等（都道府県及び指定都市、地方自治法第二百五十二条の二十二第一項の中核市（以下「中核市」という。）その他政令で定める市（特別区を含む。以下同じ。）をいう。以下同じ。）は、犬又は猫の引取りをその所有者から求められたときは、これを引き取らなければならない。ただし、犬猫等販売業者から引取りを求められた場合その他の第七条第四項の規定の趣旨に照らして引取りを求める相当の事由がないと認められる場合として環境省令で定める場合には、その引取りを拒否することができる。
2　前項本文の規定により都道府県等が犬又は猫を引き取る場合には、都道府県知事等（都道府県等の長をいう。以下同じ。）は、その犬又は猫を引き取るべき場所を指定することができる。
3　前二項の規定は、都道府県等が所有者の判明しない犬又は猫の引取りをその拾得者その他の者から求められた場合に準用する。この場合において、第一項ただし書中「犬猫等販売業者から引取りを求められた場合その他の第七条第四項の規定の趣旨に照らして」とあるのは、「周辺の生活環境が損なわれる事態が生ずるおそれがないと認められる場合その他の」と読み替えるものとする。
4　都道府県知事等は、第一項本文（前項において準用する場合を含む。次項、第七項及び第八項において同じ。）の規定により引取りを行つた犬又は猫について、殺処分がなくなることを目指して、所有者がいると推測されるものについてはその所有者を発見し、当該所有者に返還するよう努めるとともに、所有者がいないと推測されるもの、所有者から引取りを求められたもの又は所有者の発見ができないものについてはその飼養を希望する者を募集し、当該希望する者に譲り渡すよう努めるものとする。
5　都道府県知事は、市町村（特別区を含む。）の長（指定都市、中核市及び第一項の政令で定める市の長を除く。）に対し、第一項本文の規定による犬又は猫の引取りに関し、必要な協力を求めることができる。
6　都道府県知事等は、動物の愛護を目的とする団体その他の者に犬及び猫の引取り又は譲渡しを委託することができる。
7　環境大臣は、関係行政機関の長と協議して、第一項本文の規定により引き取る場合の措置に関し必要な事項を定めることができる。
8　国は、都道府県等に対し、予算の範囲内において、政令で定めるところにより、第一項本文の引取りに関し、費用の一部を補助することができる。
（負傷動物等の発見者の通報措置）
第三十六条　道路、公園、広場その他の公共の場所において、疾病にかかり、若しくは負傷した犬、猫等の動物又は犬、猫等の動物の死体を発見した者は、速やかに、その所有者が判明しているときは所有者に、その所有者が判明しないときは都道府県知事等に通報するように努めなければならない。
2　都道府県等は、前項の規定による通報があつたときは、その動物又はその動物の死体を収容しなければならない。
3　前条第七項の規定は、前項の規定により動物を収容する場合に準用する。
（犬及び猫の繁殖制限）
第三十七条　犬又は猫の所有者は、これらの動物がみだりに繁殖してこれに適正な飼養を受ける機会を与えることが困難となるようなおそれがあると認める場合には、その繁殖を防止するため、生殖を不能にする手術その他の措置を講じなければならない。
2　都道府県等は、第三十五条第一項本文の規定による犬又は猫の引取り等に際して、前項に規定する措置が適切になされるよう、必要な指導及び助言を行うように努めなければならない。

第四章の二　動物愛護管理センター等
（動物愛護管理センター）
第三十七条の二　都道府県等は、動物の愛護及び管理に関する事務を所掌する部局又は当該都道府県等が設置する施設において、当該部局又は施設が動物愛護管理センターとしての機能を果たすようにするものとする。
2　動物愛護管理センターは、次に掲げる業務（中核市及び第三十五条第一項の政令で定める市にあつては、第四号から第六号までに掲げる業務に限る。）を行うものとする。
一　第一種動物取扱業の登録、第二種動物取扱業の届出並びに第一種動物取扱業及び第二種動物取扱業の監督に関すること。
二　動物の飼養又は保管をする者に対する指導、助言、勧告、命令、報告の徴収及び立入検査に関すること。
三　特定動物の飼養又は保管の許可及び監督に関すること。
四　犬及び猫の引取り、譲渡し等に関すること。
五　動物の愛護及び管理に関する広報その他の啓発活動を行うこと。
六　その他動物の愛護及び適正な飼養のために必要な業務を行うこと。
（動物愛護管理担当職員）
第三十七条の三　都道府県等は、条例で定めるところにより、動物の愛護及び管理に関する事務を行わせるため、動物愛護管理員等の職名を有する職員（次項及び第三項並びに第四十一条の四において「動物愛護管理担当職員」という。）を置く。
2　指定都市、中核市及び第三十五条第一項の政令で定める市以外の市町村（特別区を含む。）は、条例で定めるところにより、動物の愛護及び管理に関する事務を行わせるため、動物愛護管理担当職員を置くよう努めるものとする。
3　動物愛護管理担当職員は、その地方公共団体の職員であつて獣医師等動物の適正な飼養及び保管に関し専門的な知識を有するものをもつて充てる。
（動物愛護推進員）
第三十八条　都道府県知事等は、地域における犬、猫等の動物の愛護の推進に熱意と識見を有する者のうちから、動物愛護推進員を委嘱するよう努めるものとする。
2　動物愛護推進員は、次に掲げる活動を行う。
一　犬、猫等の動物の愛護と適正な飼養の重要性について住民の理解を深めること。
二　住民に対し、その求めに応じて、犬、猫等の動物がみだりに繁殖することを防止するための生殖を不能にする手術その他の措置に関する必要な助言をすること。
三　犬、猫等の動物の所有者等に対し、その求めに応じて、これらの動物に適正な飼養を受ける機会を与えるために譲渡のあつせんその他の必要な支援をすること。
四　犬、猫等の動物の愛護と適正な飼養の推進のために国又は都道府県等が行う施策に必要な協力をすること。
五　災害時において、国又は都道府県等が行う犬、猫等の動物の避難、保護等に関する施策に必要な協力をすること。
（協議会）
第三十九条　都道府県等、動物の愛護を目的とする一般社団法人又は一般財団法人、獣医師の団体その他の動物の愛護と適正な飼養について普及啓発を行つている団体等は、当該都道府県等における動物愛護推進員の委嘱の推進、動物愛護推進員の活動に対する支援等に関し必要な協議を行うための協議会を組織することができる。

第五章　雑則
（動物を殺す場合の方法）
第四十条　動物を殺さなければならない場合には、できる限りその動物に苦痛を与えない方法によつてしなければならない。
2　環境大臣は、関係行政機関の長と協議して、前項の方法に関し必要な事項を定めることができる。
3　前項の必要な事項を定めるに当たつては、第一項の方法についての国際的動向に十分配慮するよう努めなければならない。
（動物を科学上の利用に供する場合の方法、事後措置等）
第四十一条　動物を教育、試験研究又は生物学的製剤の製造の用その他の科学上の利用に供する場合には、科学上の利用の目的を達することができる範囲において、できる限り動物を供するに代わり得るものを利用すること、できる限りその利用に供される動物の数を少なくすること等により動物を適切に利用することに配慮するものとする。
2　動物を科学上の利用に供する場合には、その利用に必要な限度において、できる限りその動物に苦痛を与えない方法によつてしなければならない。
3　動物が科学上の利用に供された後において回復の見込みのない状態に陥つている場合には、その科学上の利用に供した者は、直ちに、できる限り苦痛を与えない方法によつてその動物を処分しなければならない。
4　環境大臣は、関係行政機関の長と協議して、第二項の方法及び前項の措置によるべき基準を定めることができる。
（獣医師による通報）
第四十一条の二　獣医師は、その業務を行うに当たり、みだりに殺されたと思われる動物の死体又はみだりに傷つけられ、若しくは虐待を受けたと思われる動物を発見したときは、遅滞なく、都道府県知事その他の関係機関に通報しなければならない。
（表彰）
第四十一条の三　環境大臣は、動物の愛護及び適正な管理の推進に関し特に顕著な功績があると認められる者に対し、表彰を行うことができる。
（地方公共団体への情報提供等）
第四十一条の四　国は、動物の愛護及び管理に関する施策の適切かつ円滑な実施に資するよう、動物愛護管理員の配置、動物愛護管理担当職員に対する動物の愛護及び管理に関する研修の実施、動物の愛護及び管理に関する業務を担当する地方公共団体の部局と畜産、公衆衛生又は福祉に関する業務を担当する地方公共団体の部局、都道府県警察及び民間団体との連携の強化、動物愛護推進員の委嘱及び資質の向上に資する研修の実施、地域における犬、猫等の動物の適切な管理等に関し、地方公共団体に対する情報の提供、技術的な助言その他の必要な施策を講ずるよう努めるものとする。
（地方公共団体に対する財政上の措置）
第四十一条の五　国は、第三十五条第八項に定めるもののほか、地方公共団体が動物の愛護及び適正な飼養の推進に関する施策を策定し、及び実施するための費用について、必要な財政上の措置その他の措置を講ずるよう努めるものとする。
（経過措置）
第四十二条　この法律の規定に基づき命令を制定し、又は改廃する場合においては、その命令で、その制定又は改廃に伴い合理的に必要と判断される範囲内において、所要の経過措置（罰則に関する経過措置を含む。）を定めることができる。
（審議会の意見の聴取）
第四十三条　環境大臣は、基本指針の策定、第七条第七項、第十二条第一項、第二十一条第一項（第二十四条の四第一項において準用する場合を含む。）、第二十七条第一項第二号若しくは第四十一条第四項の基準の設定、第二十五条第一項若しくは第四項の事態の設定又は第三十五条第七項（第三十六条第三項において準用する場合を含む。）若しくは第四十条第二項の定めをしようとするときは、中央環境審議会の意見を聴かなければならない。これらの基本指針、基準、事態又は定めを変更し、又は廃止しようとするときも、同様とする。

第六章　罰則
第四十四条　愛護動物をみだりに殺し、又は傷つけた者は、五年以下の懲役又は五百万円以下の罰金に処する。
2　愛護動物に対し、みだりに、その身体に外傷が生ずるおそれのある暴行を加え、又はそのおそれのある行為をさせること、みだりに、給餌若しくは給水をやめ、酷使し、その健康及び安全を保持することが困難な場所に拘束し、又は飼養密度が著しく適正を欠いた状態で愛護動物を飼養し若しくは保管することにより衰弱させること、自己の飼養し、又は

保管する愛護動物であつて疾病にかかり、又は負傷したものの適切な保護を行わないこと、排せつ物の堆積した施設又は他の愛護動物の死体が放置された施設であつて自己の管理するものにおいて飼養し、又は保管することその他の虐待を行つた者は、一年以下の懲役又は百万円以下の罰金に処する。
3　愛護動物を遺棄した者は、一年以下の懲役又は百万円以下の罰金に処する。
4　前三項において「愛護動物」とは、次の各号に掲げる動物をいう。
　一　牛、馬、豚、めん羊、山羊、犬、猫、いえうさぎ、鶏、いえばと及びあひる
　二　前号に掲げるものを除くほか、人が占有している動物で哺乳類、鳥類又は爬虫類に属するもの
第四十五条　次の各号のいずれかに該当する者は、六月以下の懲役又は百万円以下の罰金に処する。
　一　第二十五条の二の規定に違反して特定動物を飼養し、又は保管した者
　二　不正の手段によつて第二十六条第一項の許可を受けた者
　三　第二十八条第一項の規定に違反して第二十六条第二項第二号から第七号までに掲げる事項を変更した者
第四十六条　次の各号のいずれかに該当する者は、百万円以下の罰金に処する。
　一　第十条第一項の規定に違反して登録を受けないで第一種動物取扱業を営んだ者
　二　不正の手段によつて第十条第一項の登録（第十三条第一項の登録の更新を含む。）を受けた者
　三　第十九条第一項の規定による業務の停止の命令に違反した者
　四　第二十三条第四項、第二十四条の二第二項又は第三十二条の規定による命令に違反した者
第四十六条の二　第二十五条第三項又は第四項の規定による命令に違反した者は、五十万円以下の罰金に処する。
第四十七条　次の各号のいずれかに該当する者は、三十万円以下の罰金に処する。
　一　第十四条第一項から第三項まで、第二十四条の二の二、第二十四条の三第一項又は第二十八条第三項の規定による届出をせず、又は虚偽の届出をした者
　二　第二十二条の六の規定による命令に違反して、検案書又は死亡診断書を提出しなかつた者
　三　第二十四条第一項（第二十四条の四第一項において読み替えて準用する場合を含む。）、第二十四条の二第二項若しくは第二十四条の三第一項の規定による報告をせず、若しくは虚偽の報告をし、又はこれらの規定による検査を拒み、妨げ、若しくは忌避した者
　四　第二十四条の四第一項において読み替えて準用する第二十三条第四項の規定による命令に違反した者
第四十七条の二　第二十五条第五項の規定による報告をせず、若しくは虚偽の報告をし、又は同項の規定による検査を拒み、妨げ、若しくは忌避した者は、二十万円以下の罰金に処する。
第四十八条　法人の代表者又は法人若しくは人の代理人、使用人その他の従業者が、その法人又は人の業務に関し、次の各号に掲げる規定の違反行為をしたときは、行為者を罰するほか、その法人に対して当該各号に定める罰金刑を、その人に対して各本条の罰金刑を科する。
　一　第四十五条　五千万円以下の罰金刑
　二　第四十六条又は第四十七条から前条まで　各本条の罰金刑
第四十九条　次の各号のいずれかに該当する者は、二十万円以下の過料に処する。
　一　第十六条第一項（第二十四条の四第一項において準用する場合を含む。）、第二十一条の五第二項又は第二十四条の三第二項の規定による届出をせず、又は虚偽の届出をした者
　二　第二十一条の五第一項（第二十四条の四第二項において読み替えて準用する場合を含む。）の規定に違反して、帳簿を備えず、帳簿に記載せず、若しくは虚偽の記載をし、又は帳簿を保存しなかつた者
第五十条　第十八条の規定による標識を掲げない者は、十万円以下の過料に処する。

　　　　附　則　抄
（施行期日）
1　この法律は、公布の日から起算して六月を経過した日から施行する。
（指定犬に係る特例）
2　専ら文化財保護法（昭和二十五年法律第二百十四号）第百九条第一項の規定により天然記念物として指定された犬（以下この項において「指定犬」という。）の繁殖を行う第二十二条の五に規定する犬猫等販売業者（以下この項において「指定犬繁殖販売業者」という。）が、犬猫等販売業者以外の者に指定犬を販売する場合における当該指定犬繁殖販売業者に対する同条の規定の適用については、同条中「五十六日」とあるのは、「四十九日」とする。
（総理府設置法の一部改正）
3　総理府設置法（昭和二十四年法律第百二十七号）の一部を次のように改正する。
第六条中第十六号の三の次に次の一号を加える。
十六の四　動物の保護及び管理に関する法律（昭和四十八年法律第百五号）の施行に関すること。
第十五条第一項の表中中央交通安全対策会議の項の次に次のように加える。
動物保護審議会　動物の保護及び管理に関する法律の規定によりその権限　に属せしめられた事項を行うこと。
（狂犬病予防法の一部改正）
4　狂犬病予防法（昭和二十五年法律第二百四十七号）の一部を次のように改正する。第五条の二を削る。
（罰則に関する経過措置）
5　この法律の施行前にした行為に対する罰則の適用については、なお従前の例による。

　　　　附　則（令和元年六月十九日法律第三十九号）
（施行期日）
第一条　この法律は、公布の日から起算して一年を超えない範囲内において政令で定める日から施行する。ただし、次の各号に掲げる規定は、当該各号に定める日から施行する。
　一　第一条中動物の愛護及び管理に関する法律第二十一条の改正規定、同法第二十三条第一項の改正規定、同法第二十四条の四の改正規定（「、第二十一条」の下に「（第三項を除く。）」を加える部分及び「又は第二項」を「又は第四項」に改める部分に限る。）及び同法附則第二項の改正規定並びに第三条の規定　公布の日から起算して二年を超えない範囲内において政令で定める日
　二　第二条並びに附則第五条（第四項及び第五項を除く。）及び第十条の規定公布の日から起算して三年を超えない範囲内において政令で定める日
（経過措置）
第二条　この法律の施行の日前に第一条の規定による改正前の動物の愛護及び管理に関する法律（以下「旧法」という。）第十条第一項の登録（旧法第十三条第一項の登録の更新を含む。）の申請をした者（登録の更新にあっては、この法律の施行後に旧法第十三条第三項に規定する登録の有効期間が満了する者を除く。）の当該申請に係る登録の基準については、なお従前の例による。
第三条　この法律の施行の際現に旧法第十条第一項の登録を受けている者又はこの法律の施行前にした同項の登録（旧法第十三条第一項の登録の更新を含む。）の申請に基づきこの法律の施行後に第一条の規定による改正後の動物の愛護及び管理に関する法律（以下「第一条による改正後の法」という。）第十条第一項の登録を受けた者（登録の更新にあっては、この法律の施行後に旧法第十三条第三項に規定する登録の有効期間が満了する者を除く。）に対する登録の取消し又は業務の停止の命令に関しては、この法律の施行前に生じた事由については、なお従前の例による。
第四条　この法律の施行の際現に旧法第二十六条第一項の許可（同条第二項第三号の目的が第一条による改正後の法第二十六条第一項に規定する目的（以下この条において「特定目的」という。）であるものを除く。）を受けて行われている特定動物（旧法第二十六条第一項に規定する特定動物をいう。次項において同じ。）の飼養又は保管については、旧法第三章第五節の規定（これらの規定に係る罰則を含む。）は、この法律の施行後も、なおその効力を有する。
2　この法律の施行の際現に旧法第二十六条第一項の許可を受けている者は、特定目的で特定動物の飼養又は保管をする場合に限り、この法律の施行の日に第一条による改正後の法第二十六条第一項の許可を受けたものとみなす。
3　この法律の施行前にされた旧法第二十六条第二項の申請（同項第三号の目的が特定目的であるものに限る。）は、第一条による改正後の法第二十六条第二項の許可の申請とみなす。
第五条　附則第一条第二号に掲げる規定の施行前にマイクロチップ（第二条の規定による改正後の動物の愛護及び管理に関する法律（以下この条において「第二条による改正後の法」という。）第三十九条の二第一項に規定するマイクロチップをいう。次項及び附則第十条において同じ。）が装着された犬又は猫を所有している犬猫等販売業者（第二条による改正後の法第十四条第三項に規定する犬猫等販売業者をいう。次項において同じ。）は、当該犬又は猫について、同号に掲げる規定の施行の日から三十日を経過する日（その日までに当該犬又は猫の譲渡しをする場合にあっては、その譲渡しの日）までに、環境大臣の登録を受けなければならない。
2　附則第一条第二号に掲げる規定の施行前にマイクロチップが装着された犬又は猫の所有者（犬猫等販売業者を除く。）は、環境省令で定めるところにより、当該犬又は猫について、環境大臣の登録を受けることができる。
3　前二項の登録は、第二条による改正後の法第三十九条の五第一項の登録（附則第十条において単に「登録」という。）とみなす。
4　第二条による改正後の法第三十九条の十第一項の指定及びこれに関し必要な手続その他の行為は、附則第一条第二号に掲げる規定の施行前においても、第二条による改正後の法第三十九条の十第二項から第五項まで、第三十九条の十一第一項、第三十九条の十二第一項、第三十九条の十三第一項及び第二項並びに第三十九条の二十四第一号の規定の例により行うことができる。
5　前項の規定により行った行為は、附則第一条第二号に掲げる規定の施行の日において、同項に規定する規定により行われたものとみなす。
第六条　この法律の施行前にした行為に対する罰則の適用については、なお従前の例による。
第七条　附則第二条から前条までに定めるもののほか、この法律の施行に関して必要な経過措置（罰則に関する経過措置を含む。）は、政令で定める。
（検討）
第八条　国は、動物を取り扱う学校、試験研究又は生物学的製剤の製造の用その他の科学上の利用に供する動物を取り扱う者等による動物の飼養又は保管の状況を勘案し、これらの者を動物取扱業者（第一条による改正後の法第十条第一項に規定する第一種動物取扱業者及び第一条による改正後の法第二十四条の二に規定する第二種動物取扱業者をいう。第三項において同じ。）に追加することその他これらの者による適正な動物の飼養又は保管のための施策の在り方について検討を加え、必要があると認めるときは、その結果に基づいて所要の措置を講ずるものとする。
2　国は、両生類の販売、展示等の業務の実態等を勘案し、両生類を取り扱う事業に関する規制の在り方について検討を加え、必要があると認めるときは、その結果に基づいて所要の措置を講ずるものとする。
3　前二項に定めるもののほか、国は、動物取扱業者による動物の飼養又は保管の状況を勘案し、動物取扱業者についての規制の在り方全般について検討を加え、必要があると認めるときは、その結果に基づいて所要の措置を講ずるものとする。
第九条　国は、多数の動物の飼養又は保管が行われている場合におけるその状況を勘案し、周辺の生活環境の保全等に係る措置の在り方について検討を加え、必要があると認めるときは、その結果に基づいて所要の措置を講ずるものとする。
2　国は、愛護動物（第一条による改正後の法第四十四条第四項に規定する愛護動物をいう。）の範囲について検討を加え、必要があると認めるときは、その結果に基づいて所要の措置を講ずるものとする。
3　国は、動物が科学上の利用に供される場合における動物を供する方法に代わり得るものを利用すること、その利用に供される動物の数を少なくすること等による動物の適切な利用の在り方について検討を加え、必要があると認めるときは、その結果に基づいて所要の措置を講ずるものとする。
第十条　国は、マイクロチップの装着を義務付ける対象及び登録を受けることを義務付ける対象の拡大並びにマイクロチップが装着されている犬及び猫であってその所有者が判明しないものの所有権の扱いについて検討を加え、その結果に基づいて必要な措置を講ずるものとする。
第十一条　前三条に定めるもののほか、政府は、この法律の施行後五年を目途として、この法律による改正後の動物の愛護及び管理に関する法律の施行の状況について検討を加え、必要があると認めるときは、その結果に基づいて所要の措置を講ずるものとする。

索引

《あ》行

愛玩犬　4, 10
アイリッシュ・セッター　2
悪性腫瘍　96
アクチン　22, 38
アトピー性皮膚炎　88
アフガン・ハウンド　2
アレルギー　80
安楽死　60

イエイヌ　2
胃がん　94
移行抗体　84
異嗜　67
遺伝　12
遺伝様式　13
犬回虫　95, 102
犬糸状虫　86
犬に関連する諸団体　112
犬用市販フード　83
陰核骨　21
陰茎骨　21, 30
インドオオカミ　2
隠ぺい色(保護色)　9

ウイルス性の下痢　95
ウ蝕(虫歯)　93

永久歯　92
栄養管理
　　子犬の　81
　　成犬の　82
　　妊娠した犬の　80
　　老齢犬の　82
栄養素(三大)　78
栄養要求量　78
エナメル質減形成　93
エネルギー要求量　79
演技犬　109
延髄　42, 48, 52
黄疸出血型　84
嘔吐　94
尾追い行動　68

大型犬　16, 21
オオミミギツネ　6
雄犬間の攻撃　63
尾の形　17

《か》行

外呼吸　28
外耳炎　88
介助犬(協会)　10, 108, (112)
疥癬症　88
回虫　86, 95
回虫症　102
飼い主の責任　71
学習心理学　71
角膜炎　90
角膜潰瘍　90
下垂体　32, 36, 38, 42
加水分解　24, 26, 27
ガス交換　28
痂皮(かさぶた)　88
カルシウム　81
がん　96
桿状体細胞　50
乾性角結膜炎　90
汗腺　19

キース・トマス　10
寄生虫　86
嗅覚　46, 52
嗅細胞　46
救助犬(協会)　109, (112)
丘疹　88
橋　42
胸郭　28
狂犬病　84, 102
狂犬病ウイルス　102
狂犬病予防法　84
強制行動　69
競走犬　109
恐怖症　66
去勢手術　74
巨大食道　95
キンイロジャッカル　6
筋原線維　22
筋線維(筋細胞)　22

クリアランス　35
軍用犬　109

警察犬　107
系統的脱感作　66
血圧　39, 42, 44
血漿　28, 34, 35, 40
血小板　40
血尿　100
血便　94
下痢　94
減感作療法　88
犬種名由来　110
犬体名称　106
ケンネル・クラブ　10
ケンネルコフ　84

交感神経系　44
攻撃行動　61～63
甲状腺　36, 37
甲状腺ホルモン異常(甲状腺機能低下症)　88
鉤虫　86, 95
行動カウンセリング　74
行動クリニック　61, 73
行動修正　74
行動ニーズ　74
行動発達　59
行動療法　74
紅斑性狼瘡　89
興奮性の過剰　68, 75
肛門嚢　30
小型犬　16, 30
股関節　16, 21
コクシジウム　95
黒色便　94
骨格形成　81
骨肉腫　97
コヨーテ　2, 7
コルチ器官　48
根尖膿瘍　93

《さ》行

視覚　50, 52
糸球体沪過量(GFR)　34

自己刺激行動　65, 68
自己傷害的行動　60
視細胞　50
歯式　25, 93
歯周炎　92
歯周病　93
視床　42, 46, 48, 50, 52
視床下部　32, 36, 38, 42
歯髄壊死　93
歯髄炎　93
ジステンパー　84
ジステンパーウイルス感染症　95
歯肉炎　92
歯肉過形成症　92
脂肪　78
脂肪便　94
視野　50, 51
社会化期　59
若齢期　59
ジャッカル　2
絨毛　26, 27
獣猟犬　107
出血　101
受動的服従　55
順位　8
松果体　36
条虫（瓜実条虫）　86
常同行動　69
小脳　42
上皮小体（副甲状腺）　36
食餌回数　81
食中毒　80
食肉類　8
食糞　67
触毛　18, 19
初乳　27, 31
鋤鼻器（ヤコブソン器官）　46
自律神経系　38, 42, 44
真菌症　88
新生期　59
心臓　38, 39
腎臓　34～38
心拍出量　39
心拍数　39, 42, 44

膵炎　95
錐状体細胞　50
膵臓　27, 36, 37
錐体外路系　43
錐体路系　43
税関犬　109
性行動　66
生殖器　30
精巣　30, 36
成長ホルモン異常（成長ホルモン反応性皮膚症）　88
性的な成熟　4, 30, 56
性ホルモン異常（去勢または避妊後の脱毛）　89
脊髄　19, 20, 42, 43
脊柱　20, 22, 28
積極的服従　54, 55
赤筋線維　22
赤血球　28, 40
セラピー犬　10
染色体配列　12
浅速呼吸（あえぎ）　19, 25, 28, 29
選択的育種　54
前庭器官　48, 49
セント・バーナード　2
僧帽弁逸脱症　98
そり犬　107

ＧＦＲ　34

《た》行

体循環　38, 39
体性神経系　42, 44
大脳基底核　42
大脳皮質　19, 42, 46, 48, 50, 52
大脳辺縁系　42
体罰　72
タイリクオオカミ　7
唾液　24, 25
多胎動物　31, 32
脱毛　88
タテガミオオカミ　7
タヌキ　6

タペタム　50
探索行動　57
断髄　93
炭水化物　78
短頭種　16, 100
タンパク質　78
タンパク質要求量　79
畜犬団体　112
痴呆症　98
中型犬　16
中枢神経系　42, 52, 102
中脳　42
聴覚　42, 48, 52
腸細胞　26, 27
聴導犬（協会）　108, (112)
鳥猟犬　107
チワワ　2

ディンゴ　2
伝染性肝炎　84
伝染病　84
天疱瘡　89
トイレット・トレーニング　64
闘犬　10, 108
糖尿病　83
動物に関する法律　114
ドール　6
吐出　94

Toxocara canis　102

《な》行

内呼吸　28
生ワクチン　84
なわばり性　55, 56

肉球　19, 21
乳歯　92
乳腺　30, 31
乳腺腫瘍　96
尿マーキング　56
尿量　34
妊娠　31, 32

熱射病　101
ネフロン(腎単位)　34
粘液便　94

膿皮症　88
ノミアレルギー　88

《は》行

歯　24, 92
肺循環　38
肺水腫　98
排泄行動　63
肺胞　28
破壊的行動　65, 75
白内障　90, 99
パスツレラ症　102
白筋線維　22
白血球　40
発情　32
抜髄　93
パラインフルエンザウイルス感染症　84
パリア犬　2
パルボウイルス感染症　84, 95

ビーグル　2
ビタミンの欠乏症　79
ビタミンの作用　79
泌乳量　81
皮膚糸状菌症　103
皮膚腫瘍　97
皮膚真菌症　88
皮膚腺　19
肥満　69, 82

不活化ワクチン　84
副交感神経系　44
服従訓練　73
服従性行動　54
副腎皮質ホルモン　32, 36, 37
副腎皮質ホルモン異常(副腎皮質機能亢進症)　88
不正咬合　93
ブルドック　2
分娩　31, 32

平衡感覚　48, 49
ペーシング　68
偏食　69
鞭虫　86, 95

哺育期間　81
報酬　71
牧畜犬　107
牧羊犬　107
捕食性行動　55
母性行動　57
ボルゾイ　2
ホルモン療法　74

Pasteurella multocida　102

《ま》行

マウンティング　66
巻尾　4, 17
末梢神経系　42

ミアキス　8
ミオシン　22, 38
味覚　52
ミネラルの作用と欠乏症　80, 81
耳の形　17
味蕾　52

むだ吠え　64, 75
群れ(パック)　4

免疫　84
免疫抑制剤　89

絨毛　18, 19
盲導犬(協会)　10, 108, (112)
毛包虫症　88
網膜　50
問題行動　60, 70, 73

《や》行

薬物療法　74
ヤブイヌ　7

優位関係　54, 61
有毛細胞　48, 49

幼虫移行症　102
用途別分類　107

《ら》行

卵巣　30, 32, 36

リカオン　6
離乳　59, 81
両眼視　9
猟犬　107
緑内障　90
リン　81
リンパ腫　96

類天疱瘡　89

レプトスピラ症　84

老人斑　99

《わ》行

ワイマラナー　2
ワクチン接種　84

監修者紹介

林　良博（農学博士）
　　1975年　東京大学大学院農学系研究科獣医学専攻博士課程修了
　　　　　　東京大学名誉教授

編集委員紹介（五十音順）

太田　光明（農学博士）
　　1977年　東京大学大学院農学系研究科獣医学専攻博士課程修了
　　　　　　麻布大学名誉教授

酒井　仙吉（農学博士）
　　1976年　東京大学大学院農学系研究科畜産学専攻博士課程修了
　　　　　　東京大学名誉教授

工　亜紀（農学博士）
　　1988年　東京大学大学院農学系研究科畜産獣医学専攻修士課程修了
　　　　　　さつきペット行動カウンセリング代表

辻本　元（農学博士）
　　1983年　東京大学大学院農学系研究科獣医学専攻博士課程修了
　　現　在　東京大学大学院農学生命科学研究科教授

新妻　昭夫（理学博士）
　　1987年　京都大学大学院理学研究科博士課程修了
　　元　恵泉女学園大学人間社会学部教授

NDC649　127p　30cm

イラストでみる犬学

2000年6月20日　第1刷発行
2025年2月13日　第25刷発行

監修者　林　良博
編集委員　太田光明，酒井仙吉，工　亜紀，
　　　　　辻本　元，新妻昭夫
発行者　篠木和久
発行所　株式会社　講談社
　　　　〒112-8001　東京都文京区音羽2-12-21
　　　　　販　売　(03)5395-5817
　　　　　業　務　(03)5395-3615
編　集　株式会社　講談社サイエンティフィク
　　　　代表　堀越俊一
　　　　〒162-0825　東京都新宿区神楽坂2-14　ノービィビル
　　　　　編　集　(03)3235-3701
印刷所　TOPPAN株式会社
製本所　大口製本印刷株式会社

落丁本・乱丁本は購入書店名を明記のうえ，講談社業務宛にお送り下さい．送料小社負担にてお取替えします．なお，この本の内容についてのお問い合わせは講談社サイエンティフィク宛にお願いいたします．定価はカバーに表示してあります．
© Y. Hayashi, M. Ohta, S. Sakai, A. Takumi, H. Tsujimoto and A. Niizuma, 2000

本書のコピー，スキャン，デジタル化等の無断複製は著作権法上での例外を除き禁じられています．本書を代行業者等の第三者に依頼してスキャンやデジタル化することはたとえ個人や家庭内の利用でも著作権法違反です．
Printed in Japan
ISBN4-06-155501-4